JN134810

Excel 回帰分析入門

《ツールで拡がるデータ解析&要因分析》

米谷 学●著

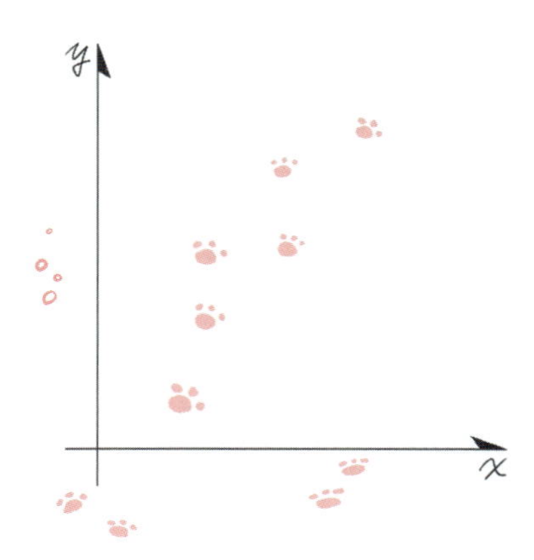

はじめに ～ 伝えるための道具で業績に結びつけるために

本書は、ビジネスで統計手法の中でも比較的多く利用されている回帰分析について、Excelを使って解説するものです。

しかし、筆者が本書を通じて願うのは、Excelの操作や回帰分析について浸透させることに留まりません。筆者が考える本書の真の狙いは、「伝える手段」としての回帰分析の浸透です。

数字やデータをビジネスに活かす目的を考えてみましょう。

目先にある目的は、意思決定に活かすためなのですが、その先には業績向上があります。つまりお店や会社にある数字やデータを、何とかして業績に結びつけたいのです。

さて、「業績を伸ばすために、数字やデータを活用したい」と思い、それが実現するとしたら、どのようなイメージが湧きますか？

「数字しか見ずに、何がわかるんだ！？」

「血の通っていない冷たい会社になりそうだ」

「結果しか判断されないのが辛そうだ」

「数字遊びに終始してしまわないか」

これまで筆者は、数字やデータの活用に対してあまりよいイメージを持たないような声も耳にしたことがあります。気持ちはよくわかります。そこで、どうか理解していただきたいことがあります。

それは「業務や産業を動かすのも、売上や利益を上げるのも、人間である」ということです。

育ってきた国や地域、世代、環境などによって、常識や価値観は異なるものです。こうした違いがあることが組織で浸透すると、社内外のほかの人に対して、「これくらいわかっているだろう」とか、「一度展開したんだから、全員理解できているだろう」ということが減っていくと考えます。そして、人間関係でのストレスも減っていきます。人に優しくなれるのです。

会社や店などの組織では、職位や部署などによって、理解すべきレベルは異なるものです。しかし組織の全員が本書を通じて、統計学やデータを扱うときの心構え、回帰分析の意義が理解できれば、次に挙げる大きなメリットを享受できるのです。

- 同じデータを基に回帰分析を実行すれば、全員が同じように傾向を理解することができる
- 数値予測の根拠が共有しやすくなる
- 数値予測の方法や過程が継承しやすくなる

要約すると「伝える」手段として使えるようになるのです。

統計学の専門家や、専門の会社・部署の人たちだけが、データ活用に目を向ければよいという態度は、よくありません。雇用形態や職位、部署に関わらず、あなたの会社や店を経営している人、そして勤務している全員が、本書を通じて数値予測や回帰分析の意義が理解でき、業績に貢献できることを望んでいます。

本書のタイトルどおり入門書として、いつでも手に取って参照できるようにしておきましょう。また実際に手を動かしながら**Excel**の手順を通じて、統計学を実務に応用することについて、理解してください。

また本書では、初出のキーワードには、極力読み仮名を振っています。そして、用語にはなるべく英語表記も付け加えました。その理由は、あなたが本書や**Excel**による分析を卒業し、いずれ統計解析ソフトウェアの「**R**」や「**S-PLUS**（本書発行時点の取扱会社：**NTT**データ数理システム）」などの出力を目にしたとき、理解の手助けになるためです。

なお本書では、数値予測と説明に役立つことに重点を置いているため、回帰分析の検定は採り上げていません。習得に時間を要したり、さらに前の段階の知識が必要だったりすると、実務のスピード感に着いていけず、なかなかあなたの仕事には役に立ちません。本書では統計学の分野のうち、意思決定支援に効く内容に絞って、あなたが習得したことを基に実務に応用して、取引先や上司などを相手にしたときに説明・説得しやすいことを重点的に採り上げています。

統計学にある程度の理解のある方が本書をお読みになった場合、統計学の教科書として使われている本と比べると、説明や工程に足りない部分が見受けられるかもしれません。しかし総務部門、販売、営業をはじめとする、より多くのビジネスパーソンが必要としている回帰分析の範囲は、教科書として使われている本のうち一部しか含まれないと、筆者は判断しています。そこで「実務で応用すること」に主眼を置いた内容にしたいという強い熱意をもって、心を込めて書きました。

本書の企画の段階から、オーム社の津久井靖彦部長をはじめとする関係者のみなさまには、多大なご尽力をいただきました。

本書上梓にあたり、故・上田太一郎先生、前職の社長や社員のみなさん、共著仲間のみなさん、担当講座の受講者のみなさん、筆者を応援してくださるみなさん、母、生前の父、飼い猫すべてに感謝します。

2018 年 9 月

米 谷 学

Contents

目次 

第2日 散布図と相関関係 45

第3日 単回帰分析 87

第4日 重回帰分析 107

第5日 カテゴリーデータを含む重回帰分析 153

第6日 線形判別分析 185

本文イラスト：黒渕かしこ

本書内で使用している追体験用 Excel ファイルは、オーム社 Web サイト（https://www.ohmsha.co.jp/）の該当書籍詳細ページに掲載しています。書籍を検索いただき、ダウンロードタブをご確認ください。

注）・本書のメニュー表示等は、Excel のバージョン、モニターの解像度などにより、お使いの PC とは異なる場合があります。また、本書で行う計算結果は、Excel のセルによる計算と、手計算の場合で結果が異なる場合があります。
・また、上記圧縮ファイルに、分析ツールのアドイン接続方法を解説した PDF を添付してありますので、ご参照ください。
・本ファイルは、本書をお買い求めになった方のみご利用いただけます。本ファイルの著作権は、本書の著作者である、米谷学氏に帰属します。
・本ファイルを利用したことによる直接あるいは間接的な損害に関して、著作者およびオーム社はいっさいの責任を負いかねます。利用は利用者個人の責任において行ってください。

0 回帰分析とは

回帰分析は複数の項目をまとめて使った分析の一種

統計学（Statistics）ではいろいろな分析の種類があります。たとえば 19 軒の店舗の立地と売上高について関係を探り、立地の詳細な情報を基に、売上高を**予測**（Prediction）するとします。

19 軒の店舗には、売上高の多い店舗、少ない店舗が存在します。売上高が多くなったり少なくなったりする要因を、ここでは立地だという仮説を基に、売場面積、駐車場の収容台数、徒歩による最寄り駅からの所要時間、従業員数など複数を挙げてみました。

これらの情報を基に、売上高を予測するために、**回帰分析**（Regression Analysis）という統計手法を利用します。

なお、Excel で回帰分析を実行できるようにするには、次の図のように表の形式でまとめます。

	A	B	C	D	E
1	No.	売場面積(m²)	所要時間(分)	駐車場台数	売上高(千円)
2	1	2,769	27	117	147,260
3	2	2,867	6	79	129,391
4	3	1,957	9	96	103,711
5	4	1,486	11	77	68,508
6	5	1,195	6	56	56,203
7	6	1,137	12	65	61,874
8	7	2,610	3	87	176,043
9	8	2,640	2	49	160,421
10	9	1,445	1	44	131,424
11	10	2,038	5	92	127,679
12	11	1,904	2	55	124,148
13	12	2,669	4	76	119,975
14	13	3,457	14	89	110,024
15	14	1,374	4	58	105,958
16	15	2,463	6	73	104,674
17	16	1,592	4	54	97,077
18	17	856	14	60	66,261
19	18	939	8	71	50,425
20	19	421	15	82	47,429

この表は、No.1 の行には 1 軒目のデータ、No.2 の行には 2 軒目のデータが入力されています。このように、同じ行には同じ店舗に関するデータを表しています。

なお、この例にある売場面積や最寄駅からの所要時間、駐車場の収容台数、売上高のそれぞれの項目のことを、**統計学**（Statistics）では**変数**（へんすう）（Variable）と呼び、その名称（「売場面積」「最寄駅からの所要時間」など）のことを**変数名**と呼びます。Excel では**データラベル**と呼んでいます。

そして、このように複数の変数と多くのデータ行数を対象にした分析を総称して、**多変量解析**（たへんりょうかいせき）（Multivariate Analysis）と呼びます。回帰分析は、多変量解析の一種です。

多変量解析の手法一覧

次の表では、多変量解析に該当する主な分析手法を列挙しています。次の要領でデータを準備してから、分析を行います。

1. 何を知りたいのか、分析の目的を明確にする
2. 分析の目的を明確にすると、分析手法が決まる
3. 分析手法が決まると、必要なデータの型が決まる
4. データの型に合うように、分析用データを集める

本書では、回帰分析に絞って説明します[1]。なお、「外的基準」「説明変数」「カテゴリーデータ」といった用語については後述します。これらの用語に明るくない方は、それぞれの項目の用語を理解したあとで、もう一度この項目へ戻ってきてもよいでしょう。

---

1 次のページの表の網かけ部分 ▒ は、本書で採り上げる手法を表します。Excel で簡易的にコンジョイント分析を行う方法については、『EXCEL マーケティングリサーチ＆データ分析』（共著、翔泳社・刊）でも詳しく説明しています。多変量解析については『入門統計学―検定から多変量解析・実験計画法まで―』（栗原伸一・著、オーム社・刊）、また Excel ベースでは『Excel で学ぶ多変量解析入門 − Excel2013/2010 対応版 −』（菅民郎・著、オーム社・刊）などで説明しています。

外的基準の有無	外的基準のデータ型	（説明）変数のデータ型	主な手法例 ＊：Excel で分析可能（制約あり）	分析の目的
あり	数値データ	数値データ（カテゴリーデータと混在していても可）	重回帰分析＊	外的基準の数値を推定（数値予測・要因分析）
		カテゴリーデータ	コンジョイント分析＊	直交表による割付されたデータで、最適な組み合わせを探る（予測）・要因分析
			数量化理論Ⅰ類＊	直交表による割付されたデータではなく、カテゴリーデータの予測と要因分析
	カテゴリーデータや比率・割合のデータ	数値データ・カテゴリーデータ	ロジスティック回帰分析＊	0 〜 1（0 % 〜 100 %）の間で確率を推定
	カテゴリーデータ	数値データ	（線形）判別分析＊	外的基準のグループを推定（線形な関係）
			マハラノビス距離	外的基準のグループを推定（非線形な関係）
		カテゴリーデータ	数量化理論Ⅱ類＊	外的基準のグループを推定（予測・要因分析）
なし	—	数値データ	主成分分析	総合的な評価項目に要約
			因子分析	項目をグループ化と意味づけ
			クラスター分析	サンプル・項目のグループ化
		評価の数値データ	AHP（一対比較法）	評価項目の重要度を探る
		カテゴリーデータ	数量化理論Ⅲ類	変数間の関係・項目間の関係を説明
			双対尺度法	
		クロス集計表	コレスポンデンス分析	変数間の関連を探る

ビジネスで回帰分析を使う主な目的は2つ

回帰分析という分析手法をビジネスで応用する場合、次の2つの目的があると理解しましょう。

- 数値予測
- 要因分析

まず1つ目の目的は、数値を予測することです。予測したい数値の対象は、売上高、来店客数、利用者数、Webアクセス数などをはじめとする、あらゆる数値です。

意思決定を行うにあたって、予測を材料の1つにすることに役立ちます。

データが表す傾向や特徴を式などで説明するものを、統計学では**モデル**（Model）と呼びます。また、統計学に基づくモデルなので**統計モデル**（Statistical Model）と呼ぶこともあります。さらに、回帰分析によって得られたモデルということで、**回帰モデル**（Regression Model）と呼びます。そしてこの回帰分析は、のちに説明するように直線的な関係があります。線形の関係があるという意味から、**線形モデル**（Linear Model）あるいは**線形回帰モデル**（Linear Regression Model）と呼ぶこともあります。

もう1つの目的は、要因分析と示しました。たとえば、売場面積、徒歩による最寄駅からの所要時間、駐車場の収容台数などの店舗の情報を基に売上高を予測する場合、これらのうち、どの説明変数が目的変数の動きに対して、より影響を及ぼしているのかを探ります。

回帰分析を行うための必要なデータの型

詳細は第4日で説明しますが、回帰分析を行うのに必要なデータの型を簡単に挙げておきましょう。先に示した多変量解析手法一覧に沿って説明します。

(1) 予測したい数値項目を明確にする

どの値を予測したいのかを1つ挙げましょう。

時系列データ（Time Series Data）[2]や、顧客や物件をはじめとするさまざまなデータが対象となるでしょう。

---

2 時系列データとは、時間ごと、日（暦日・営業日）ごと、月ごとのように、一定の間隔で測定・集計されたデータを指します。

(2) 予測したい数値項目に連動して動きのある（ありそうな）その他の数値項目を挙げる

①の予測したい項目と②のその他の項目との関係が、一方が多ければもう一方も多い、また一方が少なければもう一方も少ないという関係がおおよそ成り立っているとよいです。逆に、一方が多ければもう一方が少ない、一方が少なければもう一方が多いという関係がある場合もよいです。

これらの関係のことを総称して「**相関関係**（そうかんかんけい）（Correlation）がある」といいます。詳しくは第 2 日で解説します。

本書では、少し専門的な用語を使って説明するので、ここで以下の用語について触れておきます。

予測をしたい数値項目のことを**目的変数**（もくてきへんすう）[3]（Objective Variables）と呼び、その他の数値項目のことを**説明変数**（せつめいへんすう）[4]（Explanatory Variable）と呼びます。目的変数と相関関係のある説明変数を挙げると、回帰分析を行うのに適したデータとなります。

そして、説明変数が 1 つの回帰分析のことを**単回帰分析**（たんかいきぶんせき）（Simple Regression Analysis）、説明変数が 2 つ以上の回帰分析のことを**重回帰分析**（じゅうかいきぶんせき）（Multiple Regression Analysis）と呼びます。また、統計解析用ソフトなどではこれらを総称して**線形回帰分析**（Linear Regression Analysis）とも呼びます。

単回帰分析は第 3 日、重回帰分析は第 4 日と第 5 日[5]で解説します。

(3) データ行数

データ行数は、説明変数の個数[6]＋2 行以上必要です。これは回帰分析によって精度の高い予測ができるということではなく、回帰分析を行うための最低限の要件と理解しておきましょう。

---

3 目的変数は、ほかに従属変数（Dependent Variable）、被説明変数（Explained Variable）とも呼びます。本書では目的変数という表現で統一します。

4 説明変数は、独立変数（Independent Variable）とも呼びます。本書では説明変数という表現で統一します。

5 第 5 日では、説明変数が数値ではなく、天候や曜日などの変数を含むデータを扱います。

6 第 4 日で後述しますが、Excel の仕様により、データ分析ツールの回帰分析を実行する場合、説明変数として選択できる列の数は 16 までです。

Column

今さら平均値くらいこの本で教わらなくてもわかってるよ！

第1日では、回帰分析の説明に入る前に、データ活用や数値予測で覚えておきたいポイントを説明しています。この中には、平均値の説明も含まれています。

このとき「平均値くらい、今さら教わらなくてもわかってるよ！」と思ったそこのあなたは、このコラムを読む1～2分程度、筆者の言葉に目を通してください。

筆者がすべてのみなさんに理解していただきたいことがあります。

インターネットの記事、TwitterやFacebookなどでは、AI（人工知能）によって奪われ、将来なくなる仕事の種類が話題になりました。

業種や職種（職域）自体が変わっていく可能性はあります。また、これらが変わらなくても、人間に求められるものが変わっていくことにはなります。

人間が仕事の中で存在する価値はどういう点でより高まるのかについて、ぜひ意識していただきたいことがあります。それは、得られた情報から「どういうことがわかるのか」、また「どういうことはわからないのか」、そして「情報が足りないため判断を保留し、ほかに必要な情報を得なければならないのか」などを判断できることが、より求められます。

ここで平均値の例を借りれば、「平均値の求め方がわかる」とか「Excelで平均値を求めるための関数を知っていて、すぐに平均値を出せる」だけでなく、「提案や説得をする際、数字を示すときに平均値を求める意義」や「得られた平均値でどのようなことがわかるのか」、逆に「どのようなことは確実にいえるわけではないのか」などを理解することから始まるのです。

第 **1** 日

データ活用と予測をする上で知っておくべきこと

第１日目では、回帰分析の説明に入る前に、まずデータや数字と正しく向き合うための考え方、また回帰分析の理解に必要な統計学の基本的な内容について説明します。

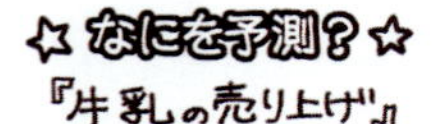

実務で意思決定や予測をするときのデータへの向き合い方

1.1.1 ビジネスの意思決定に統計学を利用する意義

状況を把握する・説明する・共有する

業績向上を目指した意思決定をするのに、なぜ統計学を応用する必要があるのかを、ここで挙げておきます。

現在までの状況や傾向について、次のことができるためです。

- 把握できること
- 説明できること
- 共有できること

まず、「把握できる」ことについて考えてみましょう。

統計学を利用してデータに存在している情報を的確に把握する方法のうち、極めて扱いやすいのは、**基本統計量**[1]（Basic Statistics）や**グラフ**[2]（Graph）です。

基本統計量とは、数字からできているデータの特徴を1つの値で表すことを指します。中でも**平均値**（Average, Mean）は、日常生活でもよく使われていますね。

データに潜む傾向や特徴を把握できたら、それを説明して、共有する必要があります。

しかし平均値を求めたところで、「店舗別の月間来店客数の平均はのべ3,800人でした」と表現できたとしても、これだけでは意思決定のために使う情報としては不十分です。

基本統計量でもグラフでも、意思決定に役立てるための情報にするには、次のアクションが見えるために、メッセージが込められていなければならないのです。

---

1 記述統計量（Descriptive Statistics）、あるいは要約統計量（Summary Statistics）とも呼びます。本書では基本統計量で統一します。

2 拙著『7日間集中講義！ Excel統計学入門：データを見ただけで分析できるようになるために』（オーム社・刊）、第2日の章でより詳しく触れています。

基本統計量については、本書では簡単に、p.21「1.3　集計・基本統計量」で採り上げます。また、グラフはデータの傾向や特徴を視覚的に把握して説明できるため、とても便利です。

本書では、業績向上を目指した意思決定に使うため、**回帰分析**（Regression Analysis）という統計手法のビジネスへの応用について説明します。

回帰分析をビジネスで活用する主な目的は、序章でも説明したように、（数値）予測と要因分析の2つです。

このとき、予測ならば「売場面積が2,050平方メートルで、最寄駅からの所要時間が21分、駐車場の収容台数が66台の場所に立地している店舗の場合、売上の予測は、1億1,000万円です。ほかの条件が変わらない場合、駐車場の収容台数を66台から80台にすると、売上は400万円増の1億1,400万円が見込めます」という「説明」ができるかどうかが肝心なのです。

数値予測で、「こんなに大枚はたいて買ったソフトウェアが出した数字なんだから、精度がよいはずだ」などという理屈は通りません。また、通してはなりません。

実際には、さらに「駐車場に使えそうな安全なスペースがあと14台分ある。駐車場の収容台数を14台増やすためのコストは250万円かかり、年間の維持費はさらに150万円余分にかかる。駐車場14台分の増加する売上の見込みは年間400万円。そのため、増える維持費や初期コストの増加分は翌年過ぎればペイします。維持管理などのコストも年間の駐車料金で賄うことも可能なので、駐車場を拡げましょう」のように説明できることが大切なのです。

こうしたストーリー作りは、数字や統計学の範囲を離れた、実務の経験、商慣習、業界の動向、社内の風習なども大きく関わってくるのです。

特に駐車場の場合は、顧客や従業員の安全を確保できることが最優先です。つまり売上や効率などを優先させるあまり、顧客や従業員の安全（健康・衛生）をおろそかにすることは、絶対に避けなければならないのはいうまでもありません。

本書のテーマは回帰分析を実務に応用することですが、それができるためには、データ・数字や情報を正しく扱うことが必要です。

データは真実を語る面もありますが、恣意的に利用される場合があるものです。

まず、説明する立場になったときは、前提条件や予測に至るまでの流れを説明しましょう。説明を受ける立場になったときは、前提条件や予測に至るまでの流れをつぶさに確認しましょう。

そして、データや統計学をビジネスに応用するのならば、ビジネスで大ケガしない程度に統計学の知識を正しく理解して、統計学でできること、ビジネスに応用する場合の限界をわかった上で扱う必要があるのです。そのためにはデータを正しく記録して、データを正しく扱いましょう。

最後に「共有する」ことについて挙げておきます。

「来年の売上は1億円だ！」と予測や目標（実は願望？）が社内で声高に語られるとき、その1億円に根拠はありますか？　達成できる見込みを説明できますか？

また達成できるために、特定の個人や部署に業務のしわ寄せが来ないような、組織としての仕組み作りはできていますか？

仮にこの1億円という数字に一定の根拠があるならば、その根拠を説明できなければ意味がありません。

また説明を受ける側の立場では、前提条件が現実の業務とかけ離れていないか、数値予測は筋道立った流れで説明されているのかどうかなども確認しましょう。

こうしたやり取りを経ることで、意思決定までの過程は共有されるのです。そして意思決定に直接携わるかどうかに関わらず、意思決定はデータも活用されること、そして意思決定までの過程が共有されるべきであることを、職位や部署に関係なく理解しておきましょう。

全員がデータや統計学を活用する意義を理解しなければならない理由

「この商品は、あの商品とよく一緒に買われる傾向にありそうだ」という例を挙げます。先に示した相関関係の話とつながっています。

ジャガイモとニンジン、またジャガイモとカレールウのように、一緒に買われるものの関係がわかりやすいもの、（業界内・社内で）周知の事実の場合もあれば、パソコンなどで分析をすることでようやく把握できる場合もあるかもしれません。

このとき、関連があることについて、社員や店員に日常業務を通じて自主的に理解させようとすると、人によって理解の度合いにばらつきが出てくるものです。

そこで組織として大切なのは、組織全体で「データは意思決定に活かされていること」を浸透させることです。そして、データ活用や分析をデスクで行う従業員を優先して、活用や分析の方法、ソフトウェアの操作方法などを身につけさせるのです。

そうすれば、意思決定に必要なデータに基づく基礎的な情報が誰でも得られるのだということを、すべての人が認識できるのです。また、それが実現できるためのノウハウを理解しようという気持ちが増していくのです。

ここで「すべての人」とは、経営者から派遣社員やアルバイトなど、部署や職位に関係なくすべての人を指しています。

1.1.2 業績向上を目指した意思決定のためのデータへの向き合い方

「統計学」とか「データ分析」というと、難しいものだと感じる方がいます。

そして統計学というと、σ（シグマ）やχ（カイ）のようなギリシャ文字や数式が付き物です。しかし、そうした一見難解な数式などの理解は後回しにして、業績向上のための意思決定に向けた、ビジネスで統計学を応用するために必要な考え方があります。筆者はこれを次の5つにまとめました。

1. 分析を行う目的を明確にして、目的に合ったデータを集める（用意する）
2. データを分析に使える状態に整える（データ・クレンジング）
3. データの特徴を視覚化する（グラフで表す）
4. データの関連（相関関係）を探る
5. データを全体でひとくくりに扱うか、（性別・年代別のように）属性ごとに扱うかを試行錯誤しながら検討する

分析を行う目的を明確にして、目的に合ったデータを集める

本書で説明する回帰分析を行うときは、まず分析を行う目的を明確にしましょう。

「資金繰り（現預金の確保）のため、在庫を減らしたい」「店舗ごとに在庫量が偏っていて、店舗間の商品の移動を減らしたい」「在庫切れを避けたい」などの目的を明らかにして共有しましょう。

そこから、どの（数値）項目の、何を予測したいのかを明らかにして、共有しましょう。たとえば「明日の牛乳の販売個数を予測したい」とします。このとき「どの数値項目」は「牛乳」、「何を」は「明日の販売個数」です。

「明日」の予測をするので、予測に使う分析用データのもっとも粗い単位は、「日」

であるべきです。手元に週ごとのデータしかないのであれば、どんなに頑張っても日ごとの傾向を探ることはできません。

そして回帰分析を使うのならば、日によって売上個数が多い日と多くない日が存在することの原因を探り、その原因にあたる項目を、分析用のデータに採り入れます。

このとき、原因にあたる項目を、どういった切り口で挙げていくのかも考えましょう。

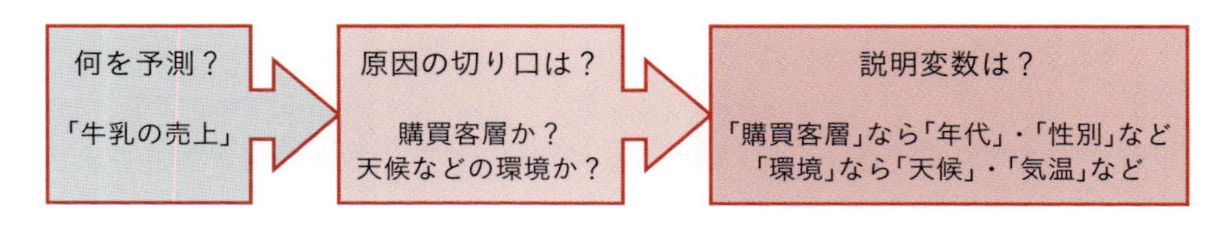

ここでは「明日の牛乳の売上」を予測したいという目的から説明変数を挙げるのに、どういった切り口で原因を絞るのかを考えてみると、より確かな説明につながります。

データを分析に使える状態に整える（データ・クレンジング）

次に❷の工程に移ります。データは、Excelなどのソフトウェアですぐに分析を行うことができる状態にあるものばかりとは限りません。

これについては、p.18「1.2.2　データ・クレンジングの重要性」で採り上げます。

データの特徴を視覚化する（グラフで表す）

❸のデータの特徴を視覚化するのに**グラフ**（Graph）がよく使われます。グラフは用途に応じてどのグラフの種類を選ぶかがカギになります。そして作ったグラフで伝えたいことを明確にした上で、説明に使うことを心がけましょう。本書では、グラフの操作が必要になる箇所では、Excelの操作方法と共に解説します[3]。

3　拙著『7日間集中講義！　Excel統計学入門：データを見ただけで分析できるようになるために』（オーム社・刊）でも、簡単に説明しています。

データの関連（相関関係）を探る

これまでも相関関係について触れてきましたが、2つの数値項目の関連度合いを探る場面が多くあります。そして回帰分析は、相関関係が基になっているのだということを、まずここで理解しておきましょう。相関関係については、第2日で詳しく解説します。

データを全体でひとくくりに扱うか、層別するのかを試行錯誤しながら検討する

全体をひとまとまりで扱うのか、何かの基準を設けてデータを分けた上で扱うのかを考えましょう。

たとえばサラリーマンの平均給与の調査をしたとき、全体では平均は421.6万円でした。しかし性別で分けて見てみると、男性は521.1万円、女性は279.7万円でした。

また、男性でも正規雇用の場合は539.7万円、非正規雇用の場合は227.8万円でした。ちなみに、女性の正規雇用では373.3万円、非正規雇用では148.1万円でした。

全体をひとくくりで探るだけでは、大事な視点を見逃してしまう恐れがあるのです。だから層別で探ることも大切なのです。

また、この数字は給与の平均値です。この平均値の周辺に多くの人数が集まっているかどうかについて、判断することはできません。あくまでも、金額別に分布を探らないとわからないことで、平均値だけでは情報が少なすぎて、分布の様子までは判断できないのです。

1.1.3 組織における予測への向き合い方

企業や店舗では、次に示すことを念頭に置いて数値予測に臨みましょう。

- 絶対に当たる予測は存在しない
- 業界によって必ず（または精度よく）予測に使える予測手法（統計手法）というのは存在しない
- 業界によって必ず（または精度よく）予測に使える説明変数というのは存在しない

- 日常業務を通じて、予測手法（統計手法）や説明変数の見直しが必要ないか、常に検討をする
- いきなり将来の予測をせず、正解がわかっている現在手元にあるデータを基に、仮の予測を行い、精度よく予測ができることがわかった上で、将来の予測に入る

どんなに技術が進化しても会社や産業を動かすのは人間である

ビッグデータ（Big Data）や人工知能（AI：Artificial Intelligence）という言葉が躍るようになっています。

こうした技術の進歩によって、得られるデータから現状をタイムリーに把握することや、一定の課題を抽出することができる可能性が増してきました。おおよそ人間ではできないような処理ができる仕組みに、人間が振り回されることのないようにしたいものです。これらに過度な期待をすることや、得られた結果に過信をすることも、正しい臨み方ではありません。

結局、最終的な意思決定を行い、日常業務を行うのは、感情もある生身の人間なのだということを常に念頭に置いて、データや統計学と付き合っていくべきなのです。

統計学の精度の高さよりも説明できることを優先すべき

絶対に当たる予測などは存在しません。もしそれが存在するのだとしたら、わたくしは絶対に当たる予測手法を門外不出として、自宅の近くにあるオートレース場で左うちわな生活を送ることを考えるでしょう。

統計学、予測手法のほか、説明変数は、どのような場面でも「絶対に」通用するものは存在しないのです。

また、統計学の慣習をそのままビジネスの意思決定に適用させようとしても、なかなか人間の意思決定の手助けにはならないものです。

統計学は万能ではありません。

そしてデータや統計学に基づく意思決定は、現在までに起きた傾向が基になっています。そのため、将来の予測は、現在までの条件が変わらないことが前提になっています。

ここで考えなければならないのは、あなたの実務のスピード感を損なわないようにしながら、業績向上のための仕組み作りのために、データを利用して、統計

学を応用していかなければならないことなのです。

統計学をビジネスで応用するときに、どんなに統計学の作法どおりに分析をしたり、統計学的な精度の高さを求めたりしても、業績への貢献や日常業務の改善に役立てることは、あまり期待できない場面があります[4]。

そこで大切な考え方があります。

期待したような結果が得られない場合や、予測が当たらない場合は、説明変数や予測手法、また得られるデータがほかにないのかを検討する余地があることがわかるのです。

もしデータに基づいて統計学も応用して、精度よく予測ができたら、再現性を担保するものになります。

回帰分析による予測にたとえるならば、次の点を説明できることが、意思決定の基礎資料として役立つのです。

- どのようなデータを用意したのか
- 予測をするための式はどのように求めたのか
- その予測の式によって、予測の値はいくらになるのか

---

4 業界、職域、業務内容によって、役立つ度合いが変わってきます。どの事例でも例外なく、統計学の慣習に従うことを否定する意図ではありません。特に研究、論文執筆をはじめとする場面では、統計学のルールに従いましょう。

1.2 データを整えることの大切さ

1.2.1 数の種類

数字が並んでいるデータについて、数の扱い方を誤ってしまったために、誤った意思決定をしてしまうことは避けなければなりません。

数の種類はおおよそ次の4つに分けられます。

数の種類（1）～ 名義尺度

主に性別、血液型、天候（晴れ・曇り・雨など）、曜日、サイズ（S・M・Lなど）、都道府県、有無、合否、などが該当します。「性別」で「女性」を2、「男性」を1、「血液型」で「A型」を1、「B型」を2のように当てはめるように、番号（数値）の大小に意味を持たない値のことを、統計学では**名義尺度**（めいぎしゃくど）（Nominal Scale）と呼びます。

大小に意味を持たないので、平均値を求めたり大小を比較したりすることはできても、その結果に意味はありません。また名義尺度に該当する変数のことを、**カテゴリーデータ**や**カテゴリカルデータ**（Categorical Data）、あるいは**質的変数**（しつてきへんすう）（Qualitative Variable）とも呼ぶことがあります[5]。

また、「有無」という変数の場合、「有」を1、「無」を0と表す変数のことを、**ダミー変数**（Dummy Variable）と呼びます。

数の種類（2）～ 順位尺度

順位、アンケート調査などで見られる数段階の評価を、選択肢から当てはまる1つを回答する場合などに使われます。アンケート調査の場合は、次のAのように評価の程度と数値の大小とを一致させましょう。

---

5 質的データとも呼びます。また、アンケート調査などに見られる記述式の回答に該当するものを含めて、定性データと呼ぶこともあります。

A： 4. 満足　3. やや満足　2. やや不満　1. 不満
B： 1. 不満　2. やや満足　3. やや不満　4. 不満

Bの場合は、評価の高さと数値の大きさが一致していないので、解釈や分析の処理を誤ったり、直感的に理解しづらくなったりします。

こうした数値の大小だけが意味を持つデータのことを、**順位尺度**（じゅんいしゃくど）（Ordinal Scale）と呼びます。なお、5と4、4と3、3と2といった隣り合った評価の間隔は等間隔ではありません。順位尺度では、平均値などを求めて何らかの意味を見出そうとしても、その得られた平均値はあまり役に立ちません[6]。

数の種類（3）～ 間隔尺度

主に時刻や気温、西暦や元号（平成○○年）などのように、数の大小に意味があり、さらに差を求めることにも意味があります。いつも8時30分に起きる人が、今朝は7時30分に起きた場合や、18時が終業時刻の会社で17時に退社した場合も、それぞれ起床時刻や退社時刻は、「1時間早い」という差があるといえます。

平均値を求めることにも意味があります。ただし最高気温の場合、12℃は6℃の2倍、5時は10時の半分という計算はできません。

200円は100円の2倍といえますし、－200円（200円の借りがある）は－100円（100円の借りがある）の2倍の借りがあるといえますが、気温の10℃は5℃の2倍の暖かさだと表現することはできません。

こうした種類の数値を、統計学では**間隔尺度**（かんかくしゃくど）（Interval Scale）または**距離尺度**（きょりしゃくど）（Distance Scale）と呼びます。

なお、この間隔尺度では気温に代表されるように、0という値は「無いこと」を意味するのではありません。0が「無いこと」を意味するのは、後述の比例尺度に該当します。

6　ザックリと「5段階で4.8だった。よかった、よかった！」程度で扱うくらいがよいです。「各店舗の評価の平均点は3.8以上を目指そう！」としても、後述する比例尺度の数値ではないこと、また顧客にとって「普通」や「当たり前」の尺度が異なることから、店舗や従業員の評価をするとき、「平均点3.8以上かどうか」はあまり重視しないで運用することをお勧めします。

数の種類 (4) ～ 比例尺度

数の種類 (3) の間隔尺度と同様、差や平均値を求めるほか、(何倍か、何割かのように) 比率を考えることもできます。

また「売上が 0 円」や「インターネットで動画を見る時間が 0 時間」という場合は、それぞれ売上がなかったこと、インターネットで動画を見なかったというように、「0」も意味を持ちます。

重さ、長さ、速度、金額、人数や件数などがこれに該当し、この種類の数のことを、統計学では**比例尺度**(ひれいしゃくど)または**比尺度**(ひしゃくど) (Ratio Scale) と呼びます。

また、間隔尺度・比例尺度を総称して、定量データ (Quantitative Data)、量的変数 (Quantative Variable)、数値データといいます。

数の種類	用例	数の大小の比較	差を求める	比率を求める	専門的な呼び方
種類 (1)	カテゴリーデータ	―	―	―	名義尺度 (Nominal Scale)
種類 (2)	順位、(数段階の) 評価など	意味あり	―	―	順序尺度 (Ordinal Scale)
種類 (3)	時刻、気温など	意味あり	意味あり	―	間隔尺度 (Interval Scale) または距離尺度 (Distance Scale)
種類 (4)	金額、人数、件数、割合 (パーセント) など	意味あり	意味あり	意味あり	比例尺度 または比尺度 (Ratio Scale)

1.2.2 データ・クレンジングの重要性

たとえば手元のデータには、数字ばかりではなく、文字情報も含まれます。氏名の読みがなの場合、全角の「ヨネヤ マナブ」と、半角の「ﾖﾈﾔ ﾏﾅﾌﾞ」とでは、人間が見れば「あ、これはどちらもヨネヤ マナブさんのことを指しているんだな」と把握したり、書類やほかのデータなどと突き合わせて、確認したりできます。しかし、コンピュータでは別の情報として扱われてしまうのです。

また、有無を表す項目に「有り」とか「あり」が混在していても、本質的には同じ「有」だと人間は判断できますが、データの中ではそれぞれ別の情報として扱われてしまいます。

このように半角文字と全角文字が混在している場合、また本質的には同じものでも表記が異なる場合は、表記を統一する必要があります。

そのほかにも、データが欠けている場合[7]はデータを補完したり、ほかの変数を利用して推定したりします。この方法は第3日で触れることにします。

こうした工程を総称して**データ・クレンジング**(Data Cleansing)あるいはデータ・クリーニング(Data Cleaning)といいます。

さらに、表の作り方にも注意が必要です。次の表は、ある期間についてアイテムごとに作られており、商品別の販売数量を集計したものです。

アイテム	品番	品名	数量
衣料	1123	スカート　アカ	2160
	1126	スカート　ピンク	1380
	2118	ジャケット　グレー	1126
	2133	ジャケットカーキ	715
	4110	シャツ　白	2966
	4311	シャツ　白　ジャカード	1066
	4217	シャツストライプ　紺　太白黒	1216
	衣料計		10629

品番	品名	数量
小物		
8110	紙袋　#010	1584
8112	紙袋　#012	1311
8113	紙袋　#013	1222
8214	クリアファイル　#014	1078
8217	クリアファイル　#017	1866
8222	クリアファイル　#022	1201
8946	ピンバッヂ	1254
小物計		9516

上の2つの表は、それぞれ「衣料」や「小物」の分類について集計したものであることは判断できます。

しかし、これらの形式で表を作ってしまうと、集計や並べ替え操作、分析などの作業を行うのに支障を来します。Excelであれば「セルを結合して中央揃え」の

7 欠損値(けっそんち)(Missing Value, Missing Data)と呼びます。

機能は使わないことを覚えておきましょう[8]。

では、これらの形式で作られてしまった表は、どのようにまとめるべきかを次に示します。

アイテム	品番	品名	種類	詳細仕様	数量
衣料	1123	スカート	アカ		2160
衣料	1126	スカート	ピンク		1380
衣料	2118	ジャケット	グレー		1126
衣料	2133	ジャケットカーキ			715
衣料	4110	シャツ	白		2966
衣料	4311	シャツ	白	ジャカード	1066
衣料	4217	シャツストライプ	紺	太白黒	1216
小物	8110	紙袋	#010		1584
小物	8112	紙袋	#012		1311
小物	8113	紙袋	#013		1222
小物	8214	クリアファイル	#014		1078
小物	8217	クリアファイル	#017		1866
小物	8222	クリアファイル	#022		1201
小物	8946	ピンバッヂ			1254

集計や分析を考慮して、データの活用範囲を拡げるための考え方のポイントは、次の5つです。

- 1行につき1データ（この場合は1つの商品）だけ入力する → 1行1レコード
- 1列につき1項目（1変数）だけ入力する → 1列1フィールド
- 先頭の行には項目名（データラベル）を配置する
- 空白の行や列は作らない
- 表の周辺にスペースを含め余計な情報は入力しない

8 掲示用などの場合であれば、見やすさも重要なポイントの1つです。そのため、Excelで掲示用の表を作る場合、セルの結合を使うことで、よりわかりやすくなる場合もあります。

1.3 集計・基本統計量

回帰分析を行う前に、データの内容についておおよそ把握するために集計をすることも役立ちます。

1.3.1 単純集計・クロス集計・多変量解析とは

単純集計

アンケート調査では、**GT（ジーティー）集計**[9]とも呼ばれることがあり、1つの項目についてその内訳の件数を数えた集計方法を**単純集計（たんじゅんしゅうけい）**（Simple Tabulation）と呼びます。

Q1：言葉をかける	回答者数
気になる	40
気にならない	30
計	70

Q2：言葉を受ける	回答者数
気になる	25
気にならない	45
計	70

上の図は、ダミーのアンケート調査について、2つの設問と回答者数を示したものです。

Q1は、社内の後輩や部下から先輩や上司に「ご苦労様」という言葉遣いをすることが気にするかどうかを調査した結果だとご理解ください。

そしてQ2は、社内の後輩や部下から「ご苦労様」と言われたときに、後輩や部下の言葉遣いについて、気になるかどうかを調査した結果だとご理解ください。

上図はそれぞれQ1とQ2の単純集計です。

この単純集計の結果を眺めてみると、回答者の人数から、言葉をかける後輩や部下の立場では、「ご苦労様」と言ってしまうのは、より「気になる」が、先輩や上司の立場では、部下や後輩から「ご苦労様」と言われても、「気にならない」傾向が強いと読み取れそうです。

また件数と共に、全体のうちそれぞれの選択肢を回答した割合について求める

9 GTはGrand Totalの略。英語のGrand Totalとは、本来は「総計」という意味があります。

こともあります。それぞれの割合、つまり構成比を求めるのは、次の計算方法で求めます。

各選択肢の件数 ÷ 全体の件数

クロス集計

生データから、2項目の内訳について集計をし、交わる部分に該当する件数が表される集計表を**クロス集計表**（Cross Tabulation）あるいはクロス表と呼び、統計学では**分割表**（ぶんかつひょう）（Contingency Table）とも呼んでいます。

さて、単純集計表でご覧いただいたアンケート調査の結果から、「ご苦労様」という言葉を言う立場と言われる立場によって、気にするかどうかの違いを探ろうとしました。

しかし個別の単純集計の結果を混ぜて解釈してはならないのです。

Q1 と **Q2** の単純集計の結果から、言う立場と言われる立場の関連性を探ってはなりません。このまま判断するには、情報が足りないのです。

そこでクロス集計表を基に考えるのです。

表A		言葉をかける 気になる	言葉をかける 気にならない	計
言葉を受ける	気になる	①	③	25
	気にならない	②	④	45
	計	40	30	70

この場合、言葉をかける側と受ける側の考え方については、それぞれに「気にする」か「気にしない」の2つずつの選択肢があるので、2 × 2クロス表、または2 × 2分割表と呼びます[10]。

10 ●×▲分割表は、$m \times n$ 分割表や $l \times m$ 分割表と表されることもあります。いずれの場合も行の数（ここでは「言葉を受ける」側）×列の数（ここでは「言葉をかける」側）で表すことが慣例になっています。

2 × 2 分割表の考え方をしようとすると、単純集計の結果からは、上図の①・②・③・④に入る回答者数がわからないので、言葉を受ける立場と、言葉をかける立場との関連について探ることはできません。

そこで、下図の表 B と表 C を見てください。

表B		言葉をかける		
		気になる	気にならない	計
言葉を受ける	気になる	9	16	25
	気にならない	31	14	45
	計	40	30	70

表C		言葉をかける		
		気になる	気にならない	計
言葉を受ける	気になる	23	2	25
	気にならない	17	28	45
	計	40	30	70

単純集計だけでは、言葉をかける立場の場合と、言葉を受ける立場の場合との関連性について、表 B と表 C というように、異なる傾向を示す可能性が残っているのです。

上のクロス集計表のうち、上側の項目名（ここでは「言葉をかける」）が配置されている部分のことを統計学では**表頭項目**（ひょうとうこうもく）と呼び、左側の項目名（ここでは「言葉を受ける」）が配置されている部分のことを**表側項目**（ひょうそくこうもく）と呼びます。

クロス集計表は、カテゴリーデータを対象としています。数値データの場合はそのまま扱うのではなく、金額であれば「10 万円未満[11]」、「10 万円以上 20 万円未満」、「20 万円以上 30 万円未満」といったようにカテゴリー化させた上で、クロス

11 「～以上」「～以下」はその数を含み、「～を超える」「～未満」はその数を含みません。

集計表を作ります。

また、たとえば「言葉をかけることが気になるか、ならないか」を年代別にクロス集計したい場合は、年代は表側項目に、言葉をかけることが気になるかならないかは表頭項目に配置することが一般的です。

		言葉をかける		
		気になる	気にならない	計
年代	10代	4	8	12
	20代	6	6	12
	30代	7	5	12
	40代	7	4	11
	50代	8	4	12
	60代以上	8	3	11
	計	40	30	70

多変量解析

単純集計やクロス集計、また平均値などを求めてデータの特徴を表したり、データの傾向を探ったりするのに有用な方法が存在します。

月並みな表現になりますが、身長や体重、胸囲、ウエスト、脚の長さ、足の大きさなど、複数の変数や多くのデータを使って、複数の変数間、または多くのデータ間の関連性を利用して特定の変数について説明したり、変数やデータを分類したりするような分析方法を総称して、**多変量解析**（Multivariate Analysis）といいます。

本書では、多変量解析のうち代表的な手法の1つである、回帰分析について説明します[12]。

12 多変量解析のその他の手法については、『Excelで学ぶ多変量解析入門－Excel2013/2010対応版－』（菅民郎・著、オーム社・刊）などを参照してください。

1.3.2 基本統計量

数字の羅列からできているデータについて、そのデータは何をいわんとしているのかを把握するための方法はいろいろあります。グラフを描くのもその1つです。

このとき、我々になじみの深い平均値などのように、データの特徴を示すために1つの値で表す方法があります。たとえば平均値のほかにも、中央値、最頻値、レンジ、標準偏差、歪度、尖度などがあります。これらを総称して**基本統計量**(Basic Statistics)といいます[13]。

平均値

日常生活でもなじみの強い指標の1つが平均値です。平均値を求める対象の値をすべて合計して、データの行数(数値の個数)で割り算して求めます。後述する幾何平均などと区別をするため、統計学では**単純平均**(たんじゅんへいきん)、あるいは算術平均や相加平均(Arithmetic Mean)と呼びます。Excelでは、**AVERAGE関数**で求めることができます[14]。

統計学では平均値を求めるための式を次のように表します。

$$\overline{x} = \sum_{i=1}^{n} \frac{x_i}{n}$$

ちなみにこれを翻訳すると、次のようになります。

13 ほかに記述統計量(Descriptive Statistics)、要約統計量(Summary Statistics)とも呼びます。本書では基本統計量で統一します。

14 筆者は、Excelの関数を「関数の挿入」ウィザードを使わず、セルに直接手入力することをお勧めしています。直接入力するほうが作業効率がよいことや、関数の挿入ウィザードを使うと、複数の関数を1つのセルに対して使用する場合などに支障を来すことがその理由です。なお、AVERAGE関数のほか、GEOMEAN関数、MEDIAN関数などで範囲選択をしたセルのうち、空欄のセルが含まれていると、そのデータはないものとして扱われます。たとえば、AVERAGE関数で範囲選択をした3つのセルのうち1つが空欄だった場合、データの個数は2個として扱われます。

$$\text{単純平均値} = \frac{\text{①番目のデータ} + \text{②番目のデータ} + \cdots + \text{最後のデータ}}{\text{データ行数}}$$

平均値は、必ずしも多勢を示す値ではなく、また平均値を境に中間の値を示す値ではありません。これらのことは、分布の形を確認しないことには、判断できないのです。

幾何平均

平均成長率などのように、パーセンテージ、倍数の平均値を求めるときに使います。Excel では **GEOMEAN 関数**で求めることができます。

直近3年間の平均成長率が2倍、3倍、4倍と推移していたとき、この間の平均成長率は(2 + 3 + 4)÷3で3倍ではなく、2.88倍が正解です。

このときの簡単な考え方は、まず体積が2cm×3cm×4cmで24cm^3の直方体の場合、体積を変えずに、すべての辺を同じ長さにするときの、1辺の長さを求めるのと同じことをしています。

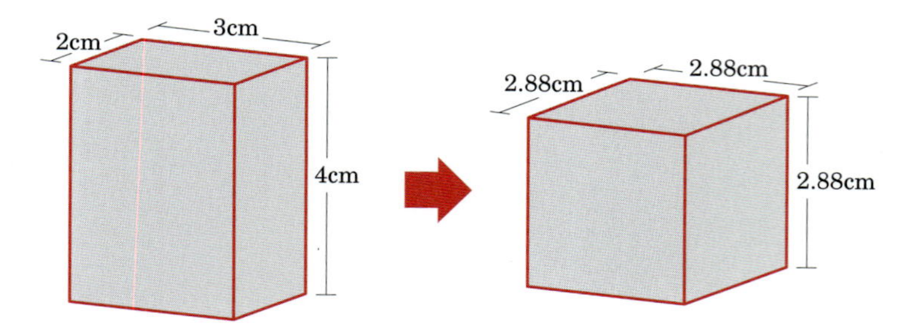

幾何平均値は、次のように求めます。

$$\overline{x_g} = \sqrt[n]{\prod_{i=1}^{n} x_i} = \sqrt[n]{x_1 \times x_2 \times x_3 \cdots \times x_n} = (x_1 \times x_2 \times x_3 \cdots \times x_n)^{\frac{1}{n}}$$

この式を翻訳すると、次のようになります。

$$\text{幾何平均値} = \sqrt[\text{データの個数}]{\text{①番目のデータ} \times \text{②番目のデータ} \times \cdots \times \text{最後のデータ}}$$

この求め方から、2倍、3倍、4倍という伸びを示すときの平均伸び率を求めるには、$\sqrt[3]{2\times3\times4}$ つまり、$\sqrt[3]{24}$ という数になります。これを翻訳すると、3乗すると24になる数ということです。これを小数に直すと、2.88と求めることができます。

Excel でこれを求めるなら、計算式は「=(2*3*4)^(1/3)」と入力します[15]。

	A	B	C	D	E
1					
2		2			
3		3			
4		4			
5					
6		2.884499		2.884499	
7		=GEOMEAN(B2:B4)		=(2*3*4)^(1/3)	

中央値

データの値を昇順、または降順[16]に並べ替えたとき、ちょうど中間に位置する値のことを**中央値**（Median）と呼びます。Excel では**MEDIAN 関数**で求めることができます。

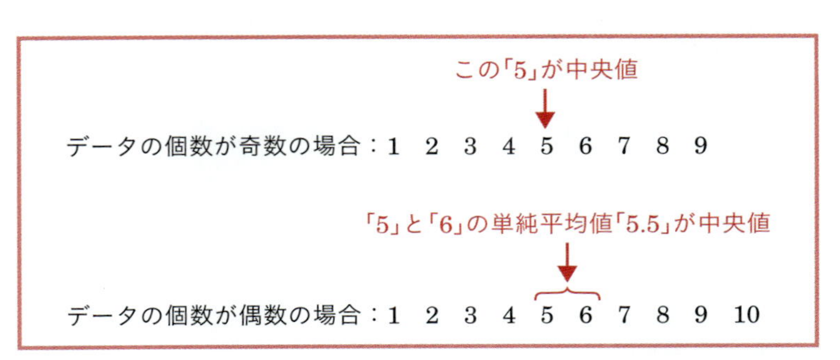

15 「^」記号は「ハット」と読み、累乗の計算に使うことができます。2と3と4の掛け算の結果の3分の1乗と同じ意味になるので、2と3と4をカッコでくくりましょう。累乗については、「A 累乗・√・log の解説」(p.242) を参照してください。

16 昇順（Ascending Order）：値を小さい順（小さい値から大きい値になるよう）に並べること。降順（Descending Order）：値を大きい順（大きい値から小さい値になるよう）に並べること。

	A	B	C	D	E	F
1						
2		データA		データB		
3		1		1		
4		2		2		
5		3		3		
6		4		4		
7		5		5		
8		6		6		
9		7		7		
10		8		8		
11		9		9		
12				10		
13						
14		5		5.5		
15		=MEDIAN(B3:B11)		=MEDIAN(D3:D12)		
16						

データ個数（行数）が5の場合で考えてみます。

【A】3　4　6　7　10　……というデータの場合、合計は30、平均値は6です。

【B】3　4　6　7　50　……というデータの場合、合計は70、平均値は14です。

しかし、いずれも中央値は6です。【B】のデータでは、最後に50という値があり、ほかの値と比べて、極端に大きな値を示しています。

集団の中で極めて大きな、また極めて小さな値な値のことを、**外れ値**（はずれち）（Outlier）と呼びます。

このように平均値は外れ値の影響を受けますが、中央値は外れ値が含まれていても、データの大きさの順序だけが対象となるため、平均値と比べて外れ値の影響を受けにくい指標といえます。

最頻値

次の図は、総務省が発表した世帯別貯蓄額を示したものです。

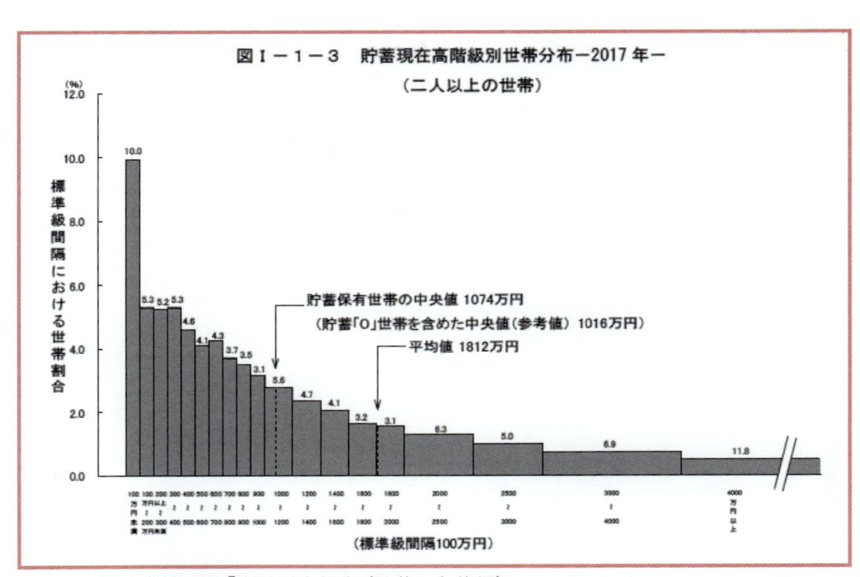

※出典：総務省統計局『家計調査報告（貯蓄・負債編）
　－平成 29 年（2017 年）平均結果－（二人以上の世帯）』

横軸は貯蓄額で、右に行けば行くほど貯蓄額が多いことを示しています。縦軸はその貯蓄額の範囲に含まれる世帯数を示しています。

このように示したグラフのことを**ヒストグラム**（Histogram）と呼びます。

この調査では、平均値（平均貯蓄額）は 1,812 万円、そして中央値は 1,016 万円です。

「平均貯蓄額が 1,812 万円だ」という情報に接したとき、「みんなこんなに貯蓄してるのか～」と想像するのは早計です。「分布の形」という情報が足りないのです。

分布の形を把握するために、ヒストグラムがあります。

ここで最頻値は、もっとも多く現れている「100 万円未満の世帯である」と表現します。また最頻値はデータの中でもっとも多く現れる値を指すこともあり、Excel では次の関数で求めることができます。

- 1 つの最頻値を求める場合：**MODE.SNGL 関数**
- 2 つ以上の最頻値を求める場合：**MODE.MULT 関数**

MODE.MULT 関数は、次のように指定します。

❶ あらかじめ最頻値を出力する範囲で複数のセルを範囲選択します。

❷ 範囲選択した状態で、そのうち1つのセルに、次のように関数を入力します。

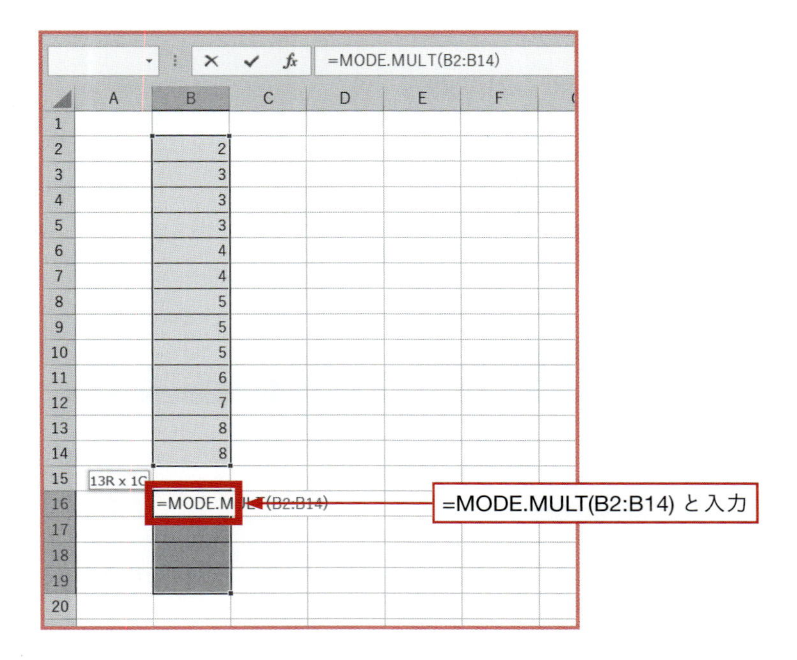

❸ 範囲選択したのちに [Ctrl] キーを押しながら、[Alt] キーと [Enter] キーを同時に押します。結果や数式バーでは、次のように表示されています[17]。

{=MODE.MULT(B2:B14)}

17 複数のセルを出力範囲として指定して、このように出力する方法を、Excel では配列書式と呼びます。なお手入力で {} このカッコを入力しても、正しく出力されません。

B16 {=MODE.MULT(B2:B14)}

	A	B	C	D	E	F
1						
2		2				
3		3				
4		3				
5		3				
6		4				
7		4				
8		5				
9		5				
10		5				
11		6				
12		7				
13		8				
14		8				
15						
16		3				
17		5				
18		#N/A				
19		#N/A				
20						

なお筆者は、最頻値を求めるには、ピボットテーブルなどで求めることが現実的だと考えています。次に挙げる2つ目と3つ目がその主な理由です。

- あらかじめ確保した出力用セルの個数よりも、存在する最頻値の個数のほうが少ない場合、余ったセルには、#N/A エラーが表示される
- あらかじめ確保した出力用セルの個数よりも、存在する最頻値の個数のほうが多い場合、あふれた分の出力はされない
- すべての数値が同じ回数現れている場合、統計学では、「最頻値はなし」と定義する。しかし Excel の MODE.MULT 関数では、すべての数値を出力してしまう仕様になっている

データのレンジ（範囲）

平均値だけではデータの特徴を把握・説明しきれない場合があることをここまでで説明しました。そしてデータの分布やばらつき具合も考慮する必要があります。

次のデータ A、データ B はいずれも、平均値が 10、中央値が 10 のデータです。

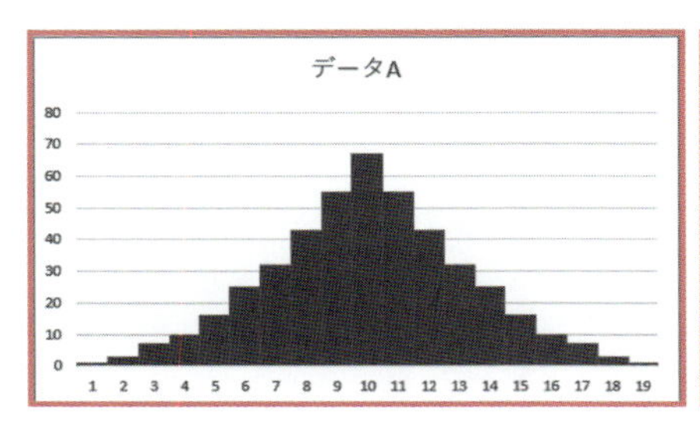

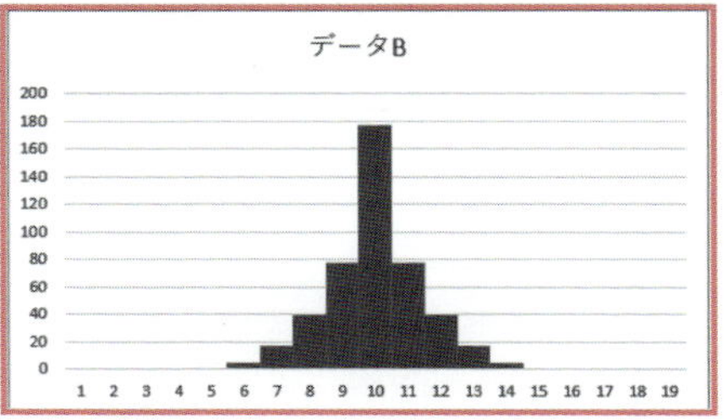

「平均値が10でした」という情報を得たとしても、これまでに説明したように、必ずしも10が多勢を占めるわけでもなければ、10を境に全体の半数のデータを分けることができるわけではありません。

これはあくまでも、分布の形を見ないことには把握できないのです。次の分布は、平均値が8、中央値が6の例です。

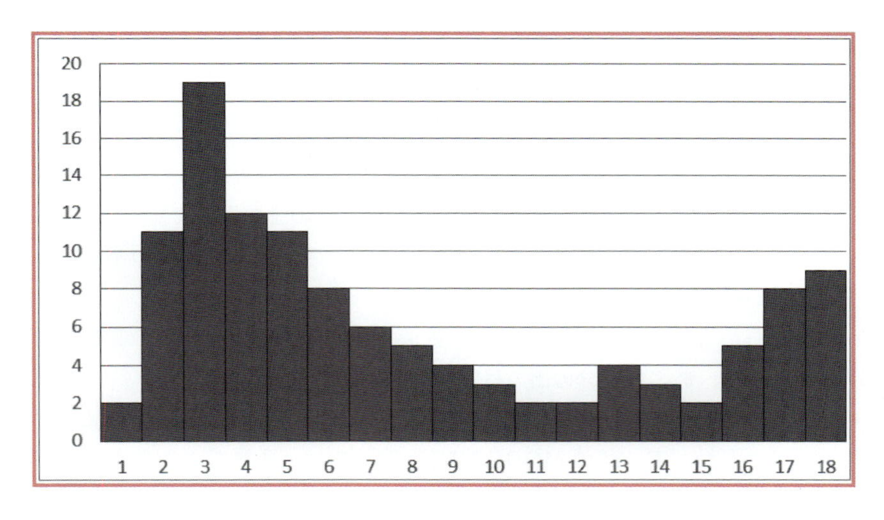

上図はヒストグラムです。ばらつき具合を視覚的に把握するのに役立ちます。また、基本統計量で求めるなら、次に示す方法でばらつき具合を把握します。

まず、データの最大値から最小値を引き算したときの差を求めます。これをデータの**レンジ**（Range）と呼びます。Excelでは**データの範囲**と呼んでいます。

しかし、データの最大値や最小値が対象となっているため、外れ値に影響を受けやすいのです。

Excelでは、最大値は**MAX関数**、最小値は**MIN関数**で求めることができ、レンジは次のように引き算をして求めます。

	A	B	C
1	No.	ページA	ページB
2	1	16	88
3	2	24	96
4	3	32	104
5	4	48	104
6	5	56	112
7	6	64	120
8	7	72	120
9	8	88	128
10	9	104	136
11	10	112	136
12	11	120	144
13	12	128	152
14	13	144	152
15	14	152	160
16	15	160	160
17	16	168	168
18	17	168	168
19	18	176	176
20	19	176	176
21	20	176	176
22	21	184	184
23	22	192	192
24	23	208	192
25	24	216	200
26	25	232	200
27	26	240	208
28	27	248	208
29	28	264	216
30	29	272	224
31	30	280	232
32	31	280	240
33	32	288	240
34	33	296	248
35	34	312	248
36	35	320	256
37	36	320	272
38	平均値	176	176
39	中央値	176	176
40	最頻値	176	176
41	最大値	320	272
42	最小値	16	88
43	範囲	304	184
44	標準偏差	89.58174	49.49523
45			

上図の例では、データA、データB共に、平均値、中央値、最頻値は176のデータです。データAの最大値は320、最小値は16なので、データAのレンジ

は 320 − 16 = 304。データ B の最大値は 272、最小値は 88 なので、データ B のレンジは 184 と求められます。

標準偏差

そこで平均値を中心として、どの程度データのばらつきがあるかを把握するための**標準偏差**（Standard Deviation）がよく使われます。標準偏差の大きさが大きければ、データのばらつきが大きいことを表します。

ちなみにデータ A の標準偏差は 89.58、データ B は 49.50 です。

Excel では **STDEV.P 関数**[18] で求めることができます。

この STDEV.P 関数は、次の式[19] で標準偏差を求めています。

$$\sigma = \sqrt{\frac{\sum_{i=1}^{n}(x_i - \overline{x})^2}{N}}$$

この式について翻訳するため、次のように分解して説明します。

❶ まずデータの単純平均値を求めます。1 番目のデータから平均値を引き算します。この差のことを**偏差**（Deviation）と呼びます。

❷ ❶で求めた偏差を 2 番目以降すべてのデータについて求めます。偏差は正の値にも負の値にもなり、この結果を合計すると常に 0 になります。すべての偏差を正の値にするため、偏差を 2 乗します。2 乗した偏差のことを**偏差平方**（Squared Deviation）と呼びます。

❸ 偏差平方をすべてのデータについて求めて、すべての偏差平方を合計します。これを**変動**（Variation）とか**偏差平方和**（Sum of Squared Deviation）と呼びます[20]。

---

18 母集団の推定を想定しない場合は STDEV.P 関数を使います。標本データを対象にした母集団の標準偏差を推定する場合は、STDEV.S 関数を使います。不偏標準偏差（Unbiased Standard Deviation）と呼びます。

19 σ：ギリシャ文字で小文字のシグマ。
Σ：ギリシャ文字で大文字のシグマ。数学では、この記号の後ろに続く式や値の合計をする（総和）という意味で使われます。

20 偏差平方和は、Excel では DEVSQ 関数で求めることができます。

❹ 偏差平方和をデータ行数で割り算します。この結果を**分散**（Variance）と呼びます[21]。

❺ そして、分散の平方根を求めたのが標準偏差です。

外れ値を検出する一方法

外れ値を求めるためにはいろいろな方法がありますが、簡単に求めることができ、かつ有名な方法をここでは1つ紹介します。

次の式で計算をして、その範囲の外側の値を外れ値として扱う方法です。**3σ法**と呼びます。

単純平均値 ± 3× 標準偏差

ヒストグラム

データの分布具合を視覚的に探るため、ある一定の範囲で区切って、それぞれの範囲内に何件のデータが含まれるのかを示すものです。**度数分布表**というものを出力して、それを図にしたものを**ヒストグラム**（Histogram）といい、柱状図とも呼びます。

ここでは2,230件の顧客データから、年齢を基にヒストグラムを作成する方法を説明します。次ページの図のうち、左側の表が度数分布表、右側の図がヒストグラムです。

この場合は、20歳までの顧客は2人、21歳～30歳の顧客は169人、31歳～40歳の顧客は1,347人……と表しています。

このように20歳まで、21歳～30歳、31歳～40歳……というデータのひと区切りのことを統計学では**階級**（Class）と呼び、その階級に該当する数（ここでは人数）のことを、**度数**（Frequency）と呼びます[22]。

Excelのデータ分析ツールで作るヒストグラムでは、20までの値のデータが10件、20を超えて40以下の範囲には7件のデータが含まれると読み取ります。

---

21 ここでの分散をExcelで求める関数は、VAR.P関数です。STDEV.S関数と共に、詳細は拙著『7日間集中講義！ Excel統計学入門: データを見ただけで分析できるようになるために』（オーム社・刊）を参照してください。

22 Excelのデータ分析「ヒストグラム」の機能では、度数のことを「頻度」と表しています。

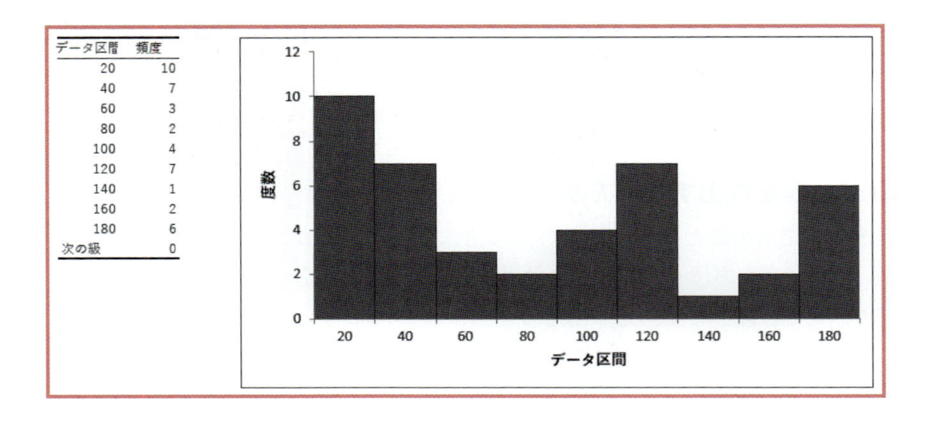

データ区間	頻度
20	10
40	7
60	3
80	2
100	4
120	7
140	1
160	2
180	6
次の級	0

ヒストグラムの特徴

ヒストグラムには、主に次の2つの特徴があります。

(1) 面積と度数が一致する

棒の面積と度数が一致します。つまり、ヒストグラムを作るデータの中央値（このデータでは71）で区切ると、面積は等しく2つに分けることができます。

(2) 棒グラフとは異なる

棒グラフの場合、横軸は大小を比較するための項目名が配置されます。これに対してヒストグラムでは、一般に連続する数量[23]を配置することから、統計学の慣例として、棒の間隔を詰めます。

ここではExcelのデータ分析ツールでヒストグラムの作り方を説明します。

---

23 連続する数量：気温や物質の長さ、重さ、時間など、最小の単位が（一般に）なく、時間では秒、分、時間のように何らかの単位と共に使われる数のことを指します。数学では連続量（Continuous Value）またはアナログ量と呼びます。また個数や人数、台数などのように自然数（0や整数＝Natural Number）で表される数のことを離散量あるいはデジタル量（Discrete Value）と呼びます。

❶ まずヒストグラムを作成するためのデータを用意しましょう。
データラベルが先頭行にあり、その次の行から1行ずつ、1つのセルに1項目ずつデータが入力されています。
また、ここではヒストグラムを作成するのに役立つよう、値の最大値と最小値を求めました。最大値は178、最小値は8のデータです。

❷ Excelのデータ分析ツールの「ヒストグラム」機能では、「データ区間」の列を用意します。これはヒストグラムの区切りを指し、区切りの上限の値を指定します。
ここではC列に入力し、20まで、(21以上) 40まで……と区切るとして、データ区間の列には、上から順に、20、40、60……と入力します。
なお、一番小さなデータ区間(ここでは20)は、最小値よりも大きな値にしましょう。
そして、一番大きなデータ区間(ここでは180)は、最大値よりも大きな値にしましょう。

	A	B	C
1	データ		データ区間
2	167		20
3	8		40
4	35		60
5	15		80
6	99		100
7	142		120
8	109		140
9	178		160
10	125		180
11	156		
12	80		
13	14		
14	48		
15	173		
16	105		
17	40		
18	10		
19	50		
20	19		
21	20		
22	99		
23	118		
24	24		
25	90		

❸「データ」タブの「分析」グループから、「データ分析」のメニューをクリックして選択します。表示された「データ分析」メニューから、「ヒストグラム」を選択して、「OK」ボタンをクリックします。

❹ 表示された「ヒストグラム」の設定画面では、次のように設定をします。

- 「入力範囲（I）」：ヒストグラムを作成したいデータの範囲を指定します。ここではA列がヒストグラムに反映するためのデータなので、A1:A43（データラベルを含む）と範囲選択します。
- 「データ区間（B）」：データの区切り方を指定します。それぞれ区間の上限の値が入力されていることを確認し、範囲選択をしましょう。ここではC1:C10セルを範囲指定しています。
- 「ラベル（L）」：データラベルを含めて範囲選択をしているので、「ラベル」にチェックを入れます。

「出力オプション」では任意の出力先を指定します。

- 「出力先（O）」：同じワークシートで出力を開始したいセル1か所を指定します。ここではE2セルを指定しています。
- 「新規ワークシート（P）」：新しいワークシートを自動的に生成し、左上（A1セル）から出力を開始します。
- 「新規ブック（W）」：新しいファイルを自動的に生成し、左上（A1セル）から出力を開始します。
- 「グラフ作成（C）」：ヒストグラムを作成するので、「グラフ作成」にチェックを入れます。

❺ 設定が終わったら、「OK」ボタンをクリックします。

	A	B	C
1	データ		データ区間
2	167		20
3	8		40
4	35		60
5	15		80
6	99		100
7	142		120
8	109		140
9	178		160
10	125		180
11	156		
12	80		
13	14		
14	48		
15	173		
16	105		
17	40		
18	10		
19	50		

ヒストグラム
入力元
入力範囲(I): $A$1:$A$43
データ区間(B): $C$1:$C$10
☑ ラベル(L)
出力オプション
◉ 出力先(O): $E$2
○ 新規ワークシート(P):
○ 新規ブック(W)
☐ パレート図(A)
☐ 累積度数分布の表示(M)
☑ グラフ作成(C)
OK
キャンセル
ヘルプ(H)

まず次のように出力されました。

	A	B	C	D	E	F
1	データ		データ区間			
2	167		20		データ区間	頻度
3	8		40		20	10
4	35		60		40	7
5	15		80		60	3
6	99		100		80	2
7	142		120		100	4
8	109		140		120	7
9	178		160		140	1
10	125		180		160	2
11	156				180	6
12	80				次の級	0
13	14					
14	48					
15	173					
16	105					
17	40					
18	10					
19	50					
20	19					
21	20					
22	99					
23	118					

この状態から、主に次の3つの点を整えます。

- 凡例の削除
- 「次の級」をヒストグラムに反映させないようにする
- 棒の間隔を詰める

❻ 凡例は初期値では必ず表示されますが、グラフでは1項目のみ出力されているので凡例は不要です。凡例部分を選択し、[Delete] キーを押して削除します。

❼ 棒の間隔を詰めるには、まず棒の部分で右クリックをして表示されるメニューから、「データ系列の書式設定 (F)」を選択します。

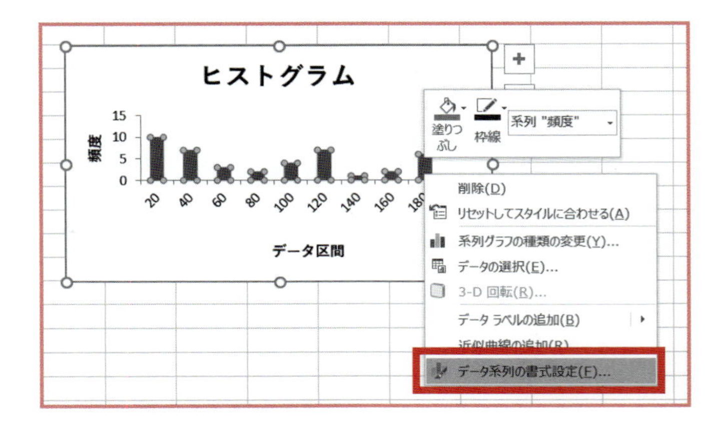

❽ 表示された「データ系列の書式設定」画面で、「要素の間隔 (W)」のスライダーを左端まで動かすか、数値を「0%」に変更します。

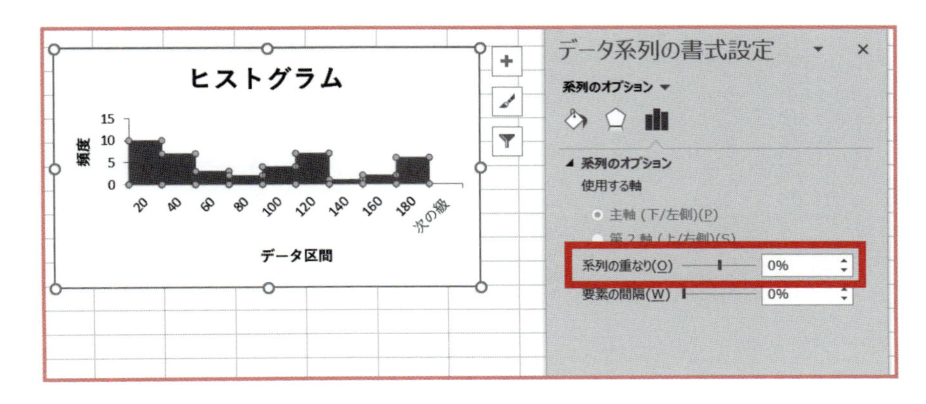

❾「次の級」とは、「データ区間」で設定したもっとも大きな階級からあふれたデータの件数で、ここに反映されます。しかし「データ区間」の指定は、データの最大値よりも大きな値にしています。そのため、「次の級」という区間は不要です。

「次の級」をヒストグラムに反映させないようにするには、ヒストグラム（グラフ）を選択した状態で、参照元のセルから、「次の級」をマウスのドラッグによって反映の対象から外します。

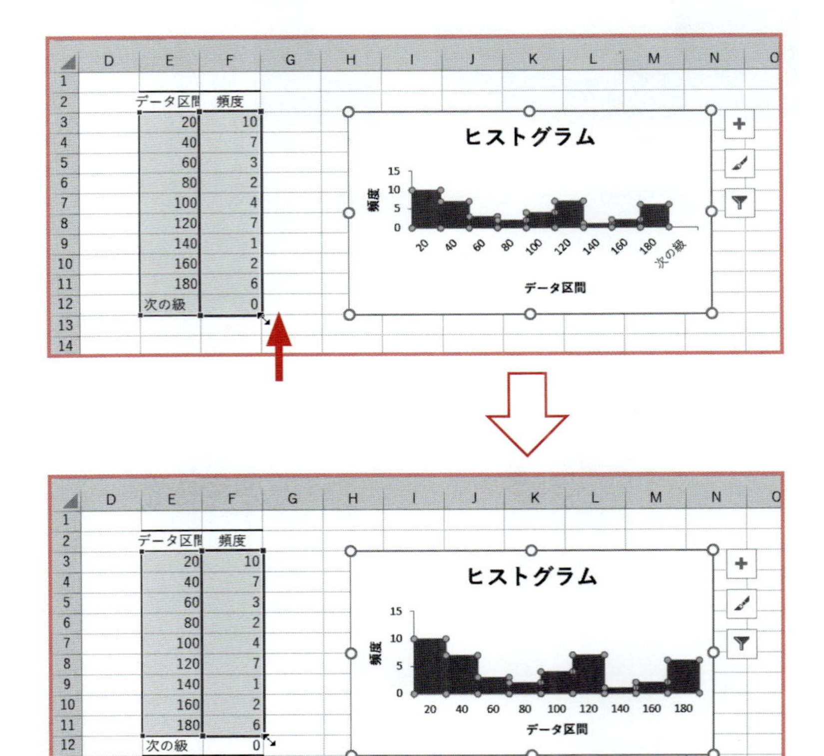

ヒストグラムが完成しました。

なお、Excelの初期値では棒の間隔を詰めると棒の境界が表示されないので、手作業で棒の枠線をつけるとよいでしょう[24]。

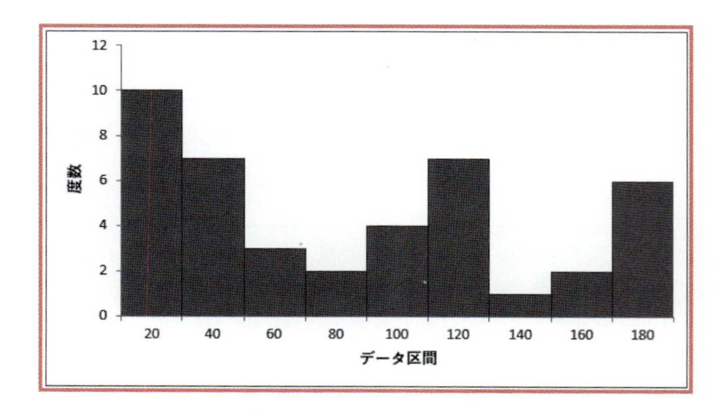

24 Excelのヒストグラムの初期値では「頻度」と表示されていますが、統計学では「度数」と呼ぶため、ここでは縦軸のラベルを度数としました。おそらく統計学の一般的な表現とは関係なく、Frequencyという英語を「頻度」と訳したものと思われます。また、ピボットテーブル機能でヒストグラムを作成する方法は、拙著『7日間集中講義！　Excel統計学入門: データを見ただけで分析できるようになるために』（オーム社・刊）の「2.2.3　データの分布具合を視覚的に探る～ヒストグラム」を参照してください。

第1日 まとめ

広く使われているExcelは、どこにでも好きなようにデータを配置できてしまいます。そのため、集計・分析用のデータと掲示物や表示用の表とは分けて考えましょう。

ビジネスの意思決定のためにデータを活用するためのポイントには次の5つがありました。

- 分析を行う目的を明確にして、目的に合ったデータを集める（用意する）
- データを分析に使える状態に整える（データ・クレンジング）
- データの特徴を視覚化する（グラフで表す）
- データの関連（相関関係）を探る
- データを全体でひとくくりに扱うか、（性別・年代別のように）属性ごとに扱うかを試行錯誤しながら検討する

回帰分析をビジネスで利用する主な目的は次の2つです。

- 数値予測
- 要因分析

具体的には、第4日と第5日で説明します。

第 2 日

散布図と相関関係

回帰分析は、相関関係がベースになっています。そこで相関関係についてしっかりと理解しておきましょう。相関関係は、実務や社会生活で確実に役に立つものです。

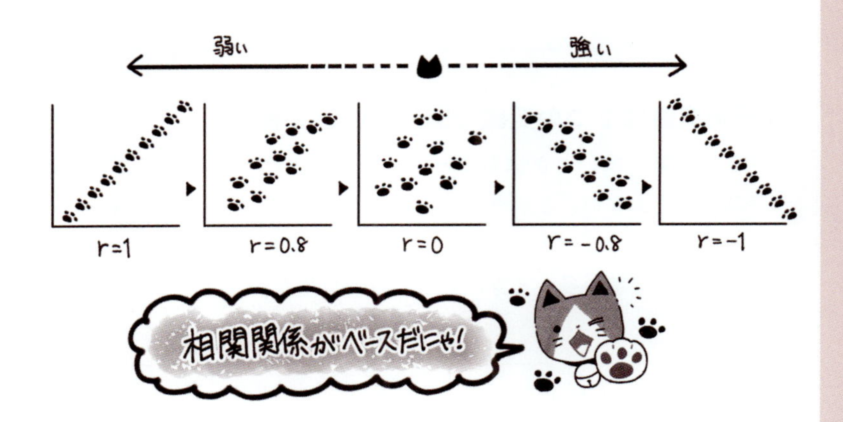

2.1 相関関係とは

2.1.1 まずはイメージからつかんでください

相関関係は2つの数量の大きさの関係を示すもの

相関関係というキーワードを覚えておきましょう。これは、ある量とまた別な量との大小関係について表しています。

日常業務の中で、「ある量が多ければ多いほど、別な量は多い傾向にある」というようなことはないでしょうか。

「得意先のうち、訪問回数が多ければ多いほど受注高が多い[1]」

「過去の経験から、広告宣伝費を多くかければかけるほど、売上は上がる」

「部品の成分の量について、ばらつき具合が大きければ大きいほど、不良率も高い」

「最高気温が高ければ高いほど、売上は多い」

これらのことは、「例外なく、どんなときでも当てはまる」ということではなく、どれもすべて「全体的にはそういう傾向がある」という程度の話ではあります。

しかし2つの変数との関係が見られるのならば、意思決定に活かせることが期待できるのです。

多くの場合は、「原因」があって「結果」があること、また「先に起こること」があって「あとから起こること」があるという関係が、多く見られるでしょう。

相関関係は2つの変数の関連度合いを表す

一方の数量が多いときはもう一方も多い、また一方の数量が少ないときはもう一方の数量も少ない、という関係のことを**正の相関**（せいのそうかん）(Positive Correlation) と呼びます。

また一方の数量が多いときはもう一方の数量が少ない、という関係のことを**負の**（ふ）

1 この解釈については、p.65「2.3.3 相関関係を探るときの注意点」も併せて読んでください。

相関(Negative Correlation)と呼びます。

正の相関：

一方が多いときはもう一方も多い

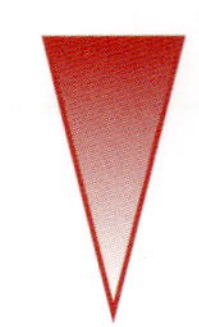
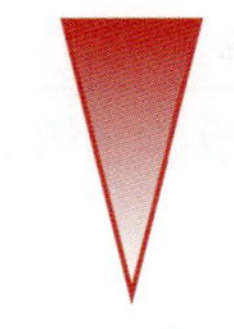

一方が少ないときはもう一方も少ない

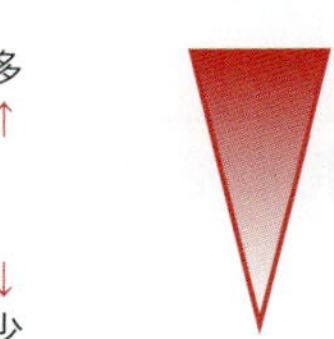

負の相関：

一方が多いときはもう一方は少ない

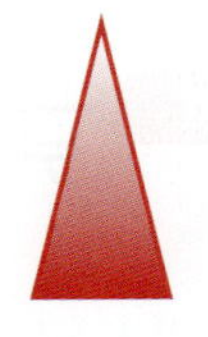

一方が少ないときはもう一方は多い

そして、これらのような関係がない組み合わせの場合、**相関がない**(No Correlation)と呼びます。

散布図と相関関係

2.2.1 データの特徴を表すにはグラフが効果的

あなたがする相談や報告、あなたに求められている情報の基になるデータについて、あなたが的確に把握することや誤解のないように伝えることは大切です。

数値からできているデータの内容を表す方法の1つは**グラフ**（Graph）です。

2つの数値項目の関連を探る方法でお勧めする種類のグラフは、**散布図**（Scatter Plot）です。散布図というのは、横軸に1つ目の変数、縦軸に2つ目の変数を配置し、2つの相関関係を視覚的に探るのに役立ちます。

相関関係と散布図をイメージしましょう

次の5枚の散布図を見てください。それぞれ異なる相関関係を示しています。

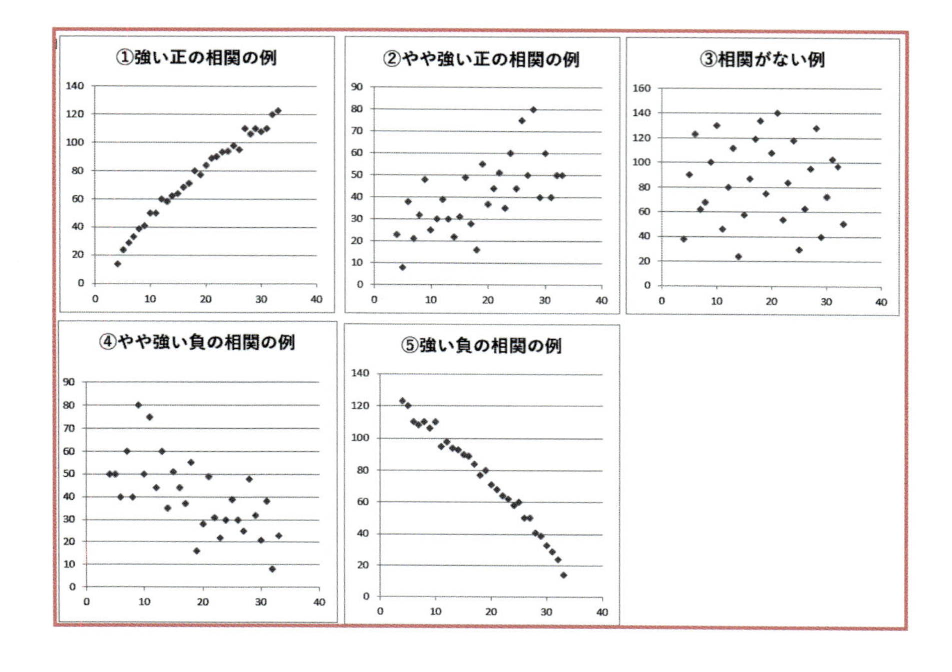

①と②の散布図では、全体で右肩上がりの関係を示していることがわかります。これは、一方が増えればもう一方が増えている関係を示しています。こうした関係が正の相関です。

④と⑤の散布図では、全体で右肩下がりの関係を示していることがわかります。これは、一方が増えればもう一方は減る、一方が減ればもう一方が増えるという関係を示しています。こうした関係が負の相関です。

そして③の散布図では、相関関係がない状態を示しています。

なお後述しますが、相関関係の強さについては、視力（0.1や2.0）、長さ（10cm、2m、3kmなど）、重さ（300g、25kg、6トンなど）、面積（$200m^2$）や体積（$85m^3$）、金額など、さまざまな数字の種類や大きさがあっても、線形な関係の度合いを評価できるのが特徴です。

2.2.2 事例：最高気温と販売個数との関係

この事例は、ある23日間の最高気温とアイスクリームの販売個数について表にまとめたものです。No.1の行は、データのある1日目について最高気温が27℃、その日の販売個数が340個であることを表しています。

仮説に基づいた分析が大切

日ごとのデータから、販売個数は日によって変化することがわかっています。

このとき数字が羅列されているデータを眺めたところで、傾向を探ることはまずできません。

そこでグラフに描いてみましょう。日ごとの販売個数の変化を探るので、時系列データのグラフ化には折れ線グラフを使います。

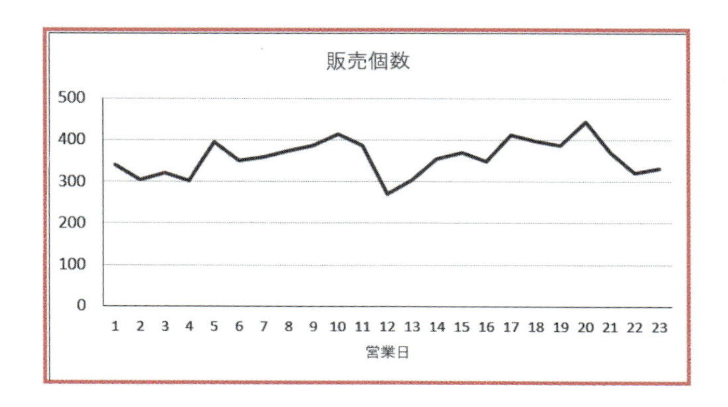

グラフを眺めても、全体的な増加傾向や減少傾向が見られないので、特に販売個数が多い日や少ない日に何があったのかなどが把握・説明できなければ、今後の意思決定に結びつけることは難しいでしょう。

たとえば「暑い日はよく売れて、暑くない日はあまり売れてない」というような傾向は、データを確認しているかどうかにかかわらず、気温や販売の実績をつぶさに注目しなくても、そのときの体感、または経験から、おおよその理解をしているのが通例でしょう。

そうした理解を「分析をするための仮説」として扱うことが期待できるので、データや数字だけを見て計画や意思決定をするのではなく、スタッフや従業員のみなさんが（感覚的なものも含めて）把握していることも、仮説に採り入れられないかを検討しましょう。

ここでは、日ごとの気温によって、販売個数が多かったり少なかったりするという仮説の下で、最高気温と販売個数との関係を探ります。

最高気温と販売個数について、同じ日のデータを同じ行に記しています。このように対になったデータ[2]になっていると、散布図をExcelで描くのに扱いやすくなります。

さて、このデータについて散布図で表すと、次のようになりました。

2　統計学では、対応のあるデータと呼ぶことがあります。

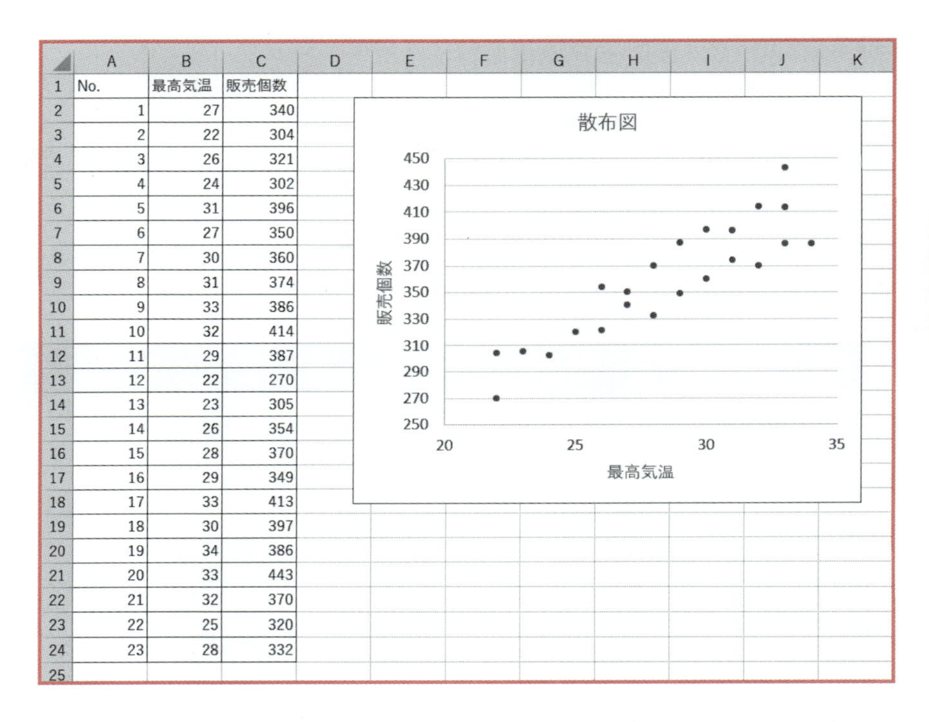

No.	最高気温	販売個数
1	27	340
2	22	304
3	26	321
4	24	302
5	31	396
6	27	350
7	30	360
8	31	374
9	33	386
10	32	414
11	29	387
12	22	270
13	23	305
14	26	354
15	28	370
16	29	349
17	33	413
18	30	397
19	34	386
20	33	443
21	32	370
22	25	320
23	28	332

散布図の横軸は最高気温を表し、右に行けば行くほど気温が高いことを表します。縦軸は販売個数を表し、上に行けば行くほど個数が多いことを表しています。

散布図では、右肩上がりの傾向を示していることがわかります。つまり総じて、最高気温の高い日は販売個数が多い傾向にあり、最高気温が低い日は、高かった日と比べて販売個数が少ない傾向にあることがわかります。

この傾向はあくまでも「総じて」のことです。相関係数が 1 を示すデータでない限り、「例外なく」最高気温が高い日であればあるほど、販売個数が多いことを表すと断言することまではできません。

2.2.3 散布図を描く

Excel でグラフを描くのに、Excel のワークシートのどこにデータが配置されていてもかまいません。2 つの変数の関係をグラフで示すには、散布図を使います。

つまり散布図を書くには、Excel では 2 列のデータが必要です。作業することを考えれば、隣り合った2つの列を用意するとわかりやすいでしょう。

Excel で散布図を描く方法

データのうち、散布図に反映させたい表の部分をあらかじめ範囲選択しておきます。ここでは B1 セルから B24 セルまで範囲選択しています。

範囲選択したら、Excel の「挿入」タブから「グラフ」グループにある「散布図 (X, Y) バブルチャートの挿入」のうち、「散布図」という種類のグラフを選択します。

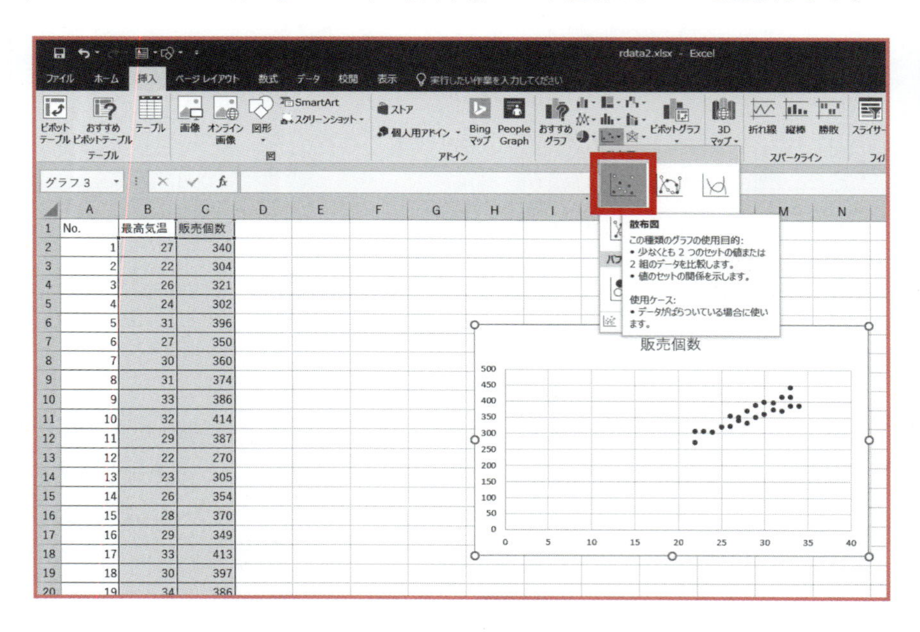

いったん散布図が表示されます。ここから散布図の次の部分を調整します。

❶ プロットエリアという領域を正方形になるように調整します[3]。
❷ 縦軸と横軸の説明を挿入します[4]。
❸ 散布図の点（マーカーと呼びます）がプロットエリアで偏りなく表示されるよ

3　散布図に並ぶ点のことを、Excel ではマーカーと呼んでいます。マーカーが総じて右肩上がりなのか、右肩下がりなのか、またそうした傾向が見られないのかということを見た目で判断するために散布図を描きます。散布図のマーカーが配置される場所である「プロットエリア」を正方形にすると、こうした傾向が判断しやすくなります。

う、軸の書式設定で、軸の起点の数値を変更します[5]。

散布図で縦軸と横軸にどの変数を反映させるのかを決める

この最高気温とアイスクリームの販売個数の場合は、「最高気温が●℃だった日は、▲▲個売れた」というように、気温の高さに応じて販売個数が左右されるという仮説がある場合は、まだわかりやすいでしょう。しかし、仮説がここまではっきりしていない場合でも、2つの変数について、次に挙げる要領で散布図の縦軸や横軸に反映させると、分析がしやすくなるでしょう。

- 予測したい変数、注目したい変数を縦軸に配置する
- 原因と結果という関係にある場合、原因となる変数を横軸に、結果となる変数を縦軸に配置する
- 時系列で考えたとき、先に発生する変数を横軸に、あとから発生する変数が縦軸に配置する

この事例では、●●個売れたから、最高気温が▲▲℃になった……というような解釈は絶対に成り立たないので、最高気温は横軸に配置するのです。

このグラフを眺めていると、総じて右肩上がりの傾向を示していることがわかります。こうした右肩上がりの傾向を利用して、最高気温を基に販売個数を予測する式を作れるようになります。

表示された散布図で範囲選択し直す場合

すでにExcelのワークシートに表示されている散布図があり、範囲選択し直す場合は、次の方法で調整できます。

❶ 表示された散布図の任意の場所で右クリックをします。

---

4 縦軸と横軸がそれぞれ何を示しているのかをわかるようにします。紙ベースの資料では、散布図の周辺に注釈を加えることで十分でしょう。散布図の中で説明する場合は、「軸ラベル」を追加してそれぞれ上書きしましょう。「軸ラベル」を出力するには、グラフを選択したときに、グラフの外側に表示される「+」の記号をクリックして、表示されたメニューから、「軸ラベル」にチェックを入れます。Excel 2010の場合は、グラフを選択した状態で表示される「グラフツール」メニューから、「レイアウト」タブの「ラベル」グループから、「軸ラベル」を選択して、追加します。

5 縦軸・横軸の最小値は、データの最小値よりも少し小さい値を指定しましょう。

❷ 表示されたメニューから「データの選択（E）」を選択します。

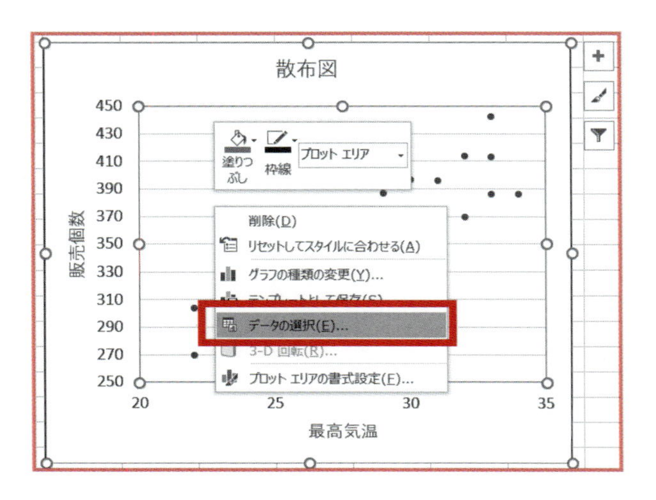

❸ 表示された「データソースの選択」画面では、次のように利用しましょう。

- グラフデータの範囲（D）：散布図を求めたいデータの範囲を一気に範囲選択する場合に使います。
- 2 列の数値データを範囲選択した場合は、左側の列が横軸、右側の列が縦軸に反映されます。
- 3 列以上の数値データを範囲選択した場合は、一番左の列が横軸、残りの列が縦軸に配置され、2 列目以降のデータを**凡例**（はんれい）項目として設定できます。

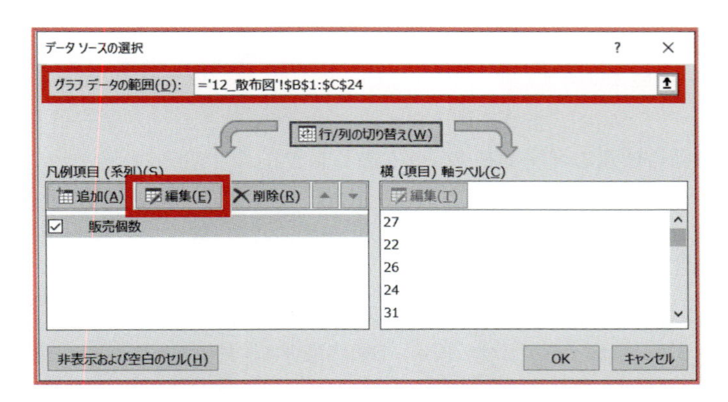

なお、「データソースの選択」画面で「凡例項目（系列）」の「編集（E）」ボタンを

クリックすると、次のように、系列名（ラベル）、横軸（系列 X の範囲）、縦軸（系列 Y の範囲）の範囲指定を個別に行うことができます。

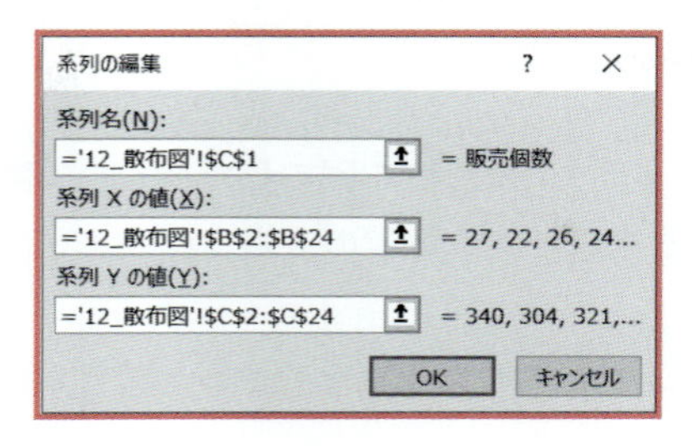

2.3 相関関係と相関係数

p.48「相関関係と散布図をイメージしましょう」では、散布図の見た目と相関関係について採り上げました。相関関係を探る対象となる数量の大きさはさまざまです。

数量の大きさに関係なく相関の強さを表したり、比較したりすることができます。

一般的に使われるのが、**ピアソンの積率相関係数**（Pearson's Correlation Coefficient）です。一般に**相関係数**（Coefficient of Correlation）と呼ぶものはこれを指しています。

また、相関係数は常に－1から1の間の値に収まるという特徴があります。

相関の強さと相関係数

相関係数が0を境に1に近ければ近いほど、強い正の相関があると判断し、相関係数が－1に近ければ近いほど、強い負の相関があると判断します。

p.48「相関関係と散布図をイメージしましょう」の5つの散布図について相関係数は、① 0.99、② 0.65、③ 0、④－0.65、⑤－0.99です。

相関の強さ、相関係数と散布図の見た目について、ここで理解しておきましょう。

相関係数の求め方の概要

相関係数は、一般に次の式で表します。

xは横軸の変数（説明変数）、yは縦軸の変数（目的変数）を表します。

$$r = \frac{\sum_{i=1}^{n}(x_i - \overline{x})(y_i - \overline{y})}{\sqrt{\sum_{i=1}^{n}(x_i - \overline{x})^2}\sqrt{\sum_{i=1}^{n}(y_i - \overline{y})^2}}$$

この式を分解してそれぞれ翻訳すると、次のようになります。❶〜❻は上の式の分子の部分、❼〜❾は上の式の分母の部分を表します。

❶ 横軸と縦軸のそれぞれの値について、単純平均値を求めます。
❷ すべての横軸のデータについて、「データの値」から「横軸のデータの単純平均値」を引き算します。この引き算した結果（差）のことを、**偏差**（へんさ）（Deviation）と呼びます。
❸ すべての縦軸のデータについて、「データの値」から「縦軸のデータの単純平均値」を引き算します（縦軸の変数の偏差を求めます）。
❹ 1番目のデータについて、「横軸の変数の偏差」と「縦軸の変数の偏差」を掛け算します。
❺ 2番目以降すべてのデータについても同様に、「横軸の変数の偏差」と「縦軸の変数の偏差」を掛け算します。この掛け算した結果のことを、**偏差積**（へんさせき）と呼び、それぞれの偏差積を合計したものを、**偏差積和**（へんさせきわ）と呼びます。
❻ データ個数で割り算します[6]。この結果を**共分散**（きょうぶんさん）（Covariance）と呼びます。
❼ 横軸の変数の標準偏差を求めます。
❽ 縦軸の変数の標準偏差を求めます。
❾ 横軸と縦軸の標準偏差を掛け算します。
❿ 「❻共分散」を「❾標準偏差の積」で割り算します。この結果が相関係数です。

6 相関係数を求める式の分子（共分散）と分母（標準偏差）のいずれも、共通してデータの個数 n で割り算をするため、相関係数を求める式を表す場合は、一般に分子と分母の n を省略します。なお共分散を求める式を単独で書くと、次のとおりになります。

$$C_{ov} = \frac{\sum_{i=1}^{n}(x_i - \overline{x})(y_i - \overline{y})}{n} \qquad C_{ov} = \frac{\sum_{i=1}^{n}(x_i - \overline{x})(y_i - \overline{y})}{n-1}$$

Excel では前者の標本共分散を COVARIANCE.P 関数で求めることができ、後者の不偏共分散を COVARIANCE.S 関数で求めることができます（Excel 2010/2013/2016 のみ対応）。また、データ分析ツールの「共分散」機能でも同様に求めることができます。

共分散は、基データの値の大きさに応じて値が大きくなったり小さくなったりします。❻の共分散を標準偏差で割り算することで、データが標準化されます[7]。そのため相関係数は、0を中心とした、常に−1から1の値に収まります。

❶〜❿をまとめ、相関係数を求めるための式を日本語に翻訳すると、次のようになります。

相関係数＝(1番目の x の偏差×1番目の y の偏差＋2番目の x の偏差×2番目の y の偏差＋⋯＋最後の x の偏差×最後の y の偏差) の平均値÷(x の標準偏差×y の標準偏差)

「1番目」「2番目」……「最後」はそれぞれ、「1番目のデータ」「2番目のデータ」「最後のデータ」を表します。

散布図でいうと、次の図のように、右上や左下の領域に多くデータが分布しているほど、相関係数は正の値になり、左上や右下の領域に多くデータが分布しているほど、相関係数は負の値になります。

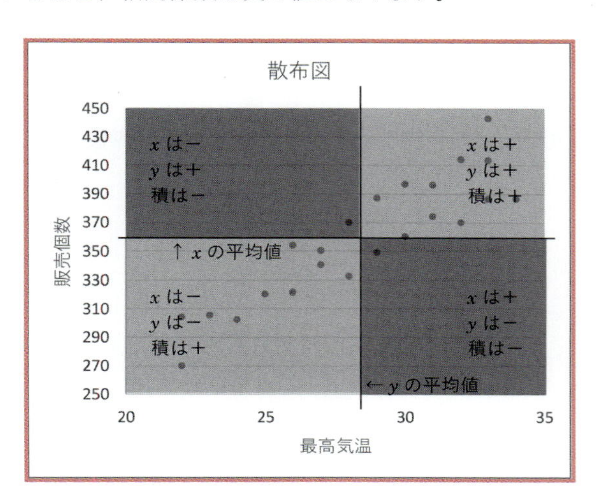

7　単純平均値を0、標準偏差を1とした値に変換することを、標準化とか基準化と呼びます。$z=\frac{x_i-\bar{x}}{\sigma}$ すなわち $\frac{\text{データの値}-\text{単純平均値}}{\text{標準偏差}}$ という方法で標準化を行います。データの値の大きさに関係なく、データのばらつき具合などの内容を評価できるようになります。

相関係数と相関の強さの判断方法

相関係数がいくつ以上なら、どの程度の関連の強さなのかを表したいところです。一応の目安として、次の判断材料を紹介します。ただしこの区分けや、相関の強さの判断方法は、決して唯一の方法でもなければ、統一のルールが存在するものではありません。大まかな目安として使う程度にしておきましょう。また現場では、業界の動向、常識、商慣習、またセールスやマーケティングの事情なども考慮しながら、相関係数の値に意味があるのかを考えながら判断しましょう。

相関係数の絶対値[8]	相関の強さを判断する目安
0.8 以上	強い相関がある
0.6 以上	相関がある
0.4 以上	弱い相関がある
0.2 未満	ほとんど相関がない

2.3.1 Excel で相関係数を求める

次のページのデータは、ある期間の最高気温と販売個数について表にまとめたものです。相関係数を求めるには、2 つの変数は共に同じ行数のデータ（サンプルサイズ）が必要です。欠損値はあってはなりません[9]。

欠損値がある状態というのは、次のページの左の表のように、データが埋まっていない状態を指します。ここでは No.21 の売上個数が空欄になっています。

Excel では、空欄が存在する行（ここでは No.21 の行）は無視して相関係数を求める仕様になっています。

8 絶対値：正の値はそのままの値、負の値はマイナスの記号を取り払ったときの値のことを指します。

9 Excel で相関係数を求めるのに、後述する関数やデータ分析ツールを使う場合、欠損値の存在するデータの行は、最初から「ないもの」として扱われます。SPSS、S-PLUS などの統計解析用ソフトウェアでは、欠損値を含む変数または行（サンプル）についてどのように扱うのかを選択できるオプションがあります。

	A	B	C
1	No.	最高気温	販売個数
2	1	27	340
3	2	22	304
4	3	26	321
5	4	24	302
6	5	31	396
7	6	27	350
8	7	30	360
9	8	31	374
10	9	33	386
11	10	32	414
12	11	29	387
13	12	22	270
14	13	23	305
15	14	26	354
16	15	28	370
17	16	29	349
18	17	33	413
19	18	30	397
20	19	34	386
21	20	33	443
22	21	3[illegible]	
23	22	25	320
24	23	28	332

欠損値

欠損値の解消

	A	B	C
1	No.	最高気温	販売個数
2	1	27	340
3	2	22	304
4	3	26	321
5	4	24	302
6	5	31	396
7	6	27	350
8	7	30	360
9	8	31	374
10	9	33	386
11	10	32	414
12	11	29	387
13	12	22	270
14	13	23	305
15	14	26	354
16	15	28	370
17	16	29	349
18	17	33	413
19	18	30	397
20	19	34	386
21	20	33	443
22	21	3[illegible]	370
23	22	25	320
24	23	28	332

データを埋める

ここでは散布図を描いた上記の右の表を基に、相関係数を求めます。Excel で相関係数を求める方法は、次の 2 通りがあります。

(1) データ分析ツールを使う方法

相関係数は 2 つの変数の相関関係を表す数値ですが、3 つ以上の変数でも、すべての組み合わせについて相関係数を出力します。

なお、相関係数を求めるために範囲選択したデータの内容を変更しても、その変更は相関係数の出力結果に反映されません。

(2) CORREL 関数を使う方法[10]

2 つの変数の相関係数を求める関数です。関数による出力なので、相関係数

10 Excel では相関係数（ピアソンの積率相関係数）を求める関数として、PEARSON 関数が定義されています。どういうわけか CORREL 関数と区別されていますが、同じ結果が出力されます。なお、特に Excel 2000 や 2002 などの古いバージョンでは、小数点以下数桁目の値で CORREL 関数と異なる出力がされ、CORREL 関数のほうが正確に出力されることがありました。

を求めるのに範囲選択したデータの内容を変更すると、その変更が即座に反映されます。

データ分析ツールを使う方法

❶「データ」タブの「分析」グループから、「データ分析」を選択します。

❷ 表示された「データ分析」ウィンドウから、「相関」を選択して「OK」ボタンをクリックします。

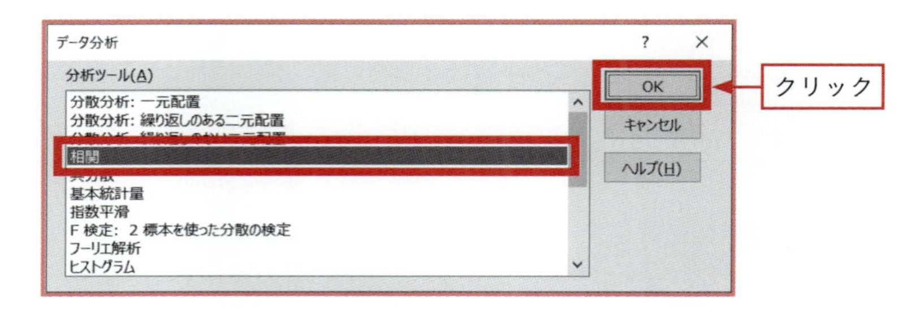

❸ 表示された「相関」設定画面では、次のように設定します。
「入力元」の「入力範囲 (I)」には、相関係数を求めたいデータの範囲を指定します（ここでは B1 ～ C24 セル）。
また、データラベル（「最高気温」、「販売個数」と入力されたセル）も含めて範囲指定しているので、「先頭行をラベルとして使用 (L)」にチェックを入れ、任意の出力先を指定して、「OK」をクリックします。
データラベルも含めて範囲選択をすると、変数名が出力結果に反映されるので便利です。データラベルを含めずに範囲指定したときは、相関係数行列には「列 1」、「列 2」……と表示されます。

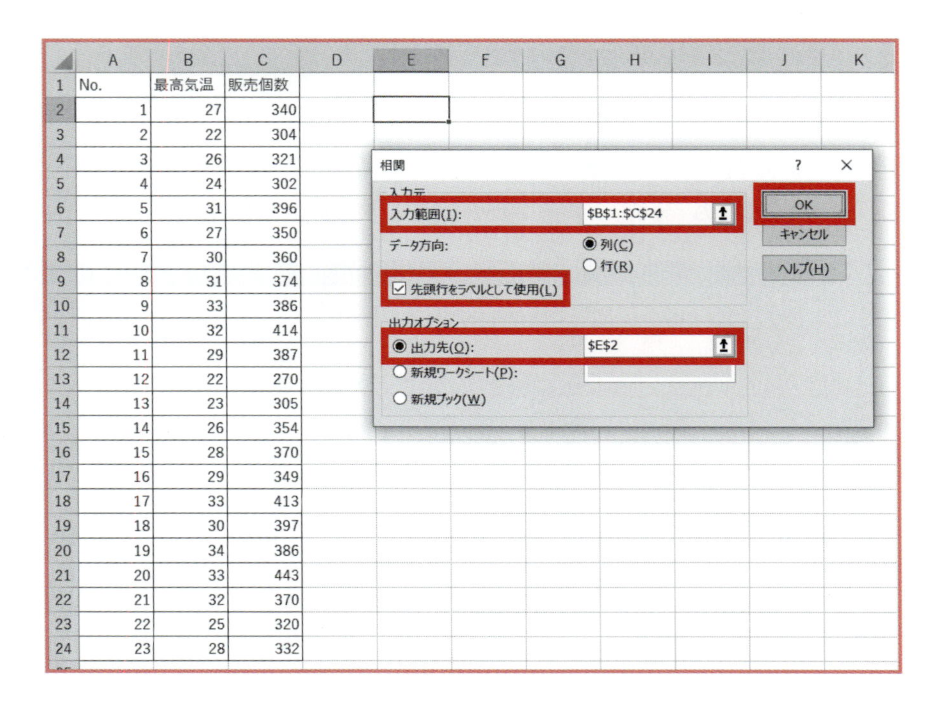

	A	B	C
1	No.	最高気温	販売個数
2	1	27	340
3	2	22	304
4	3	26	321
5	4	24	302
6	5	31	396
7	6	27	350
8	7	30	360
9	8	31	374
10	9	33	386
11	10	32	414
12	11	29	387
13	12	22	270
14	13	23	305
15	14	26	354
16	15	28	370
17	16	29	349
18	17	33	413
19	18	30	397
20	19	34	386
21	20	33	443
22	21	32	370
23	22	25	320
24	23	28	332

Excel 分析ツールで相関係数を求めた結果が次のようになります。次のような表のことを**相関係数行列**と呼びます。

	最高気温	販売個数
最高気温	1	
販売個数	0.90037765	1

この表の見方は、「最高気温」と「販売個数」が交わったセルの 0.900 が、最高気温と販売個数の相関係数です [11]。

相関係数行列で同じ変数の交わる部分には、統計学での慣例により常に「**1**」と表します。**Excel** の相関係数行列は、**Excel** の仕様により右上半分が空欄になっています。出力結果から相関係数を読むだけならば、**Excel** の表示でも十分です。な

11 「R」による統計学の解説は、『R によるやさしい統計学』（山田剛史、杉澤武俊、村井潤一郎・著、オーム社・刊）など、また通常、コマンドの入力をすることで動作する「R」をマウス操作で簡単に行うことができるようにしたライブラリー「R Commander」ベースの解説は、『「R」Commander ハンドブック』（舟尾暢男・共著、オーム社・刊）もあります。

お、空欄を作らずに同じ組み合わせの相関係数が右上半分にも表示されるのが、統計学における本来のルールです。次の相関係数行列は、「R」による出力結果です。参考までに示しておきます。

	最高気温	販売個数
最高気温	1.0000000	0.9003777
販売個数	0.9003777	1.0000000

CORREL 関数を使う方法

CORREL 関数は次のように指定します。相関係数を求めたい 2 列について、1 列ずつ指定したらカンマ記号で区切って指定します。「最高気温（B2 ～ B24 セル）」と「販売個数（C2 ～ C24 セル）」について、次の要領で範囲指定しましょう。

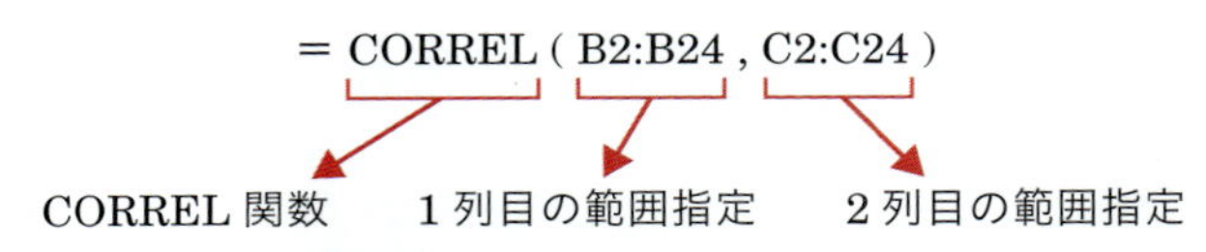

	A	B	C	D	E
1	No.	最高気温	販売個数		
2	1	27	340		
3	2	22	304		
4	3	26	321		
5	4	24	302		
6	5	31	396		
7	6	27	350		
8	7	30	360		
9	8	31	374		
10	9	33	386		
11	10	32	414		
12	11	29	387		
13	12	22	270		
14	13	23	305		
15	14	26	354		
16	15	28	370		
17	16	29	349		
18	17	33	413		
19	18	30	397		
20	19	34	386		
21	20	33	443		
22	21	32	370		
23	22	25	320		
24	23	28	332		
25					
26			=CORREL(B2:B24,C2:C24		

いずれの方法でも、相関係数は 0.900 と表示されました。

このように最高気温と販売個数との間に強い相関関係が見られることで、最高気温の変化を基に、販売個数を予測できることが期待できます。

2.3.2 相関関係を応用できるその他の場面と意義

あわせ買いされる商品を探る

このように目的変数（予測したい項目、注目している項目）との関係を探り、関係の強さを利用して、予測をする方法があります。これは第3日目の単回帰分析のところで説明をします。

小売店の場合、「たとえば商品Aと商品Cは一緒に買われることが多い傾向がある」ということが表れているとします。このとき、売上実績のデータから、レシートの情報を基に、商品別の販売個数を記録したデータから、相関係数を求めます。

Excelでは、列には商品名（商品A、商品B、商品C……）を配置し、行にはレシート単位の販売個数を記録します。

このとき、商品別の相関係数を求めて、相関係数が1に近い組み合わせが、一緒に買われる傾向にある商品の組み合わせだといえます。

データに基づいて組織全体で理解の一致を図る意義がある

このとき、一緒に買われる傾向にある商品の組み合わせについて、日常業務を経て体感的に把握できる場合もあります。

しかし、ここで説明したように相関係数を求めるのは簡単にできると理解すれば、誰でも相関関係を把握することができるのです。

業務を通じて「これだけの期間勤務していて、そんなことも把握できずにいるのか！」と言うことも、言われることもなくなり、こうした会話によるストレスは、軽減されると確信しています。

職位・職域に関係なくこのメリットを理解した上で、データが業務に活かされているのだということを、全員に浸透させましょう。

一方、相関関係と因果関係とを混同したり、因果関係の方向を無視した説明は避けましょう。

「ビッグデータだから」「統計学をビジネスに応用したのだから」「Excelや立派なソフトウェアを使ったのだから」「大枚はたいてシステムを導入したのだから」といって、新たな発見が必ずできるとは限りません。意思決定の万能薬でもないのです。

強い相関関係はわかりきったことも？

業界や企業、社会生活や一般常識などですでに周知されていること、理解されている関係について、相関係数が0.9のような極めて1や－1に近い値を示す場合があります。この場合は、「わかりきったことがデータに表れていた」ということです。

その上で、相関関係について誤った解釈や運用をしないために、次に挙げる注意が必要な場合があります。

2.3.3 相関関係を探るときの注意点

相関関係と因果関係は必ずしも一致しない

相関関係があると判断できる場合でも、そこに因果関係までがあるとはいえない場合があります。

逆に、因果関係が存在する場合には、相関関係はあります。

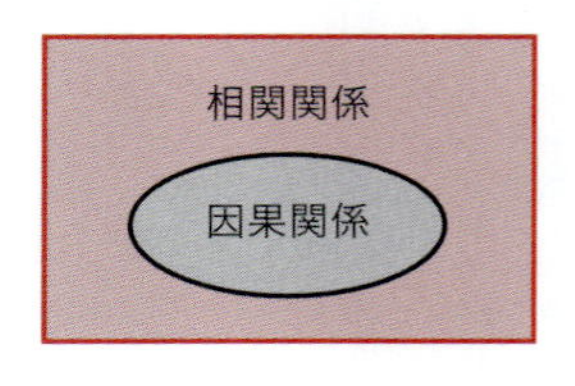

さて次の2つのデータを見てください。1つは1996年から2016年について、14歳までの人口の推移を示しました。

少子化が叫ばれている世の中なので、14歳までの人口が年々減少していることは、特にデータをつぶさに見なくても、おおよそイメージすることはできるでしょう。

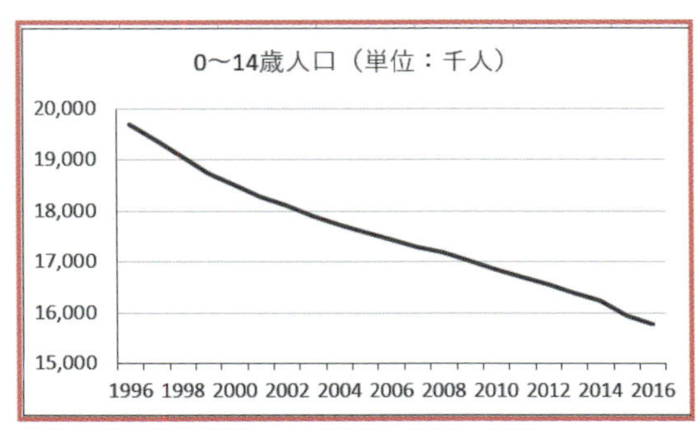

出典：総務省統計局　人口推計の結果の概要

2つ目は、同じく1996年から2016年までについて、携帯電話・PHSやモバイル通信などの契約数の推移を示しています。スマートフォンなどの所有者が増え、Wi-Fiモバイルの利用が増えていることもあり、契約数が年々増加していることは、特にデータを見なくてもイメージできることでしょう。

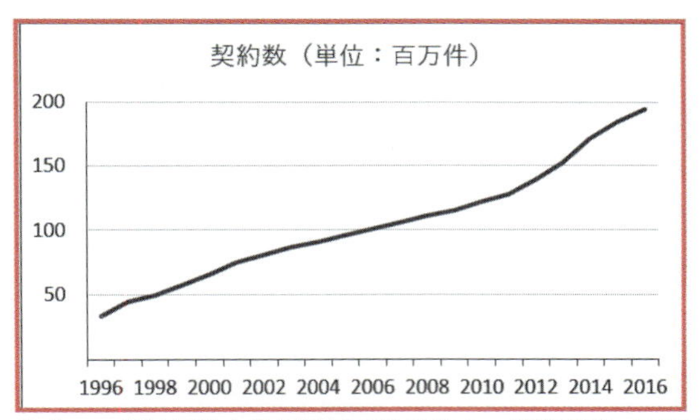

出典：一般社団法人電気通信事業者協会　携帯電話・PHS契約数

1996年から2016年の間の少子化と携帯電話などの契約数との間で、相関関係があるかどうかを探ってみます。このとき折れ線グラフを重ねても、おおよそ関係を視覚的に把握することはできそうです（14歳までの人口の単位は千人、契約数の単位は百万件です）。

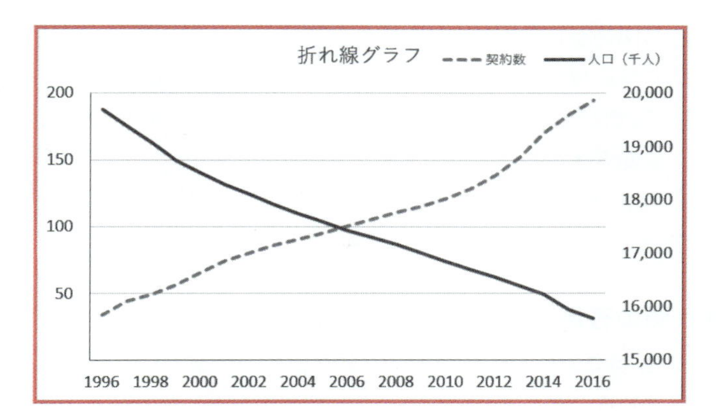

時間の経過と共に、14 歳までの人口は減少傾向が見られ、携帯電話契約数は増加傾向が見られます。この傾向から、14 歳までの人口と、携帯電話契約数との間には、負の相関関係がありそうです。

そこで 0 〜 14 歳の人口と携帯電話の契約数について、散布図で相関関係を視覚的に表すと、次のようになります。

この散布図では、横軸に 14 歳までの人口、縦軸に携帯電話の契約数を配置しています。

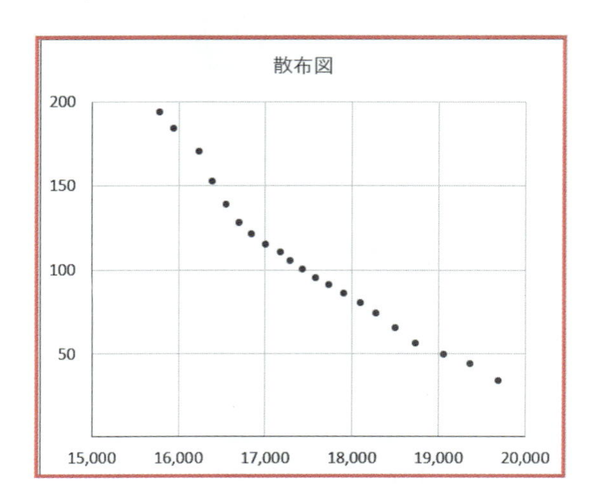

この散布図からは、14 歳までの人口が多い年は契約数が少なく、14 歳までの人口が少ない年は契約数が多いことがわかります。

常識的に考えて、この関係から「少子化が問題になっています。少子化を解決するためには、携帯電話の契約数を減らしましょう！」とは解釈しないはずです。

つまり少子化と携帯電話などの契約件数の増加との間には、負の相関関係はあっても、直接的な因果関係まであるとはいえません。

データや情報に接したとき、相関関係と因果関係とを混同していないか、注意を払うことが必要な場合があります。

相関係数は外れ値の有無による影響を受ける

相関係数を求めることができるようになると、散布図を一切描かずに相関係数を求めてしまう例を目にすることがあります。しかし相関係数は、外れ値があるかどうかの影響を受けます。散布図を描いて関係を見た目でも把握しましょう。

次の図のデータは、データ行数が 9、相関係数は 0.540 です。9 番目のデータが外れ値であるために、相関係数だけ見ると、正の相関があるように見えます。

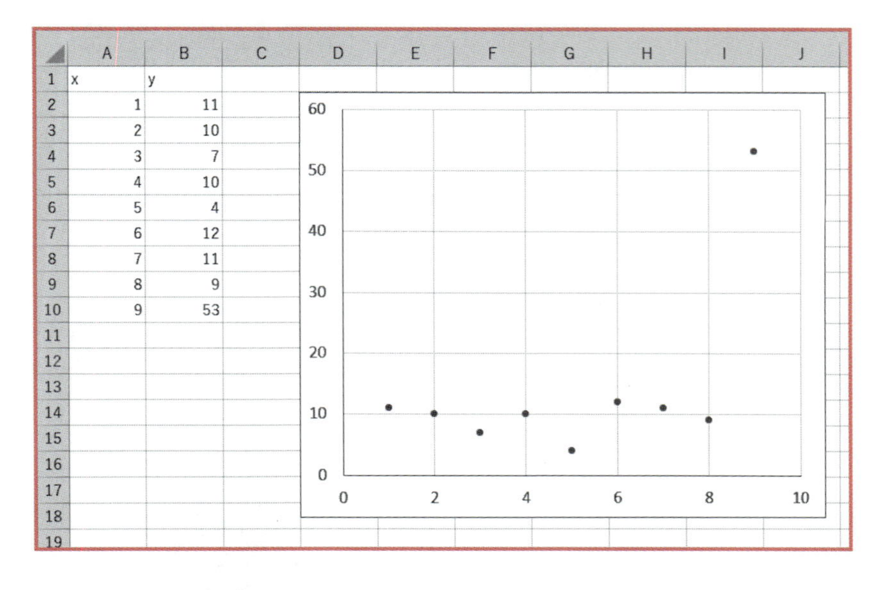

x	y
1	11
2	10
3	7
4	10
5	4
6	12
7	11
8	9
9	53

しかし、9 番目のデータを除いたときの相関係数は 0 で、相関はありません。相関係数の字面だけで判断するのではなく、散布図で相関関係を確認することも忘れないようにしましょう。

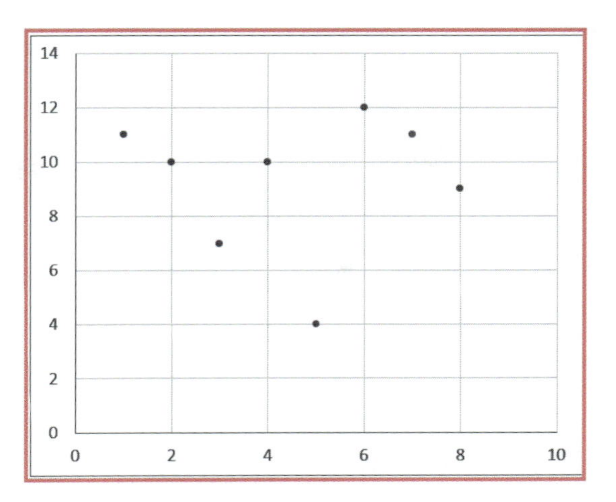

層別するか全体をひとくくりで扱うかによって傾向に違いが出る場合がある

次の図は一見すると正の相関がありそうです。

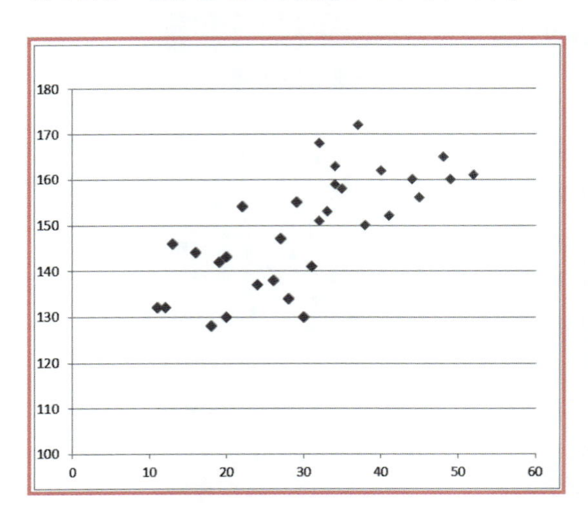

ところが、実は性別で層別をすると、男性だけ、女性だけをそれぞれ見たとき、特に相関関係は見られない例です。

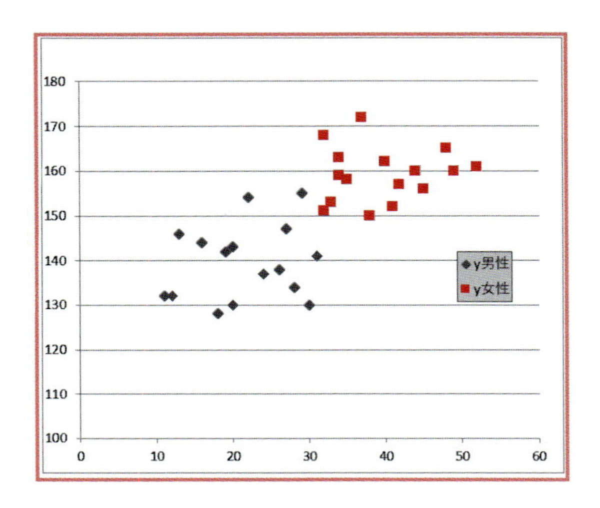

どのように層別するのかは、経験、業界や企業の慣習など、ある意味、力作業による部分があります。

次の例は、一見すると相関関係はありません。

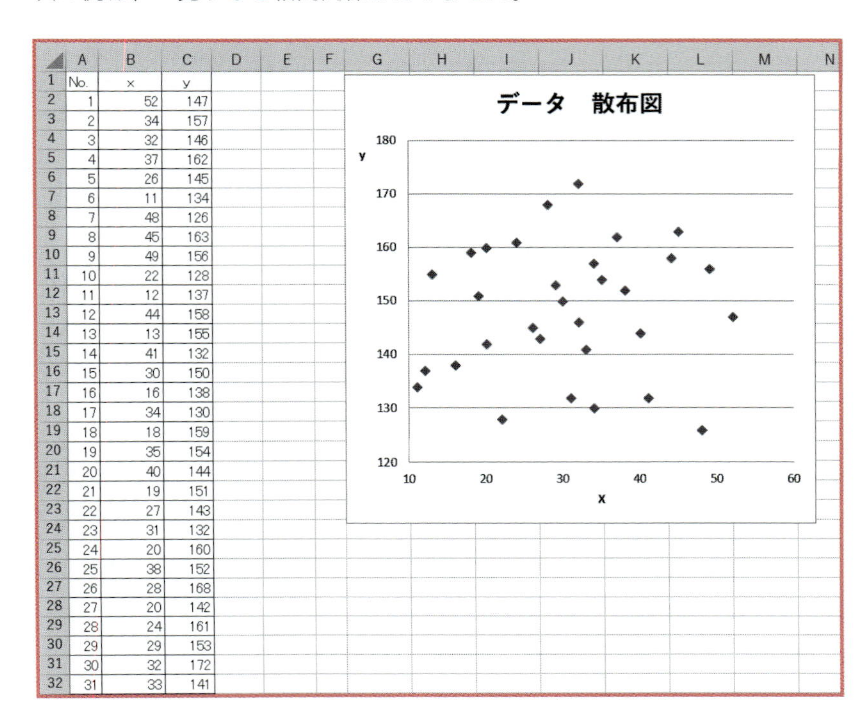

No.	x	y
1	52	147
2	34	157
3	32	146
4	37	162
5	26	145
6	11	134
7	48	126
8	45	163
9	49	156
10	22	128
11	12	137
12	44	158
13	13	155
14	41	132
15	30	150
16	16	138
17	34	130
18	18	159
19	35	154
20	40	144
21	19	151
22	27	143
23	31	132
24	20	160
25	38	152
26	28	168
27	20	142
28	24	161
29	29	153
30	32	172
31	33	141

これを性別で層別してみます。

	A	B	C	D	E
38	No.	性別	x	y男性	y女性
39	1	男	52	147	
40	7	男	48	126	
41	13	男	13	155	
42	14	男	41	132	
43	15	男	30	150	
44	17	男	34	130	
45	18	男	18	159	
46	20	男	40	144	
47	21	男	19	151	
48	22	男	27	143	
49	23	男	31	132	
50	25	男	38	152	
51	28	男	24	161	
52	29	男	29	153	
53	31	男	33	141	
54	2	女	34		157
55	3	女	32		146
56	4	女	37		162
57	5	女	26		145
58	6	女	11		134
59	8	女	45		163
60	9	女	49		156
61	10	女	22		128
62	11	女	12		137
63	12	女	44		158
64	16	女	16		138
65	19	女	35		154
66	24	女	20		160
67	26	女	28		168

データ　散布図

y

180
170
160
150
140
130
120

10　20　30　40　50　60

x

◆y男性
■y女性

女性のみの場合は正の相関があります。

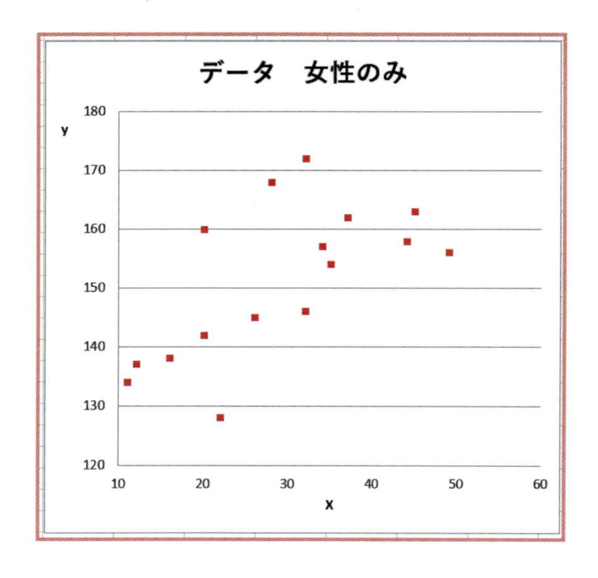

男性のみの場合は負の相関がある例です。

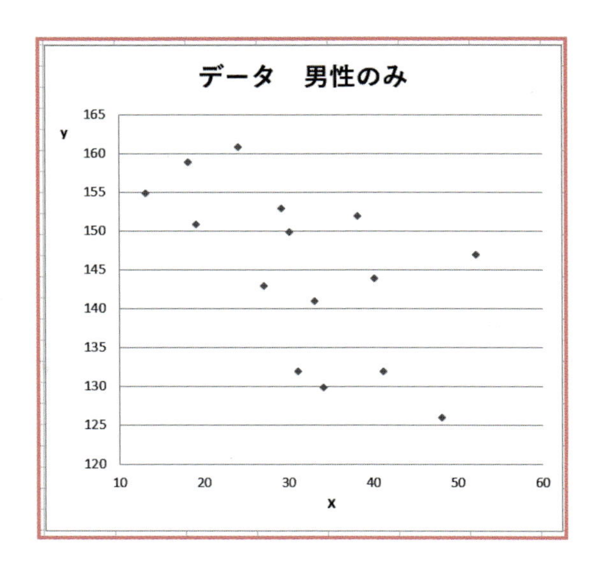

全体のケースと個別のケースとを混同してはならない

最高気温と販売個数との関係の話に戻すと、最高気温が高ければ高いほど、販売個数が増えている傾向にあることがわかります。しかし、どのような場合でも例外なく、気温が高ければより売れるとは限りません。

特にあなたの勤務先や経営している会社の専門分野では、「それはそうだ」と気づくことはできるかもしれません。事例にかかわらず、相関関係が弱くなればなるほど、一方が増えればもう一方が増えるといった傾向の例外が多く存在するということを理解しましょう。

遅れて効果が見られる関係を見逃してしまう

特に時系列データで注意したいのが、結果や影響が遅れて表れる場合です。

日ごとのデータでは同じ日、月ごとのデータでは同じ月のデータの関連しか探ることができないのです。

つまり時系列データで、原因となる項目から、数日間や数か月間遅れて、その他の項目に影響や結果が表れる場合でも、同じ時点で相関関係を探ることができず、遅れて影響する可能性を無視してしまうのです。

そこで遅れについて考える余地がある場合は、日ごとのデータであれば、1日間、2日間、3日間……とずらしていき、相関関係を探るのです。これも力作業を伴います。

そして、こうした地道な工程が必要なことは、経営者・管理者からスタッフ、また社外の関連企業まで、全員が理解しておきましょう。

共通して影響を与えている関係の存在 ～ 交絡因子

文部科学省が全国の小学6年生と中学3年生に対して、全国学力・学習状況調査を行っています。この調査や学力テストの結果が公開されています。

このうち中学3年生の学力テストの成績と、「朝食を毎日食べていますか」という質問に対する回答結果との関係を表すグラフを見てください。

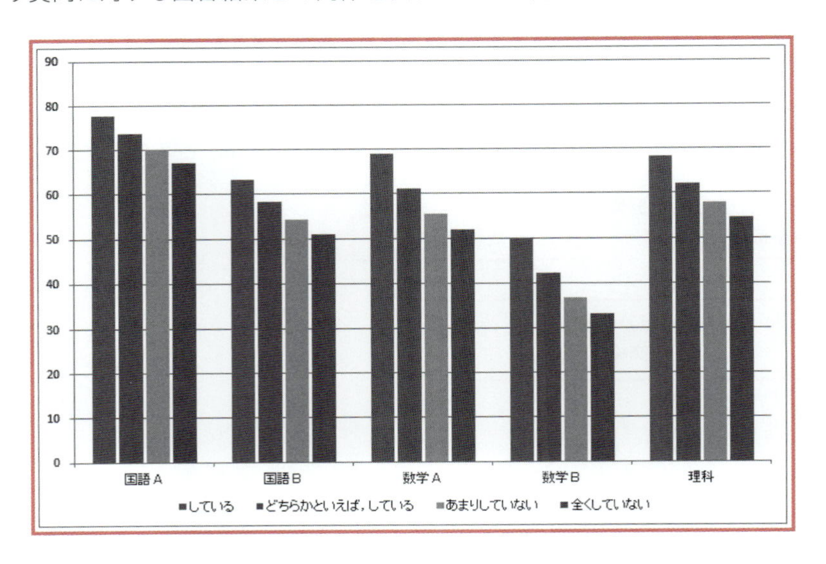

このグラフから、朝食を毎日摂っている生徒は、総じて成績がよい傾向にあることがわかります。

さて「朝食を摂ること」と、「成績がよいこと」との間に因果関係があるといえるのでしょうか？　子ども達を鼓舞するために、「朝ご飯を食べて、成績アップだ！」と言ってもよいのでしょうか？

まず、朝食を毎日摂るから成績がよりアップするといえるのかどうかを疑ってみることから始めましょう。

この事例では、朝食を摂ることだけでなく、就寝時間や起床時間、また家庭学習といった「子どもの生活習慣について目が行き届いていること」が、成績に反映されているのではないか、と疑うことができると、情報を正しく扱うことができるようになるでしょう。つまり「朝食の摂取」と「成績のよさ」との間に、あたかも直接の因果関係があるかのように解釈・説明していないかを見抜くことが大切です。

なお、ここで「朝食の摂取」と「成績のよさ」との間には、相関関係は存在します。

そして朝食を摂取する状況と、成績の良し悪しについては、それぞれ調査結果を基にしているので、データの上では正しいことをいっています。

「子どもの生活習慣について目が行き届いていること」が、「朝食の摂取」と「成績のよさ」の両方に影響しているような関係のことを**擬似相関**（ぎじそうかん）（Spurious Correlation）と呼んでいます。

また「朝食の摂取」と「成績の良し悪し」の両方に影響している「子どもに目が行き届いていること」という要因は、統計学では**交絡因子**（こうらくいんし）（Confounder、Confounding Factor）または**交絡変数**（こうらくへんすう）（Confounding Variable）と呼びます。

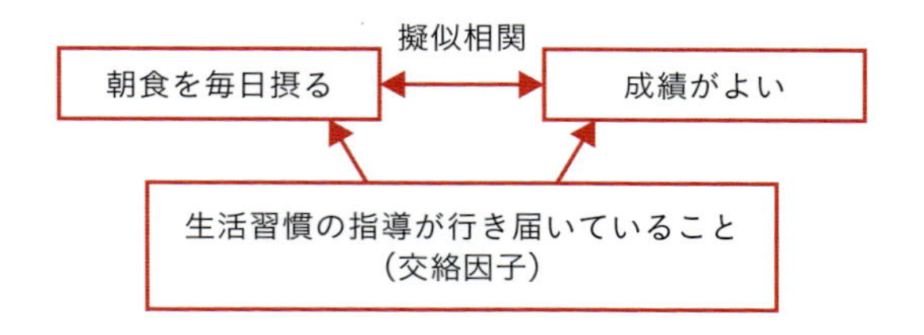

2.4 無相関の検定

2.4.1 そもそも検定とは

標本と母集団

統計学の大きなテーマの1つに、分析に使ったデータで得られた結果を、存在するより大きな集団の結果とみなして扱うものがあります。分析に使ったデータのひとかたまりのことを**サンプル**あるいは**標本**（Sample）と呼びます。テレビ番組の視聴率調査でいえば、調査対象の世帯がこれにあたります。ビデオリサーチ社では、関東地方の調査対象世帯は900世帯です[12]。この900世帯という大きさのことを**サンプルサイズ**と呼びます[13]。本当は、関東地方のすべての世帯についてつぶさに調査することができればよいのですが、それは費用をはじめとする制約があるので不可能です。なお、本来知りたい情報の対象となる、関東地方すべての世帯のことを統計学では**母集団**（Population）と呼びます。

そこで母集団から一部のデータを抽出して、調査をすることを**標本調査**と呼びます。

900世帯の調査結果を、関東地方全体の傾向とみなして扱うのです。

母集団で起こりやすい確率を求める ～ 統計的仮説検定

統計学では、標本で得られた結果が偶然なものではなく、母集団でも確かに起こりやすいのかどうかを確かめる方法があります。これが**統計的仮説検定**（Statistics Hypothesis Test）です。単に**検定**（Test）とも呼びます。一般に検定の

12 ビデオリサーチ社：http://www.videor.co.jp/about-vr/terms/hyohon-setai.htm
実際視聴率を求めるのは、標本調査以外にもありますが、ここでは調査方法の解説は、このWebページに譲ります。

13 Excelでは「標本数」という表現も見られますが、統計学では、「サンプルサイズ」とか「標本の大きさ」と呼びます。「サンプル」や「標本」という言葉は、本来集団のひとかたまりのことを指します。そのため「サンプルサイズ」のことを「サンプル数」や「標本数」と呼ぶのは、せいぜい内輪での表現にとどめておくほうがよいでしょう。

手順は、次の要領になります。

❶ 母集団を定義する
❷ 標本を基に、検定の前提となる**仮説**（Hypothesis）を立てる
❸ データの型と目的に応じた検定の種類を選ぶ
❹ **有意水準**（Significant Level）をあらかじめ定める
❺ 標本を基に検定統計量を求める[14]
❻ 検定統計量が**棄却域**（Rejection Region）に入っているかどうかを確認する

検定統計量を基に、母集団から同じサンプルサイズの標本を100回抽出したとして、このうちあらかじめ定めた有意水準の確率よりも小さい場合、分布の棄却域に収まり、**有意である**（significant）と表現します。

2.4.2 標本の相関係数について統計的仮説検定を行う

検定を行うために仮説を立てる

調査、分析のために母集団からデータを抽出できた場合、また母集団が存在するか、定義できる場合、標本の相関係数を基に、母集団でもその相関係数で意味があるのかどうかを探るのが、**無相関の検定**です。

前項で「❷ 標本を基に、検定の前提となる仮説を立てる」と挙げました。

人間の解釈のしやすさで考えれば、相関があることを説明したいところですが、相関係数が0.3でも0.7でも0.9でも、程度の違いはあっても相関関係があることには変わりありません。また、相関係数は正の値にも負の値にもなり得ます。そこで相関がない、すなわち相関係数が0であるという動かしようのない1つの事象を判断材料にします。

「相関がない」という仮説のことを、「相関があることを無に帰する（相関があることを、ないものにする）」という意味から、統計学で**帰無仮説**（Null Hypothesis）としています。

14 検定の種類に応じて利用する分布の形があります。検定統計量は分布の形に応じて t 値、χ^2 値などの種類があります。無相関の検定は、t 値を使います。

また、帰無仮説に対する仮説のことを**対立仮説**(Alternative Hypothesis)と呼びます。

- 帰無仮説：相関がない
- 対立仮説：相関がある

あらかじめ有意水準を定める

母集団から抽出した標本の**検定統計量**が、帰無仮説を否定できる程度に小さな確率な場合、有意であると判断します。

このことを、最高気温と販売個数のデータについて、無相関の検定を行う事例に合わせて翻訳します。

標本の相関係数が0であるという仮説が帰無仮説です。

このとき、母集団から抽出したサンプルサイズ23の標本を100回抽出したとして、このうち5回未満(5%未満)の割合で帰無仮説(相関がないという仮説)を否定できる(統計学では「帰無仮説を**棄却する**」といいます)確率のことを**有意水準**と呼びます[15]。

有意水準は、よく5%とすることが多いのですが、これは先人の慣例によるところが大きいです。1%や10%も使われ、事例によってどの程度、統計学的な厳密さを要求するのかによって決めます。経営・ビジネスのデータは、5%ばかりにこだわらず10%でよいのだろうと考えます。

なお相関係数は、正の値にも負の値にもなります。そこで t 値は、t 分布の中心の0を境に左右のどちらにもなる可能性があります。下図は、自由度が21のときの t 分布です[16]。

なお自由度とは、p.28の上側(【A】)にあるデータの場合、3、4、6、7、10という5個、合計は30、単純平均値は6です。このとき、5個のうち4個は自由な値が入ったとしても、合計が30、単純平均値が6という情報を維持できるためには、残り1個の値は自ずと決まってきます。このことから、データの値の個数が5個のとき、自由度は4と判断します。

相関係数を求めるときに使うデータは2列のデータです。データ行数が2の場

---

15 有意水準：α(ギリシャ語の「アルファ」)で表すことがあります。

16 サンプルサイズが23なので、自由度は22となります。自由度の大きさによって分布の形が変わります。自由度は、統計学の本に載っている t 分布表などでは、英語の「Degree of Freedom」の略で「df」と表されることがあります。

合、単に相関係数は1になるので、自由度は「データ行数−2」が自由度となります。

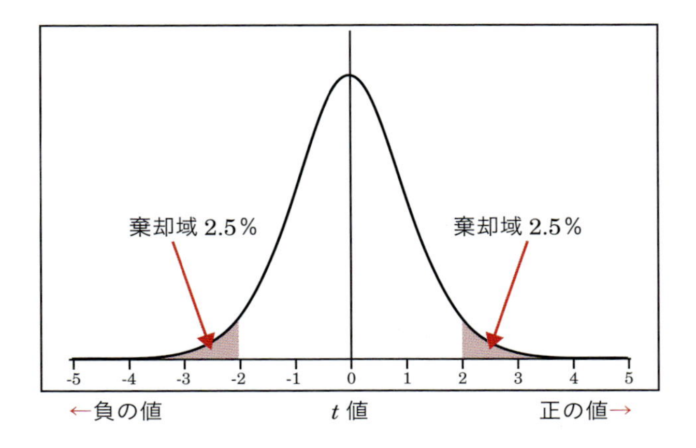

横軸は検定統計量である *t* 値を表し、相関係数が負の値の場合は分布の中心から左側に、正の値の場合は分布の中心から右側に位置します。

分布のカーブの内側の面積全体を100％として考え、有意水準5％のとき、左右の両隅からそれぞれ2.5％ずつ、計5％の領域が、帰無仮説（差がないという仮説）を否定できる領域を表します。この領域のことを**棄却域**と呼びます。有意水準は棄却域の大きさを表します。

そして棄却域の境界のことを**境界値**（Critical Value）と呼び、*t* 値が境界値よりも大きい場合、一般に検定では**有意である**と表現します。

有意である場合、統計学では「帰無仮説を棄却し、対立仮説を採択する」と表現します。

t 値が境界値よりも小さい場合は、有意であるとは判断できません。また *t* 値などの検定統計量に関連して、*P* 値（p-value）という指標があります[17]。

統計的仮説検定では、「差がない」という仮説（帰無仮説）が正しいことを前提に、母集団から抽出したいくつもの標本で得られたそれぞれの結果から、「相関がない」という仮説を否定できる最小のレベルがいくらかによって、統計学的に考えて「相関がないという状態は、ほぼ起こらないだろう」と判断します。このときの帰無仮説を否定できる最小のレベルが *P* 値です。

P 値の特徴は、*t* 値などの検定統計量の大きさが大きければ大きいほど *P* 値は小

17 *P* 値の「P」は、英語で確率を表す「Provability」の頭文字です。

さくなり、検定統計量の大きさが小さければ小さいほど P 値は大きくなるという裏返しの関係があると覚えておきましょう。

また、t 値などの検定統計量が同じ値の標本が 2 つある場合、自由度が大きければ大きいほど、P 値は小さくなるという特徴もあります。つまり逆にいうと、自由度の小さな標本（サンプルサイズの小さな標本）が有意であるといえるためには、より大きな相関係数が必要です。自由度の大きな標本（サンプルサイズの大きな標本）は、相関係数が小さくても有意になりやすくなる特徴があります。

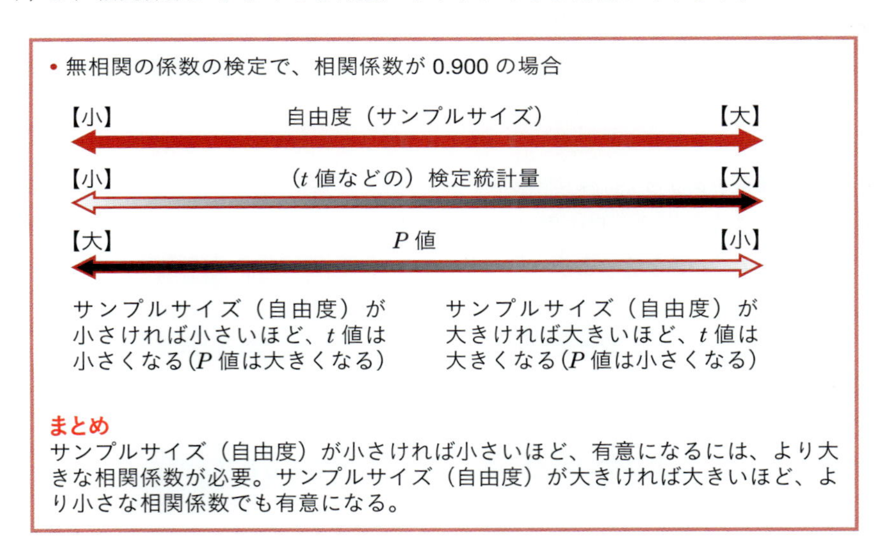

検定の種類を問わず、棄却域を分布の両隅に配置する検定を総称して、**両側検定**（りょうがわけんてい）（Two-sided Test）と呼びます。有意水準 5％の場合は、それぞれの端から数えて 2.5％の面積の領域が棄却域となります[18]。

検定統計量を求める

p.59「相関係数と相関の強さの判断方法」で説明したように、相関関係の強さは、相関係数そのもので一定の評価ができます。統計学的に有意かどうかを確かめるためには、検定統計量を求めます。無相関の検定の場合は、t 分布を基にしてい

18 棄却域を分布の片隅に配置する検定を総称して、片側検定（かたがわけんてい）（One-sided Test）と呼びます。

る[19]ことから、t 分布の統計量である t を求めます[20]。

t 値は次のようにして求めます[21]。

$$t\text{ 値} = \frac{\text{相関係数} \times \sqrt{\text{自由度}}}{\sqrt{1 - \text{相関係数の 2 乗}}}$$

無相関の検定を行う手順

そこで、最高気温と販売個数との 23 行のデータと相関係数（0.900）とを基に、無相関の検定を行う手順を説明します。

❶ 相関係数を求めます。
❷ 自由度[22]を求めます。自由度はデータ行数－2で求めます。
❸ 上記の式で、t 値を求めます。
❹ 境界値を求めます。
❺ t 値が境界値よりも上回っていれば、相関係数は有意であると判断します。

また、❹と❺でこの方法のほかに、t 値と自由度から P 値を求め、あらかじめ定めた有意水準よりも P 値のほうが小さければ、有意であると判断します。

t 値から境界値を求める

t 値が境界値よりも大きければ、相関係数が有意であると判断することができます。

一般に統計学の本では、t 分布表という表を使って、自由度と P 値から、境界

19 統計学では、「t 分布に従う」と呼びます。
20 t 分布に従う検定ということで、単に t 検定と呼ぶこともあります。
21 統計学の本では、次のように書かれています。

$$t = \frac{r\sqrt{n-2}}{\sqrt{1-r^2}}$$

22 無相関の検定の自由度は、「サンプルサイズ（相関係数を求めたデータの行数）－2」です。最高気温と販売個数のデータ行数（サンプルサイズ）は 23 なので、自由度は 21 です。

値を求める方法を説明しています。せっかくExcelを使っているので、本書ではExcelの関数を使って境界値を求めます。

ここでは、最高気温と販売個数のデータを使って無相関の検定を行います。自由度はデータ行数から2を引き算した値なので21です。

相関係数はすでに0.900と求めてあるので、この情報を利用します。そして、あらかじめ有意水準を決めます。ここでは5%とします。

Excelで*t*値を求めるには、上述の*t*値の求め方をExcelに反映させましょう。

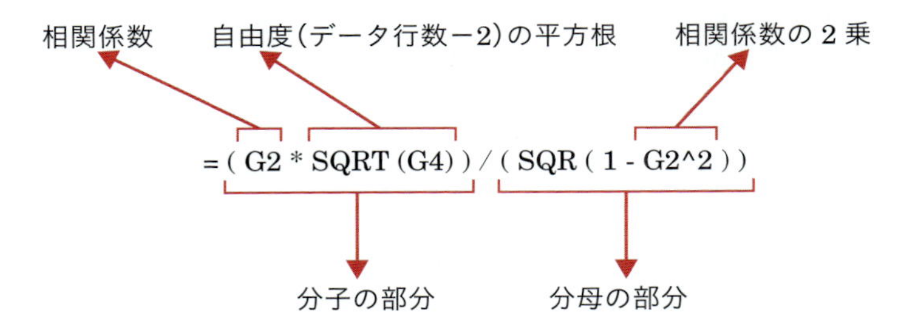

SQRT関数は平方根[23]を求める関数です。分数の計算の場合は、分子全体と分母全体をそれぞれ、カッコでくくりましょう。*t*値は次のように9.483と求めることができます。

	A	B	C	D	E	F	G	H
1	No.	最高気温	販売個数					
2	1	27	340		① 相関係数		0.90037765	=CORREL(B2:B24,C2:C24)
3	2	22	304					
4	3	26	321		② 自由度		21	=COUNT(C2:C24)-2
5	4	24	302					
6	5	31	396		③ t 値		9.482787221	=(G2*SQRT(G4))/(SQRT(1-G2^2))
7	6	27	350					
8	7	30	360		④ 境界値		2.079613845	=T.INV.2T(5%,G4)
9	8	31	374					
10	9	33	386		⑤ P値		4.86957E-09	=T.DIST.2T(ABS(G6),G4)
11	10	32	414					

次にあらかじめ決めた有意水準を基に、有意であると判断できる境界値を求めます。Excelでは**T.INV.2T関数**を使います。ここでは有意水準を5%として、自由度は(データ行数が23行なので2を引き算した)21。これをT.INV.2T関数で次

23 平方根：たとえば$\sqrt{3}$は「ルート3」と読み、2乗して3になる値のことを表します。

のように指定します。

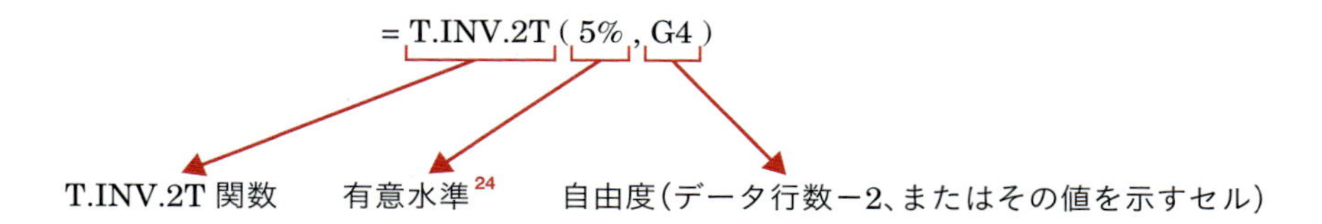

境界値は 2.080 と求めることができました。最高気温と販売個数との相関係数 0.900 の t 値は 9.483 だったので、境界値 2.080 を上回っています。そのため、自由度 21 のときの相関係数 0.900 は有意であると判断することができます。

無相関の検定の結果、分析をする人があらかじめ決めた有意水準よりも、P 値のほうが小さいか、またはこの検定で利用する検定統計量の t 値が境界値よりも大きければ、その標本の相関係数は有意であると判断することもできます。

なお、有意ではないと判断できたとしても、相関がない、または相関係数が 0 であることを証明しているわけではありません。

有意水準が 5% ではなく 1% のように、より厳しくなればなるほど、有意になると判断できるのに必要な t 値の大きさは、より大きくなるという特徴があります。

P 値を求める

またこの方法以外に、t 値を基に直接 P 値を求め、その P 値が有意水準よりも小さければ有意であると判断します。

Excel で t 値を基に直接 P 値を求めるには、**T.DIST.2T 関数**を使います。

なお相関係数と t 値は、正負の符号が一致します。そして、この関数は t 値が負の値のときは正しく計算できず、**#NUM! エラー**[25] が表示されるため、t 値は **ABS 関数**を使って絶対値[26] を求めておきましょう。

---

24 5%、0.05 いずれも同じく扱います。また、有意水準を表すセルを指定する方法も有効です。

25 Excel で #NUM! エラーは、関数に不適切な値を利用したときなどに表示されるエラー表示です。T.DIST.2T 関数は、正の値だけが有効です。

26 絶対値(Absolute Value):正の値はそのままの値、負の値はマイナスの記号を取り払った値のことを指します。−9の絶対値では、数学記号は、| 9 | と表します。

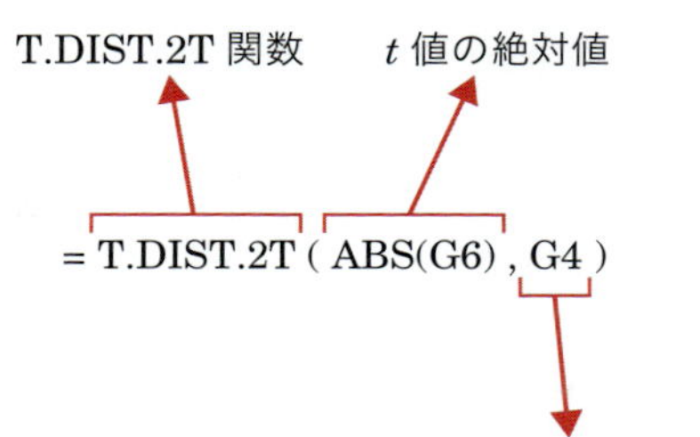

P 値は4.86957E − 09と表示されました[27]。つまりほとんど0です。有意水準5%としたとき、最高気温と販売個数との相関係数は、この方法でも同様に有意であると判断することができます。

この無相関の検定について、t 分布では、下図のようになります。

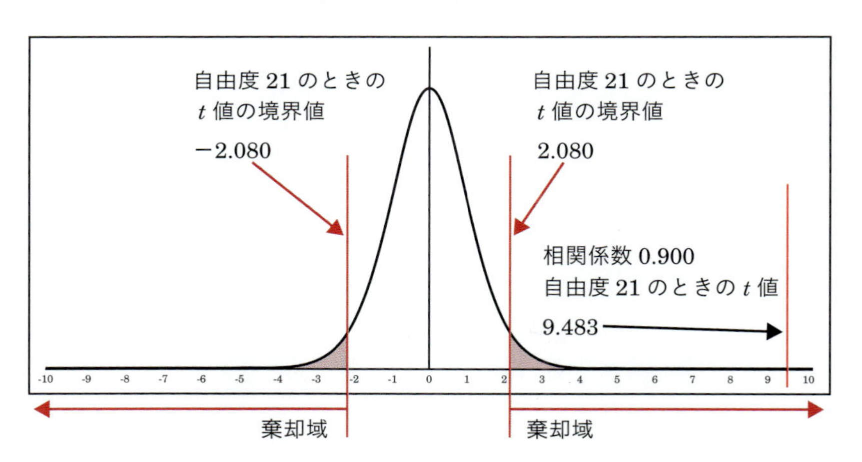

無相関の検定で有意となる相関係数の絶対値

無相関の検定で有意であると判断できる相関係数の絶対値はいくら以上あればよいのかを、次の表で示しておきます。簡易的にはこれを参考にしてもよいでしょう。

27 4.86957E − 09:4.86957 × 10の − 9乗、つまり4.86957 × 0.000000001のこと。詳細は「A 累乗・√・logの解説」(p.242)を参照してください。

データ行数	有意水準 10%の場合	有意水準 5%の場合	有意水準 1%の場合
5	0.806	0.879	0.959
10	0.55	0.632	0.765
15	0.441	0.514	0.642
20	0.379	0.444	0.562
25	0.337	0.397	0.506
30	0.307	0.362	0.463
35	0.283	0.334	0.43
40	0.264	0.313	0.403
50	0.236	0.279	0.362
60	0.215	0.255	0.331
70	0.199	0.236	0.306
80	0.186	0.22	0.287
100	0.166	0.197	0.257
150	0.135	0.161	0.21
200	0.117	0.139	0.182
300	0.096	0.114	0.149

検定は実務で利用するのに限界があることも

統計的仮説検定では、データ行数（サンプルサイズ、または自由度）が多ければ多いほど、有意になりやすいという特徴があります。

上に示した、有意となる相関係数の絶対値を示した表を見てもわかることでしょう。データ行数によっては、相関係数の絶対値が0.2でも、有意であると判断できるのです。

下図は100行のデータで相関係数が0.2の散布図です。有意水準を5%としたとき、有意であると判断できることに間違いはありません。

しかし、これだけ例外が多い中では、意味のある関連があるとはおおよそ説明しづらいでしょう。また、直線的な関係を利用して予測をするなんていうことも、おおよそ役立つものではありません。

まず散布図を描き、相関関係が視覚的に確認でき、そして相関の強さを相関係数そのもので、ある程度判断することも考慮しましょう。

第3日の単回帰分析のところでは、最高気温と販売個数の事例を使って、販売個数の予測をします。その際に、予測精度にも注目しましょう。そして日常業務を通じて、予測精度を上げていくことが、より現実的な考え方です。

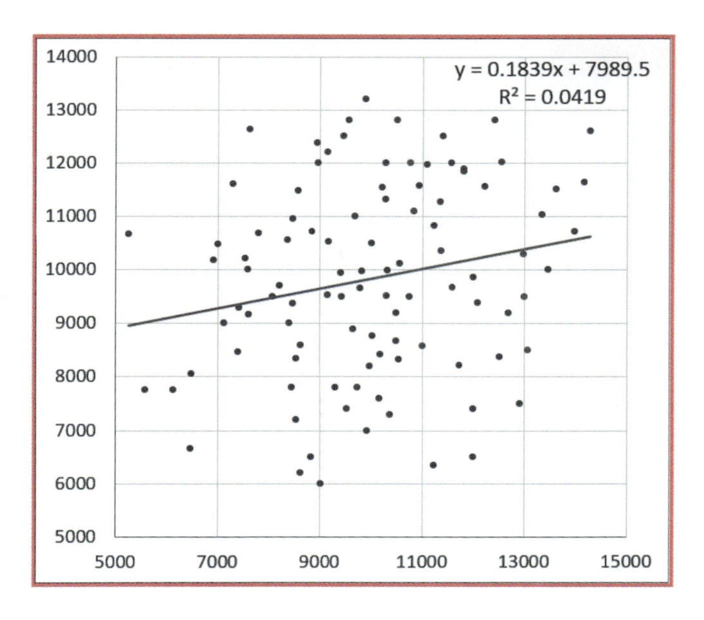
y = 0.1839x + 7989.5
R^2 = 0.0419
14000
13000
12000
11000
10000
9000
8000
7000
6000
5000
5000
7000
9000
11000
13000
15000

第2日 まとめ

相関関係とは、2つの変数の大きさについての関係のこと。

こうした関係について数字で表す方法が相関係数です。相関係数は常に、−1から1の間に収まります。相関係数をExcelで求めるには、2通りあります。

- CORREL関数
- データ分析ツール「相関」

相関関係と因果関係は必ずしも一致しないことがあります。相関関係をグラフで確認するのに、散布図を利用しましょう。

第3日は、こうした相関関係を利用した予測をする、単回帰分析の説明に入ります。

第**3**日

単回帰分析

ここから回帰分析の説明に入ります。Excel を通じて回帰分析を理解する第一歩として、説明変数が 1 つの場合の回帰分析について説明します。相関関係が基になっていることを、常に意識しておきましょう。

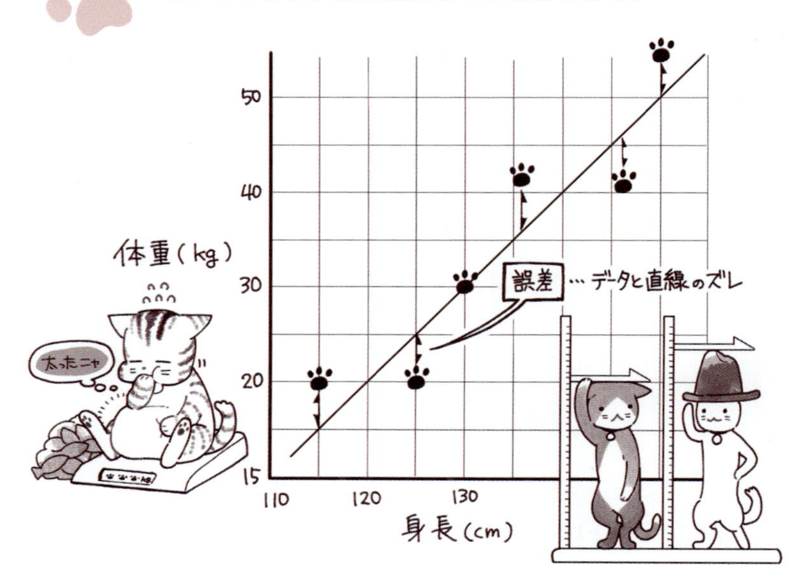

3.1 単回帰分析

3.1.1 回帰分析を行う手順

相関関係を基に回帰分析を行うデータを準備する

第2日では、日ごとの最高気温と販売個数について相関関係を探りました。相関係数は0.900と高い相関関係があったことがわかりました。

	A	B	C	D	E	F
1	No.	最高気温	販売個数			
2	1	27	340			
3	2	22	304			
4	3	26	321			
5	4	24	302			
6	5	31	396			
7	6	27	350			
8	7	30	360			
9	8	31	374			
10	9	33	386			
11	10	32	414			
12	11	29	387			
13	12	22	270			
14	13	23	305			
15	14	26	354			
16	15	28	370			
17	16	29	349			
18	17	33	413			
19	18	30	397			
20	19	34	386			
21	20	33	443			
22	21	32	370			
23	22	25	320			
24	23	28	332			
25						
26			0.900378	=CORREL(B2:B24,C2:C24)		

ビジネスで回帰分析を応用する主な目的は2つあることを、第1日で説明しました。そのうちの1つが数値予測です。

予測をしたい変数が、回帰分析では目的変数です。目的変数との相関関係を基に、予測に利用することを考えてみます。

第2日の事例では、販売個数を予測したいので販売個数を目的変数とします。そして、予測したい変数と相関関係のある、その他の変数である最高気温を説明変数とします。

説明変数が1個の場合の回帰分析を単回帰分析と呼びます。説明変数が2個以上の回帰分析は重回帰分析と呼びますが、これについては第4日目で説明します。

単回帰分析と散布図の関係を表にまとめると次のようになります。

数値予測に使う項目	散布図の場合	回帰分析の場合
予測したい項目	縦軸に配置する	目的変数
予測したい項目と強い相関関係を持つその他の項目	横軸に配置する	説明変数

回帰分析を行って予測をするための式を求める

Excelで単回帰分析を行うには、2通りの方法があります。

- 散布図の「近似曲線の追加」機能で式を表示させる
- データ分析ツール「回帰分析」の機能で、出力結果から式を作るための情報を得る

ここで1番目に示した、式を作るための情報とは、後述する**切片**（せっぺん）と**回帰係数**（かいきけいすう）[1]という値を指します。

まずは近似曲線の追加機能の操作を通じて、最高気温を基に販売個数を予測するための式を求めます。

なお、回帰分析で求めた予測をするための式のことを、回帰式あるいは回帰モデルとも呼ぶことがあります。単回帰分析の場合は、単回帰式や単回帰モデルと呼びます。

1 切片や回帰係数を求めるための計算方法については、次の書籍などが参考になります。
『マンガでわかる統計学［回帰分析編］』（高橋信・著、井上いろは・作画、トレンドプロ・制作、オーム社・刊）
『Excelでできるかんたんデータマイニング入門』（近藤宏、末吉正成・著、同友館・刊）

3.1.2 近似曲線の追加機能を利用する

第2日で採り上げた、ある23日間の最高気温と販売個数のデータから求めた散布図から、**近似曲線の追加**機能を使って、予測をするための式を求めたあと、どのように予測の値を求めるかを説明します。

第2日の最高気温と販売個数のデータは、データ行数が23あり、最高気温を基に販売個数を予測したいので、散布図では、目的変数である販売個数を縦軸、説明変数である最高気温を横軸に配置しています。

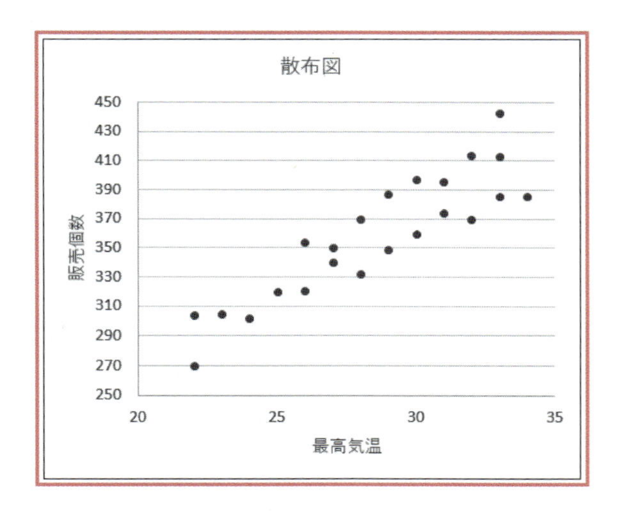

Excelの近似曲線の追加機能は、基データにもっともフィットする直線を当てはめて、予測をするための式を表示させます。

❶ 散布図のマーカー(点)の部分を右クリックして、表示されるメニューから、「近似曲線の追加(R)」を選択します。

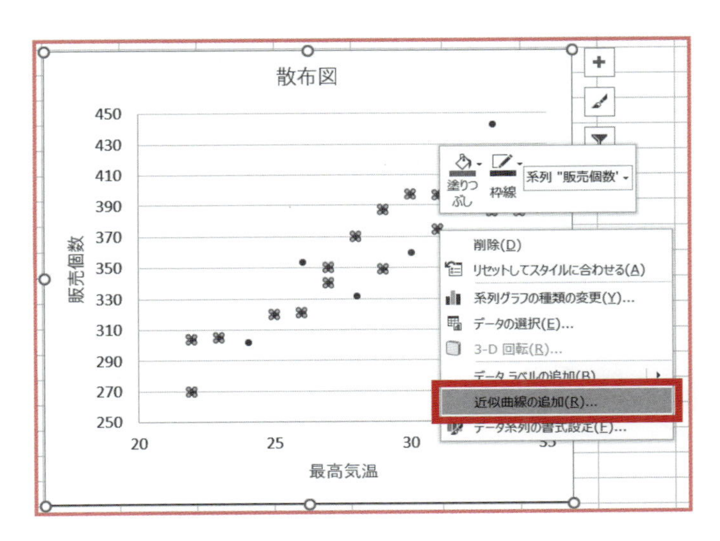

❷ 表示された「近似曲線の書式設定」画面では、「近似曲線のオプション」は次のように指定します。

- 「線形近似 (L)」が選択されていることを確認します。
- 「グラフに数式を表示する (E)」と、「グラフに R-2 乗値を表示する (R)」にチェックを入れます。前者は直線を表す式を、後者は回帰分析の出力結果のところで後述する、決定係数 (寄与率) を表します。

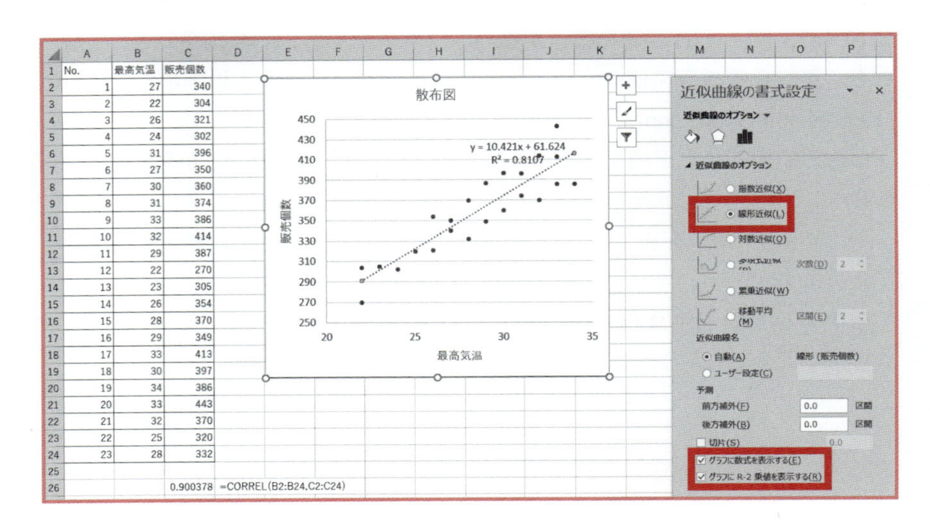

No.	最高気温	販売個数
1	27	340
2	22	304
3	26	321
4	24	302
5	31	396
6	27	350
7	30	360
8	31	374
9	33	386
10	32	414
11	29	387
12	22	270
13	23	305
14	26	354
15	28	370
16	29	349
17	33	413
18	30	397
19	34	386
20	33	443
21	32	370
22	25	320
23	28	332
		0.900378 =CORREL(B2:B24,C2:C24)

❸ 散布図に直線が表示されています。上に表示された $y = 10.421x + 61.624$ が、この直線の式で、予測に利用します。

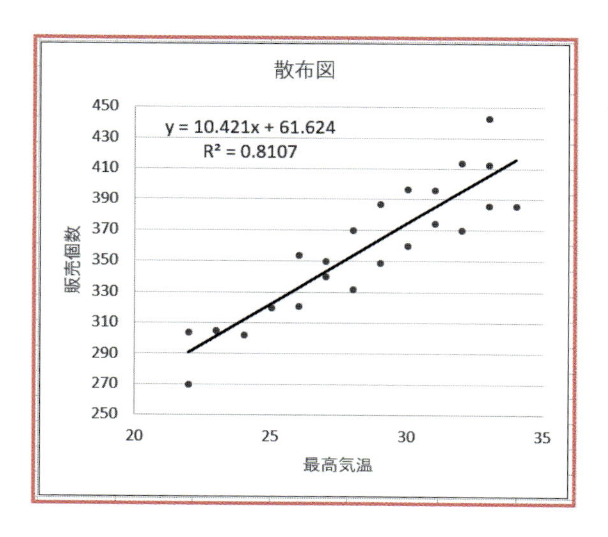

式にある y は散布図の縦軸の値、回帰分析では目的変数、ここでは販売個数の値を表します。

イコール記号「＝」は、イコールをはさんだ左側（左辺）と右側（右辺）とで、同じことをいっていることを示すと理解しましょう。

10.421 は散布図の横軸の値、すなわち説明変数である最高気温が 1℃上がったとき、目的変数の販売個数がいくら増えるのかを表します。統計学では**回帰係数**（かいきけいすう）（Regression Coefficient）と呼びます。

なお、説明変数と目的変数との間に正の相関がある場合は回帰係数も必ず正の値になり、負の相関がある場合は回帰係数も負の値になります。

x は説明変数の値を表し、ここでは販売個数を予測するため、最高気温の値を当てはめます。

最後の 61.624 は**切片**（せっぺん）[2]（Intercept）と呼び、横軸の値が 0 のとき、縦軸の値がいくらになるのかを表します。

2 切片：定数（ていすう）あるいは定数項（ていすうこう）とも呼びます。

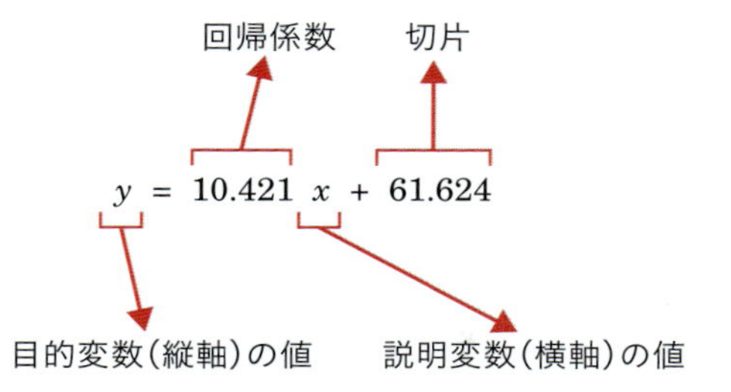

なお、Excelの近似曲線の追加機能で表示される式は、yやxの文字で表します。このとき実務では、yやxが何を意味するのかを直感的に理解させる工夫をしましょう。あなたの会社やお店で説明する場合は次のように示すことをお勧めします。次の式は、その示し方の一例です。

販売個数(予測) = 10.421 × 最高気温(℃) + 61.624

式の中で「**10.421*x***」のように表される数字と文字との間には、掛け算の記号が省略されているものと解釈するルールがあります。

3.1.3 データ分析ツール「回帰分析」で求める

Excel のデータ分析ツール「回帰分析」では切片や回帰係数が表示されるので、それを基に式を作れるようにしましょう。

回帰分析実行用データは、表の一番上にデータラベルを配置して、目的変数の列と、説明変数の列を用意しましょう。

❶「データ」タブから「分析」グループの「データ分析」ボタンをクリックします。表示された画面で「回帰分析」を選択して、「OK」ボタンをクリックします。

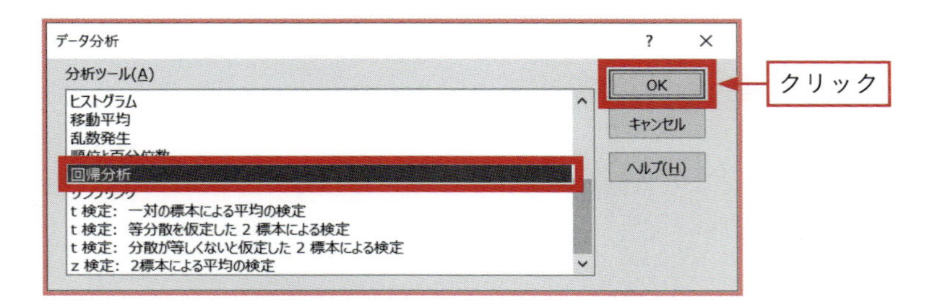

❷ 回帰分析の設定画面が表示されます。それぞれ次のように入力します[3]。

- 入力 Y 範囲(Y):目的変数(1 列)のセル(ここでは C1 ～ C24 セル)
- 入力 X 範囲(X):説明変数のセル(ここでは B1 ～ B24 セル)
- ラベル(L):入力 Y 範囲、入力 X 範囲に「最高気温(B1 セル)」、「販売個数(C1 セル)」を含めて範囲選択をしたので、チェックを入れます。

出力オプションでは、任意の出力先を指定します。

- 一覧の出力先(S):同じワークシートで出力を開始したいセル 1 か所を指定します。
- 新規ワークシート(P):新しいワークシートを自動的に生成して、左上の A1 セルから出力を開始します。

---

3 設定画面の「有意水準(O)」の欄は、正しくは「信頼区間」のことを指し、先人の慣例から、95%とすることが多いです。信頼区間 95%とするということは、理論上、母集団から標本を 100 回抽出したうち 95 回は、切片や回帰係数が、「上限(値)」と「下限(値)」に示した範囲に含まれることを表しています。

- 新規ブック（W）：新しいファイルを自動的に生成し、左上の A1 セルから出力を開始します。

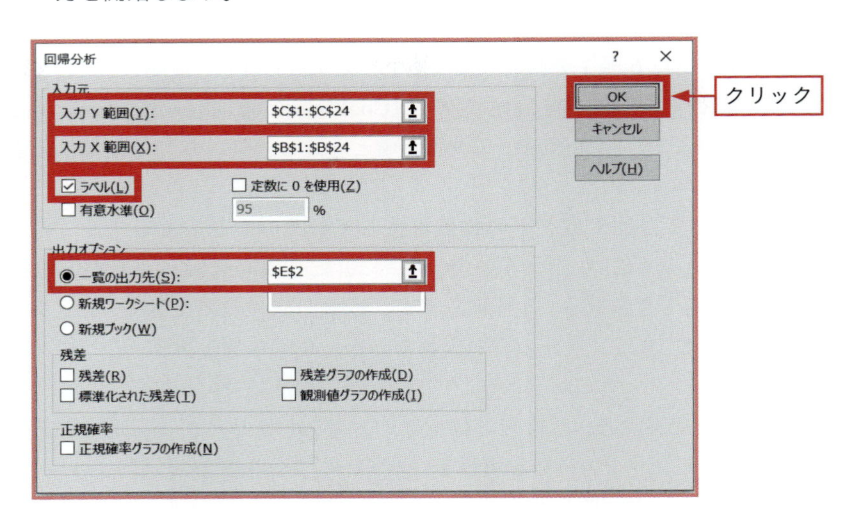

❸ 設定が終わったら、「OK」ボタンをクリックします。回帰分析実行結果は次のように表示されます。

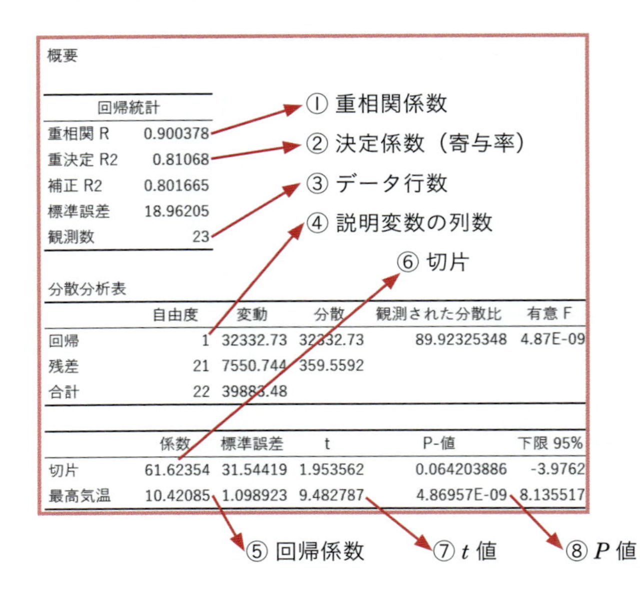

概要

回帰統計	
重相関 R	0.900378
重決定 R2	0.81068
補正 R2	0.801665
標準誤差	18.96205
観測数	23

分散分析表

	自由度	変動	分散	観測された分散比	有意 F
回帰	1	32332.73	32332.73	89.92325348	4.87E-09
残差	21	7550.744	359.5592		
合計	22	39883.48			

	係数	標準誤差	t	P-値	下限 95%
切片	61.62354	31.54419	1.953562	0.064203886	-3.9762
最高気温	10.42085	1.098923	9.482787	4.86957E-09	8.135517

回帰分析実行結果から、予測に直接役立つ点について説明します。

①の「重相関 R」は、統計学では**重相関係数**（Multiple Correlation Coefficient）と呼びます。単回帰分析の場合は、説明変数と目的変数との相関係数の絶対値を表示しています。常に0〜1の値に収まります。第4日で詳しく説明します。

②の「重決定 R2」は、統計学では**決定係数**（Coefficient of Determination）あるいは**寄与率**と呼びます。相関係数を2乗した値と一致し、常に0〜1の値に収まります。

説明変数によって目的変数をどの程度説明しているのかを表します。この出力の場合は0.81と表示されているので、回帰式は、「最高気温によって、販売個数は約81％説明できている」と解釈します。近似曲線の追加機能で「グラフにR-2乗値を表示する（R）」にチェックを入れたときに表示される値が、これにあたります。

③の**観測数**という表現は、統計学では一般的ではありませんが、回帰分析を行うのに範囲選択したデータの行数を示しています。

④の「回帰」と「自由度」の交わるセルに表示されているのは**回帰の自由度**といいます。説明変数に採り入れた列の数を表します。

上図の⑤回帰係数と⑥切片を使って、予測をするための式を作ります。

近似曲線の追加機能で求めたときと同じ回帰係数と切片が表示されていることを確認しましょう。

なお、⑦の t 値と⑧の P 値は、単回帰分析では、無相関の検定で得られた t 値と P 値を表示しています。

第4日の重回帰分析でも出てきます。

回帰分析実行結果で表示された切片と回帰係数、そして近似曲線の追加機能で求めた式とでは、同じことを示していることを理解しましょう。

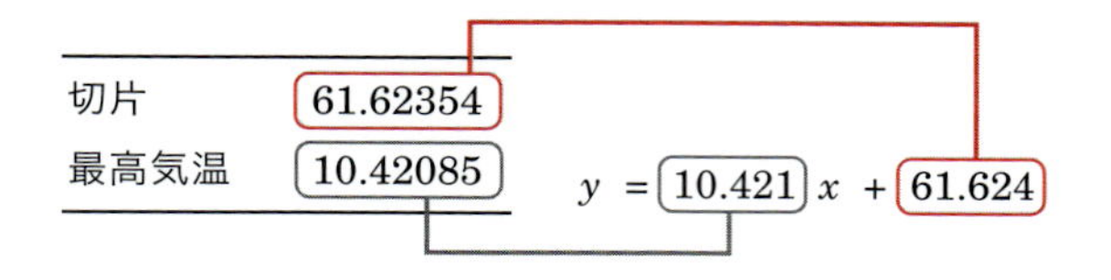

3.1.4 予測値の求め方

最高気温を基に販売個数を予測するための式を求めることができました。

ここでは最高気温が24℃の場合の販売個数を予測してみましょう。求めた式 $y = 10.421x + 61.624$ の x に24を当てはめます。

この事例では、最高気温24℃の場合の販売個数は312個だと予測をすることができました。Excelでは次のように計算できます。F19セルが回帰係数、E21セルは説明変数の値である最高気温（24℃）、F18セルが切片を指しています。

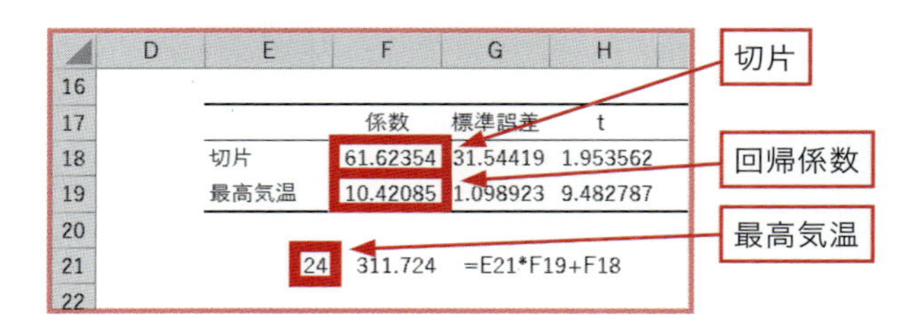

	D	E	F	G	H
16					
17			係数	標準誤差	t
18		切片	61.62354	31.54419	1.953562
19		最高気温	10.42085	1.098923	9.482787
20					
21		24	311.724	=E21*F19+F18	
22					

切片、回帰係数と予測値を直接求める関数

単回帰分析では、切片や回帰係数、予測値を直接求めることができる関数があります。切片は**INTERCEPT関数**、回帰係数は**SLOPE関数**で求めることができます。範囲指定の方法は、両方とも共通しています。

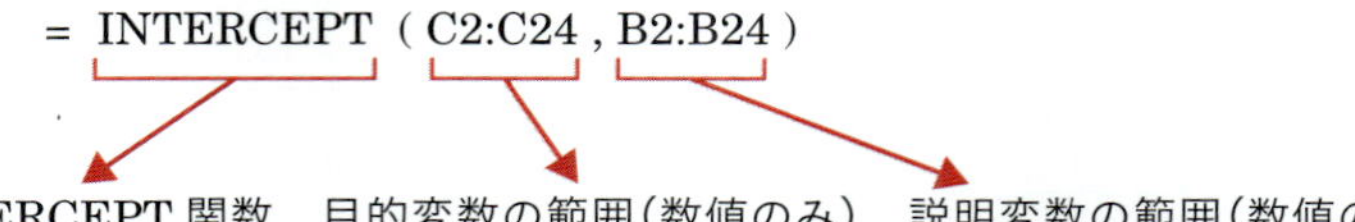

	D	E	F	G	H	I
16						
17			係数	標準誤差	t	P-値
18		切片	61.62354	31.54419	1.953562	0.064203886
19		最高気温	10.42085	1.098923	9.482787	4.86957E-09
20						
21		24	311.724	=E21*F19+F18		
22						
23		切片	61.62354	=INTERCEPT(C2:C24,B2:B24)		
24		回帰係数	10.42085	=SLOPE(C2:C24,B2:B24)		

なお、単回帰分析の予測値は、**FORECAST.LINEAR 関数**（Excel 2013 までは **FORECAST 関数**）で直接求めることができます。

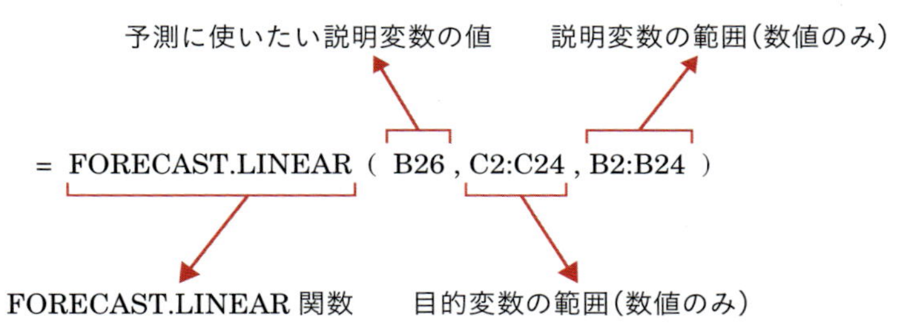

	A	B	C	D	E	F	G	H	I
1	No.	最高気温	販売個数						
2	1	27	340		概要				
3	2	22	304						
4	3	26	321		回帰統計				
5	4	24	302		重相関 R	0.900378			
6	5	31	396		重決定 R2	0.81068			
7	6	27	350		補正 R2	0.801665			
8	7	30	360		標準誤差	18.96205			
9	8	31	374		観測数	23			
10	9	33	386						
11	10	32	414		分散分析表				
12	11	29	387			自由度	変動	分散	観測された分散比
13	12	22	270		回帰	1	32332.73	32332.73	89.92325348
14	13	23	305		残差	21	7550.744	359.5592	
15	14	26	354		合計	22	39883.48		
16	15	28	370						
17	16	29	349			係数	標準誤差	t	P-値
18	17	33	413		切片	61.62354	31.54419	1.953562	0.064203886
19	18	30	397		最高気温	10.42085	1.098923	9.482787	4.86957E-09
20	19	34	386						
21	20	33	443		24	311.724	=E21*F19+F18		
22	21	32	370						
23	22	25	320		切片	61.62354	=INTERCEPT(C2:C24,B2:B24)		
24	23	28	332		回帰係数	10.42085	=SLOPE(C2:C24,B2:B24)		
25			311.724	=FORECAST.LINEAR(E21,C2:C24,B2:B24)					
26			0.900378	=CORREL(B2:B24,C2:C24)					

このように FORECAST.LINEAR 関数は、単回帰分析で簡単に予測値を求めることができるのですが、散布図で 2 つの変数の関係を探って、相関係数を求めることを忘れずに行ってください。その上で予測値を簡単に求めたいということであれば、この関数の利用は有効だと考えます。

決定係数を求める関数

Excel で決定係数を求めるには、**RSQ 関数**を使います。最高気温を説明変数、販売個数を目的変数としたときの決定係数を求める場合、次のように目的変数と説明変数のデータの範囲をカンマで区切って指定します。回帰分析実行結果の重決定 R2 の欄と同じ結果を出力します。

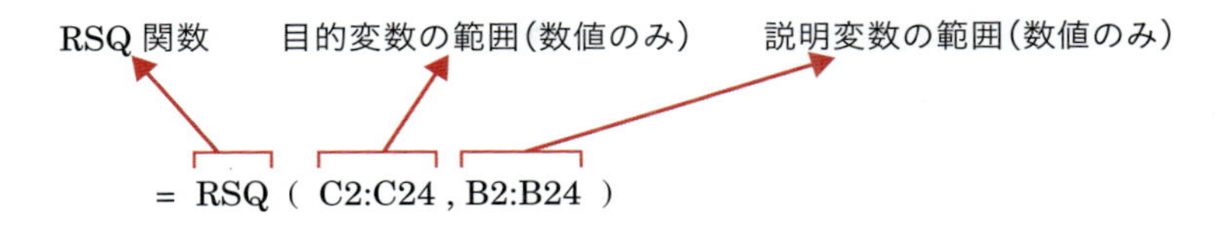

3.1.5 残差出力と重相関係数

回帰分析の設定画面で、「残差 (R)」にチェックを入れる場合があります。

回帰分析
入力元
入力 Y 範囲(Y): $C$1:$C$24
入力 X 範囲(X): $B$1:$B$24
☑ ラベル(L)　☐ 定数に 0 を使用(Z)
☐ 有意水準(O) 95 %
出力オプション
◉ 一覧の出力先(S): $E$2
○ 新規ワークシート(P):
○ 新規ブック(W)
残差
☑ 残差(R)　☐ 残差グラフの作成(D)
☐ 標準化された残差(T)　☐ 観測値グラフの作成(I)
正規確率
☐ 正規確率グラフの作成(N)
OK
キャンセル
ヘルプ(H)

回帰分析実行結果に次のように、残差出力も表示されます。

観測値	予測値: 販売個数	残差
1	342.9865654	-2.986565421
2	290.8823014	13.1176986
3	332.5657126	-11.56571262
4	311.724007	-9.724007009
5	384.6699766	11.33002336
6	342.9865654	7.013434579
7	374.2491238	-14.24912383
8	384.6699766	-10.66997664
9	405.5116822	-19.51168224
10	395.0908294	18.90917056
11	363.828271	23.17172897
12	290.8823014	-20.8823014
13	301.3031542	3.696845794
14	332.5657126	21.43428738
15	353.4074182	16.59258178
16	363.828271	-14.82827103
17	405.5116822	7.488317757
18	374.2491238	22.75087617
19	415.932535	-29.93253505
20	405.5116822	37.48831776
21	395.0908294	-25.09082944
22	322.1448598	-2.144859813
23	353.4074182	-21.40741822

推測値　予測値　残差

この残差出力について説明します。

(1) 観測値

この表現はExcel独特のもので、正しくはデータ番号のことです。一番上の行から順に、番号が1から振られています。

(2) 予測値

これは回帰分析実行用データから、説明変数の値を、$y = 10.421x + 61.624$ の式に当てはめて得られた目的変数の値です。

予測値と表示されているのでややこしいのですが、英語ではPredicted Value（Prediction Value）と表す場合があるものの、日本語ではいわば推定値と考えておくとよいでしょう。

No.1のデータでは、最高気温は27℃だったので、$y = 10.421x + 61.624$ の x に27を当てはめ（代入して）、342.99と求めています。

この方法で求めた推定値と基データの目的変数との相関係数のことを、統計学では本来、重相関係数と呼んでいます。

そもそも残差とは

目的変数（散布図では縦軸の値）と推定値（予測値）との差（引き算の答え）のことを、**残差**（ざんさ）（Residual）または誤差と呼びます。

No.1のデータでは、基データの目的変数が340、推定値は342.99なので、340 − 342.99 = − 2.99が残差です。

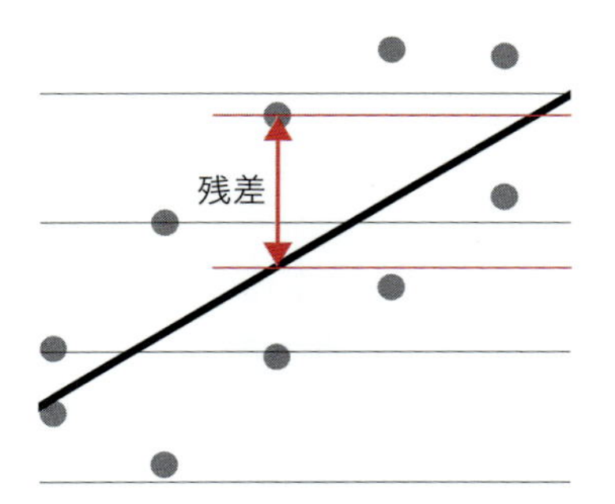

散布図の点（マーカー）が基データの値です。基データの値から直線（回帰式）へ垂直に伸ばした直線の長さに相当します。

直線の決まり方

次ページの図を見てください。この図に示したの6行のデータで簡単に説明します。

ここで6行のデータを6軒の家と置き換え、回帰式（直線）を公道と置き換えてみます。

このとき、家から公道までの距離は、6軒とも近いほうがよいと考えるのです。家から公道までの距離が離れていればいるほど、不満が大きくなるのです。しかし、家が公道に沿って直線に並んでいないため、公道を曲げない限り、すべての家の要望に応えることはできません。

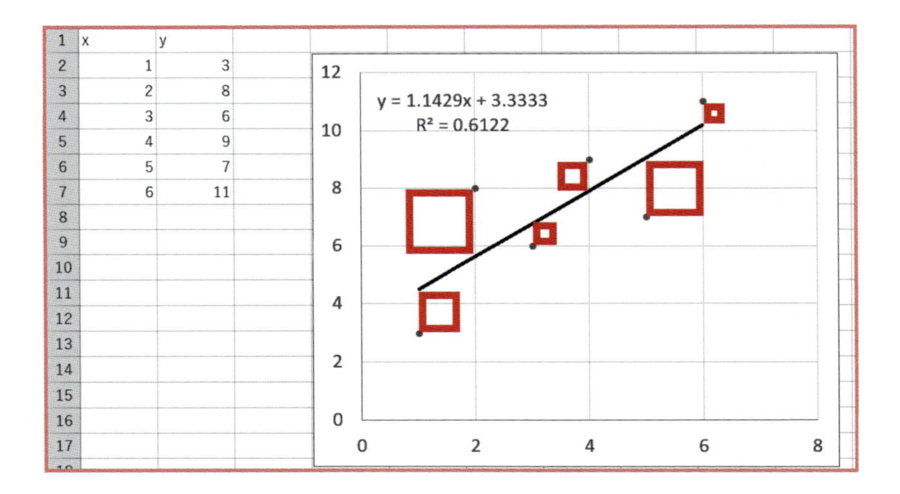

そこで、すべての不満を解消することはできないものの、全体の不満の度合いをもっとも小さくすることを考えます。これが最小自乗法の考え方にあたります。

回帰分析では、残差を2乗した値の合計が最小になるように、直線が決定されます。この方法のことを、**最小自乗法**（さいしょうじじょうほう）（Least Squares Method）と呼びます[4]。

すべての残差を合計すると、常に0になるという特徴があります[5]。そこで残差の負の値を作らないようにするため、すべての残差を2乗[6]します。上図の散布図では、残差を1辺とした正方形を作り、すべての正方形の面積が最小になるように決めるのです。

4　最小二乗法と表記する場合もあります。

5　Excelで残差出力から残差の合計を求めても、0とは表示されない場合があります。これは小数点以下の部分で、Excelの演算誤差が含まれるためです。この最高気温と販売個数とのデータの場合、1.3074E-12と表示されます。これは 1.3074×10^{-12} という意味で、小数点の表記では、0.0000000000013074と、ほとんど0という意味を表します。また実際のExcelでは、表示形式の設定に応じて表示されます。

6　同じ数で掛け算をします。「A　累乗・√・logの解説」（p.242）も参照してください。

3.2 数値予測をするときの注意

3.2.1 データの範囲外の予測は要注意

最高気温を基に販売個数を予測するのに、データの範囲内の予測として行いました。

説明変数の範囲内に限った予測のことを**内挿**（Interpolation）と呼びます。一方、説明変数の範囲を超える範囲の予測のことを**外挿**（Extrapolation）と呼びます。

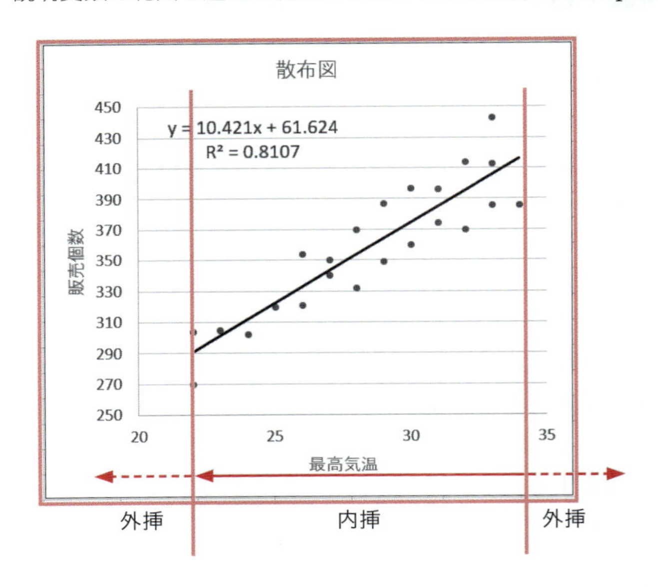

ここで得られる予測をするための式は、最高気温と販売個数との間に相関関係があって、基データにもっともフィットする直線を表しています。つまり、説明変数の範囲外の値を利用した予測は想定していないのです[7]。

7　時系列データで外挿をする場合は、基データの傾向が将来も同じ条件で続く前提で予測をする、という考え方を絶対に忘れないようにしましょう。詳細は、拙著『7日間集中講義！Excel統計学入門』p.198、第6日「6.1　外挿の考え方」も参照してください。

第3日

説明変数の値はいくつを当てはめても、予測の値は計算で求めることはできます。しかし、説明変数の範囲から離れれば離れるほど、予測精度の高さについては、期待できなくなります。

また、最高気温を基に販売個数を予測する式で、切片は61.624と求められました。しかし、最高気温が0℃のときに62個も売れるという解釈は絶対にしてはいけません。

この式はあくまでも、基データにもっともフィットする直線を求めているにすぎません。最高気温が0℃といった、データの範囲外の予測について考慮できるものではありません。

3.2.1 回帰係数・目的変数のレンジにも注目

散布図でいえば縦軸にあたる、目的変数のレンジも注目しましょう。

第2日の事例の目的変数は販売個数でした。このとき、販売個数のレンジが10個くらいしかなかったとします。また、その10個程度の売上が多いか少ないかが、特に採算に影響しないのならば、データを集めて予測をし、検証するほどの意義は薄くなります。

相関関係は、あくまでもどれだけ線形の関係があるのかを探るもので、回帰係数は散布図でいうと、直線の傾きにあたります。

最高気温がどれだけ変化する可能性があるかも考慮して、その変化の度合いに応じて、販売個数が採算や業務にあまり影響しないのならば、この方法で予測をすることについて、当面の間はあまり重視する必要はないでしょう。

しかし、次に示すような変化を見逃さないためには、データに引き続き注目していることが望ましいと考えます。

- だんだん予測が外れてきた
- 最高気温以外の説明変数を分析に採り入れる必要が出てきた

第3日 まとめ

第3日は、単回帰分析について説明しました。回帰式を作るには2通りありました。

- 近似曲線の追加：散布図に $y = 10.421x + 61.624$ のように表示される
- データ分析ツール「回帰分析」：回帰分析実行結果のうち、切片と回帰係数が表示される。そこから予測をするための式を作る

予測をしたい変数を目的変数と呼び、目的変数と相関関係のある説明変数を利用して予測します。

また、相関係数と回帰係数は、正負の記号が必ず一致することも覚えておきましょう。

散布図	相関係数	回帰係数
右肩上がりの関係	正の値	正の値
右肩下がりの関係	負の値	負の値

第4日では、説明変数が2個以上の回帰分析である、重回帰分析について説明します。

第4日

重回帰分析

重回帰分析は、説明変数の個数が複数あるときの回帰分析です。
第１日で説明したように、ビジネスで回帰分析を利用する主な目的は２つありました。１つ目は数値予測、２つ目は要因分析です。
２つの目的が実務で果たせるよう、しっかり理解しましょう。

4.1 重回帰分析を Excel で行う

4.1.1 重回帰分析を行う手順

第3日では説明変数が1つの回帰分析を使って、説明変数と目的変数の相関関係の強さを利用した予測を行いました。

ただ、実務で数値予測を行う場合、1つの変数だけが要因として挙げられる場面は、まずありません。そこで、説明変数が2つ以上の回帰分析について理解し、実務で使えるようにすることが求められます。

複数の要因（2つ以上の説明変数）の変化を利用して、1つの注目する項目（目的変数）について予測を行うのが、**重回帰分析**による予測です。重回帰分析は、説明変数が2つ以上のときの回帰分析のことを指します。

まず、重回帰分析を行うのに必要な準備について、ここで説明します。第3日で説明した、単回帰分析（説明変数が1つの回帰分析）は、説明変数との相関関係の強さを利用して、目的変数を予測する式を作りました。

重回帰分析でも、説明変数と目的変数との相関関係があることが基本になっています。

なお重回帰分析では、1つの説明変数と目的変数という、それぞれの関係だけを考慮するのではありません。複数の説明変数をひとかたまりで扱うのが特徴です。この考え方は、重回帰分析の全体の考え方につながりますので、覚えておきましょう。

第1日の「分析を行う目的を明確にして、目的に合ったデータを集める」（p.11）でも触れたように、何が知りたくて、何のために分析をするのかについて明確にし、共有しましょう。

そして、重回帰分析を行うことができる要件をここで示しておきます。必要なデータの型についても触れています。

なお、この必要なデータの型とは、精度よく予測ができるかどうかではなく、回帰分析を行うことができる最低条件だと理解してください。それぞれの内容については後述します。

❶ **目的変数**（予測したい項目）1 つを決める。
❷ 目的変数との相関関係があまり弱すぎない**説明変数**を（複数）採り入れる。
❸ 説明変数同士で相関関係が強すぎる組み合わせを解消しておく（p.134、**多重共線性**）。
❹ Excel のデータ分析ツールの「回帰分析」で回帰分析を行う場合は、説明変数は 16 個までにする（p.249、回帰分析のエラーメッセージ）。
❺ データ行数は、説明変数の個数＋ 2 行以上にする。たとえば、説明変数が 5 個の場合は、7 行以上のデータ行数が必要となる。（p.146、コラム「データ行数が説明変数の個数＋ 2 行以上必要という説明」）

重回帰分析をビジネスで利用する主な目的は予測と要因分析

ビジネスで重回帰分析を利用する主な目的は、主に 2 つありました。

1 つは回帰分析によって求めた式を使って目的変数の値を予測することです。もう 1 つは複数の説明変数のうち、どの説明変数がより目的変数の変化に影響を与えているのかを探ることです。本書では、これを**要因分析**と呼ぶことにしています。

回帰分析実行結果から、この 2 つができるための情報を得ることができます。

4.1.2 回帰分析実行用データの準備

目的変数を決めて、分析に採り入れる説明変数を考える

このデータは、チェーン展開をする 19 軒の店舗データです。各店舗の売上高を重回帰分析で予測をしようと考えています。

ここでは「売上高が多かったり少なかったりするのは、店舗の立地にある」という切り口で、どの説明変数を採り入れるのかを考えました。

重回帰分析でなるべく精度よく予測を行うため、目的変数である売上高と強い

相関関係のある説明変数を選ぶことが理想的です[1]。

現実的には、複数の説明変数を分析に採り入れるとき、すべての説明変数が目的変数と強い相関関係にあり、説明変数同士で強い相関関係がない状態を確保できることは、まずありません。

	A	B	C	D	E	F	G
1	No.	売場面積(m²)	所要時間(分)	駐車場台数	最寄駅の乗降人数	従業員数	売上高(千円)
2	1	2,769	27	117	2,746	116	147,260
3	2	2,867	6	79	2,168	109	129,391
4	3	1,957	9	96	1,676	103	103,711
5	4	1,486	11	77	2575	82	68,508
6	5	1,195	6	56	1,847	91	56,203
7	6	1,137	12	65	1,119	73	61,874
8	7	2,610	3	87	2008	70	176,043
9	8	2,640	2	49	2,810	136	160,421
10	9	1,445	1	44	1,772	99	131,424
11	10	2,038	5	92	2,485	126	127,679
12	11	1,904	2	55	2,061	76	124,148
13	12	2,669	4	76	3,281	85	119,975
14	13	3,457	14	89	4,094	87	110,024
15	14	1,374	4	58	1,526	95	105,958
16	15	2,463	6	73	2,789	126	104,674
17	16	1,592	4	54	2,222	137	97,077
18	17	856	14	60	2222	116	66,261
19	18	939	8	71	1,440	117	50,425
20	19	421	15	82	649	99	47,429

p.124 の「**4.2.5**　より統計学的に最適な回帰式を求める ～ 変数選択」でも説明しますが、重回帰分析は、一つ一つの説明変数と目的変数との関係だけに注目するのではなく、説明変数のひとかたまりが、回帰式として（統計学的に）適しているかどうかを判断する必要があるのです。

しかし、説明変数をある程度絞り込むための目安はほしいところです。そこで、目的変数との相関係数を利用します。

売上高と説明変数との相関係数を求めてみましょう。

1　説明変数と目的変数との間に、「相関係数がいくら以上だとよい」という具体的な数字の目安はありません。繰り返しますが、重回帰分析では複数の説明変数をひとかたまりとして扱う考え方をします。よって、1つの説明変数と目的変数との相関関係の強さに、この段階であまり深くこだわる必要はないと筆者は考えています。しかし、単回帰分析でも説明したように、散布図で関係を探ったり、相関係数を求めたりすることは忘れないでおきましょう。

データ分析ツール「相関」を利用すると、複数の変数について、すべての組み合わせの相関係数を求めることができます。

❶ メニューバーの「データ」タブから「分析」グループの「データ分析」メニューを選択します。

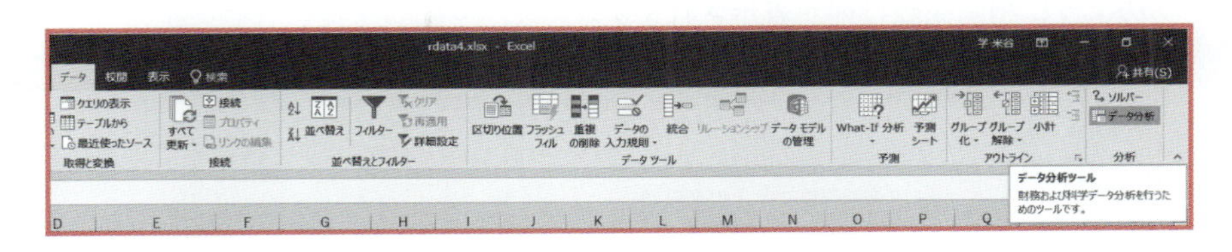

❷ 表示された「データ分析」ダイアログボックスから、「相関」を選択したら、「OK」ボタンをクリックします。

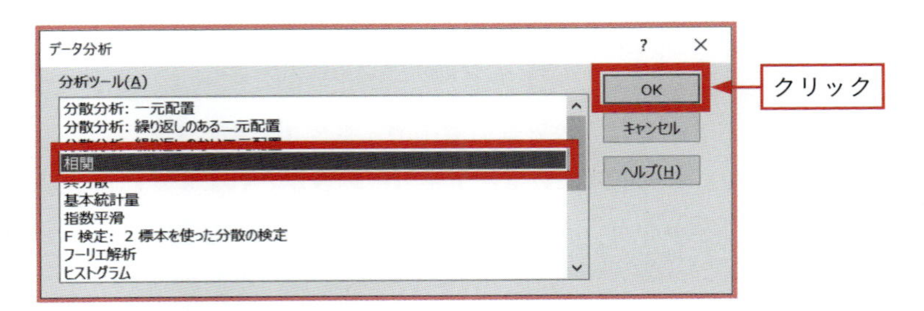

❸ 表示された「相関」の設定画面では、次の図のように設定します。

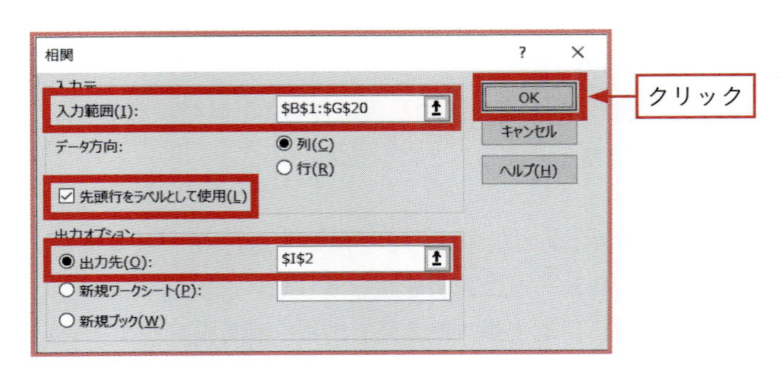

入力元の「入力範囲 (I)」では、相関係数を求めたいデータの範囲をマウスでドラッグして選択します。ここでは B1 ～ G20 セルを選択しています。このとき、

データラベル（変数名）も含めて範囲選択をすると、出力結果にもその変数名が反映されます。

データラベルを含めて範囲選択をしたので、「先頭行をラベルとして使用（L）」にチェックを入れます。

出力オプションで任意の出力先を指定し、「OK」ボタンをクリックすると、次のように相関係数行列が表示されます。

	売場面積（m2）	所要時間（分）	駐車場台数	最寄駅の乗降人数	従業員数	売上高（千円）
売場面積（m2）	1					
所要時間（分）	-0.017296159	1				
駐車場台数	0.40893865	0.65490129	1			
最寄駅の乗降人数	0.800010638	0.060549964	0.231052815	1		
従業員数	0.031243106	0.017109186	-0.04580001	0.133843545	1	
売上高（千円）	0.75934583	-0.260351871	0.184351051	0.446654931	0.073750682	1

第2日の解説と重複する部分もありますが、相関係数行列の見方を説明します。

たとえば「売場面積」と「売上高」の相関係数は、2つの変数が交わったところの、0.759だと判断します。

また同じ変数が交わるところは、統計学の慣例で、常に1と表します。

そして、Excelの仕様により相関係数は左下半分だけ表示されますが、統計学では右上半分にも相関係数をもれなく表示させるのが、正式な相関係数行列です。

まず注目するのは、目的変数である売上高との相関係数です。

特に目的変数「売上高」と相関関係が弱い説明変数は「駐車場台数」で、相関係数は0.184、また「従業員数」の相関係数は0.074と求めることができました。

そして、説明変数同士で比較的強い相関関係がある組み合わせは、「売場面積」と「最寄駅の乗降人数」で、0.800でした。

回帰分析を行うために、統計学的により適切な説明変数（のひとかたまり）に絞り込むために、ここでは次の要領で考えることにします。

❶ 説明変数同士で強い相関関係にある組み合わせを解消するため、「売場面積」か「最寄駅の乗降人数」のどちらか一方の説明変数を取り除きます。

❷ この2つの説明変数のうち、目的変数「売上高」とより相関係数が1に近いのは「売場面積」なので「売場面積」を優先して使い、「最寄駅の乗降人数」を取り除くことにします。

❸ 説明変数のうち、目的変数「売上高」と相関がない「従業員数」を取り除くことにします。

つまり、「売場面積」「最寄駅からの所要時間」「駐車場台数」の3つを説明変数として採り入れることにします。

重回帰分析で予測をする場合、日常業務を通じて予測の精度を検証するのに、説明変数の多さに応じて手間がかかります。

また、その予測を意思決定に活かすための条件も、より厳しくなってくるので、かえって予測のモデルは扱いにくくなります。そのため実務で重回帰分析による予測を行うには、説明変数の個数をなるべく少なくすることを筆者はお勧めします。

回帰分析実行用データを作る

Excel で回帰分析を行うには、次のように説明変数と目的変数の列が必要です。

	A	B	C	D	E
1	No.	売場面積(m²)	所要時間(分)	駐車場台数	売上高(千円)
2	1	2,769	27	117	147,260
3	2	2,867	6	79	129,391
4	3	1,957	9	96	103,711
5	4	1,486	11	77	68,508
6	5	1,195	6	56	56,203
7	6	1,137	12	65	61,874
8	7	2,610	3	87	176,043
9	8	2,640	2	49	160,421
10	9	1,445	1	44	131,424
11	10	2,038	5	92	127,679
12	11	1,904	2	55	124,148
13	12	2,669	4	76	119,975
14	13	3,457	14	89	110,024
15	14	1,374	4	58	105,958
16	15	2,463	6	73	104,674
17	16	1,592	4	54	97,077
18	17	856	14	60	66,261
19	18	939	8	71	50,425
20	19	421	15	82	47,429

目的変数と説明変数とは離れた列に並んでいても問題ありません。

しかし、複数の説明変数は隣り合った列に配置しましょう。説明変数に採用したいデータは、A列とC列とE列とF列……というような離れた列だとデータ分析ツール「回帰分析」では指定できない仕様になっています。

ここでは、A列はデータ番号を表すのでなくてもよいのですが、B列から順に、「売場面積」「最寄駅からの所要時間」「駐車場台数」の3つを説明変数として配置しました。E列には目的変数の「売上高」を配置しました。

いきなり未知のデータについての予測をしない

第1日「1.1.3 組織における予測への向き合い方」(p.13)では、将来の予測をしないことを説明しました。たとえば、ただ「来月の売上高は●億円です！」と予測をしたとします。このとき、どんなに本書の内容を理解し、どんなに説明しても、「その予測があてになる根拠はどこにあるの？」と言われたら、あなたはどのように説明できますか？

巻末の付録では、回帰分析実行結果について解説しています。その解説からは、統計学的に回帰式の精度の高さを探る部分もあるとはいえます。しかし、そこをどんなに時間を費やして説明しても、実務の肌感覚に合った説明には、おおよそ届かないと筆者は考えています[2]。

ここでは、すでにある20軒のデータのうち、20軒目のデータを予測検証用に残して、1軒目から19軒目のデータを回帰分析実行用データとして使用します。

20軒目のデータは、「売場面積」は359m^2、「最寄駅からの所要時間」は9分、「駐車場台数」は30台で、店舗の売上高は52,660千円だった、というデータを予測検証用として使います。

	A	B	C	D	E
1	No.	売場面積(m^2)	所要時間(分)	駐車場台数	売上高(千円)
22	20	359	9	30	52,660
23					

2 研究、疫学、製品の開発など、事例によっては統計学のルールにのっとった分析と説明が求められます。売上や顧客をはじめとする、販売やマーケティング、その他机上で得られる程度のデータについて回帰分析を実行するような場面では、あまり統計学のルールにこだわりすぎると、説明や折衝に役立たない場合があります。

4.2 回帰分析を実行する

4.2.1 予測の式を求める

Excel で回帰分析を行うための準備ができました。次に、回帰分析を実行します。

❶ メニューバーの「データ」から、「分析」グループの「データ分析」のメニューを選択します。

❷ 表示された「データ分析」のメニューから、「回帰分析」を選択し、「OK」ボタンをクリックします。

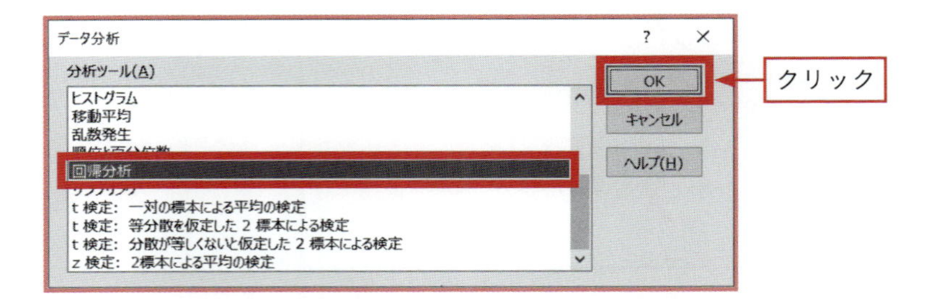

❸ 回帰分析の設定画面が表示されます。次のように設定します。

- 入力 Y 範囲（Y）：目的変数（1 列）のセル（ここでは E1 ～ E20 セル）
- 入力 X 範囲（X）：説明変数のセル（ここでは B1 ～ D20 セル）
- ラベル（L）：入力 Y 範囲、入力 X 範囲にデータラベルを含めて範囲選択をしたので、チェックを入れます。

出力オプションに、任意の出力先を指定して、「OK」ボタンをクリックします。

第4日

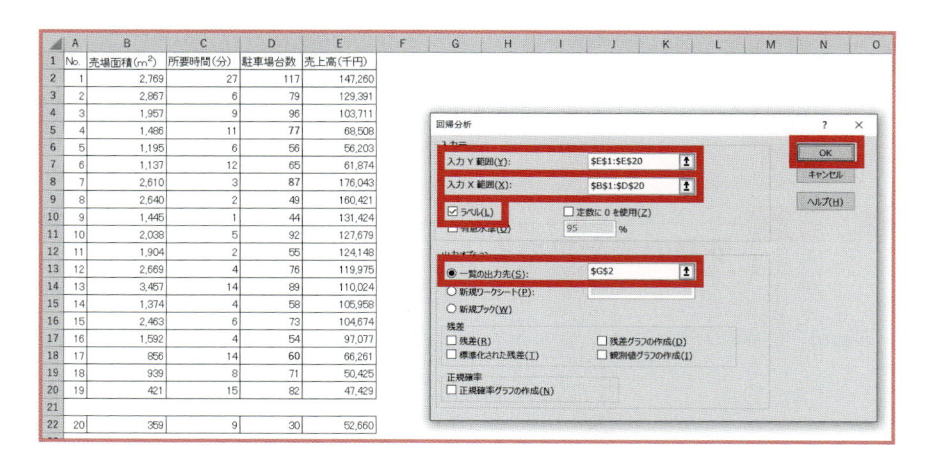

No.	売場面積(m²)	所要時間(分)	駐車場台数	売上高(千円)
1	2,769	27	117	147,260
2	2,867	6	79	129,391
3	1,957	9	96	103,711
4	1,486	11	77	68,508
5	1,195	6	56	56,203
6	1,137	12	65	61,874
7	2,610	3	87	176,043
8	2,640	2	49	160,421
9	1,445	1	44	131,424
10	2,038	5	92	127,679
11	1,904	2	55	124,148
12	2,669	4	76	119,975
13	3,457	14	89	110,024
14	1,374	4	58	105,958
15	2,463	6	73	104,674
16	1,592	4	54	97,077
17	856	14	60	66,261
18	939	8	71	50,425
19	421	15	82	47,429
20	359	9	30	52,660

回帰分析実行結果は、次のように表示されました。ここでは、特に予測と要因分析に直接役立つ部分について説明します。

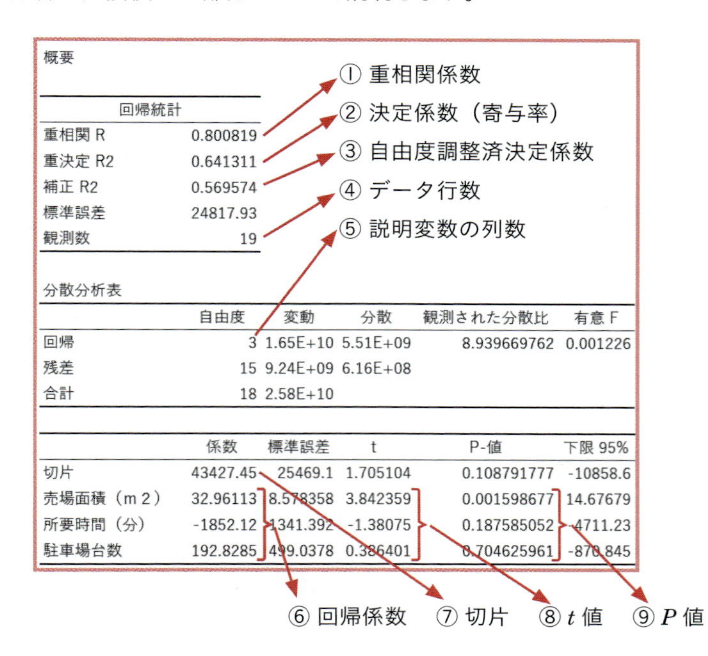

概要

回帰統計	
重相関 R	0.800819
重決定 R2	0.641311
補正 R2	0.569574
標準誤差	24817.93
観測数	19

分散分析表

	自由度	変動	分散	観測された分散比	有意 F
回帰	3	1.65E+10	5.51E+09	8.939669762	0.001226
残差	15	9.24E+09	6.16E+08		
合計	18	2.58E+10			

	係数	標準誤差	t	P-値	下限 95%
切片	43427.45	25469.1	1.705104	0.108791777	-10858.6
売場面積（m 2）	32.96113	8.578358	3.842359	0.001598677	14.67679
所要時間（分）	-1852.12	1341.392	-1.38075	0.187585052	-4711.23
駐車場台数	192.8285	499.0378	0.386401	0.704625961	-870.845

①の**重相関係数**は単回帰分析の場合、説明変数と目的変数の相関係数の絶対値を表していると説明しました。また第3日では、基データの目的変数と、推定値

（回帰式に説明変数を当てはめた値）との相関係数を表すと説明しました。重相関係数は常に 0 ～ 1 の間の値に収まり、1 に近ければ近いほど、基データと比べて当てはまり具合のよい回帰式であるといえます。

②の**決定係数**は**寄与率**とも呼び、説明変数により目的変数がどの程度説明できているかを意味し、重相関係数を 2 乗した値と一致します[3]。

③の「補正 R2」とある欄は、正しくは**自由度調整済決定係数**（Adjusted R-square）と呼びます。後述しますが、重相関係数や決定係数は、説明変数の個数が多ければ多いほど 1 に近づき、データ行数が説明変数の個数＋ 1 行のときは、データの内容に関わらず、常に 1 になる性質があります。そこで、説明変数の個数の影響を取り除いた指標として、これを使います。p.124 の「4.2.5　より統計学的に最適な回帰式を求める ～ 変数選択」で使います。

④の**観測数**はデータ行数を表し、⑤の**回帰の自由度**が説明変数の個数を表すのは、単回帰分析と同じです。

⑦の**切片**は、説明変数の値がすべて 0 のときの目的変数の値を表します。このとき「売場面積」も説明変数に採り入れていますが、「売場面積が 0 でも、売上が見込めるんだな？」と解釈するのは誤りです。あくまでも、基データから当てはまり具合のよいモデルを数学的に求めた結果にすぎません。

⑥の**回帰係数**は、たとえば「売場面積」なら 32.961 です。つまり、その他の変数の値が変わらないとしたら、売場面積が $1\mathrm{m}^2$ 大きくなるにつれ、売上高は約 32,961 円増えることを表します。重回帰分析では、**偏回帰係数**とも呼びます。

⑧の t 値と⑨の P 値は、p.121「4.2.3　より売上高に影響している説明変数はどれかを探る ～ 要因分析」でも触れています。

予測を行うには、回帰分析実行結果から、切片と回帰係数の部分を使って**回帰式**（予測をするための式）を作ります。

3　回帰分析の設定画面で「定数に 0 を使用（Z）」という項目にチェックを入れない、つまり切片を強制的に 0 にする計算を行わないことを前提としています。製品や部品の測定データなどで、砂時計のように時間の経過が 0 のときに落ちる砂の量も明らかに 0 の場合など、事例によって切片を 0 とした計算を行うかどうかを決めることがあります。しかし、本書の読者の場合は、切片を強制的に 0 にする設定をする必要はまずないでしょう。

	係数
切片	43427.45
売場面積（m 2）	32.96113
所要時間（分）	-1852.12
駐車場台数	192.8285

このとき、説明変数は x であり、目的変数は y であることに間違いはありません。実務では、x や y という文字を使わずに、次のように変数名を式に反映させると、説明により役立ちます[4]。

売上高（千円）予測 ＝ 43,427.45 ＋ 32.961 ×「売場面積（m^2）」
－ 1,852.12 ×「最寄駅からの所要時間（分）」
＋ 192.83 ×「駐車場台数」

回帰式での小数点以下の取り扱い

回帰式には小数点以下いくらまでを反映させるのか、気になる読者のために、説明します。

まず、紙やスクリーンで説明用に示す場合は、小数点以下第 1 位や第 2 位程度に抑えないと、式を目で見て理解しづらくなります。

また、予測値の計算はせっかく Excel を使っているので、回帰分析実行結果のセルを参照して求めるのがよいでしょう。そして、予測値は説明の現場で求められているレベルの桁だけ示せばよいでしょう。たとえば、千円未満の値を説明で示す必要がなければ、細かい桁まで示す必要はありません。

4.2.2 売上高の予測を行う

この式を使って、20 番目の店舗の情報を基に売上高を予測します。

	A	B	C	D	E
1	No.	売場面積(m2)	所要時間(分)	駐車場台数	売上高(千円)
22	20	359	9	30	52,660

4 統計学の専門書では、説明変数について x_1、x_2、x_3 のように表すことがあります。

売場面積が 359m^2、最寄駅からの所要時間が 9 分、駐車場台数が 30 台のときの売上高を、上の式から次のように求めます。

売上高（千円）予測
＝ 43,427.45 ＋ 32.961 × 359 − 1,852.12 × 9 ＋ 192.83 × 30

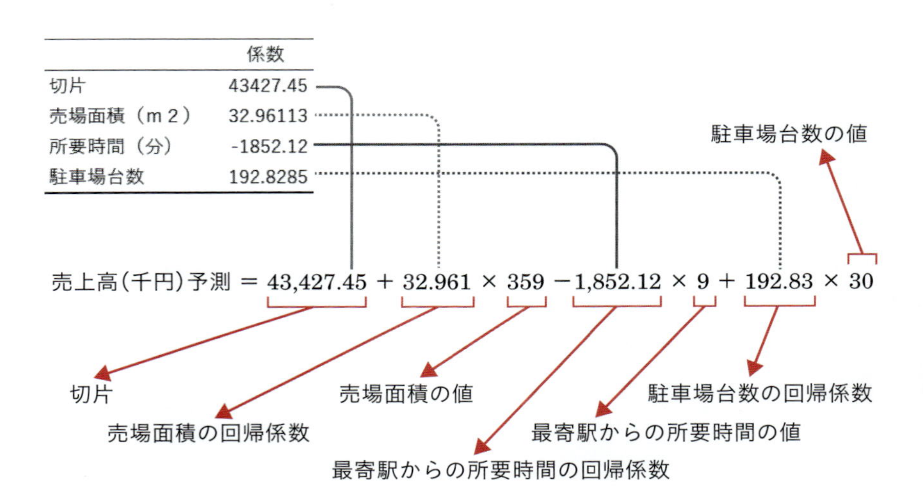

これを計算すると、44,376 千円と求めることができます。

TREND 関数で新たなデータの予測値を求める

こうした計算は、Excel の **TREND 関数**で行うこともできます。TREND 関数は、次のように指定します。

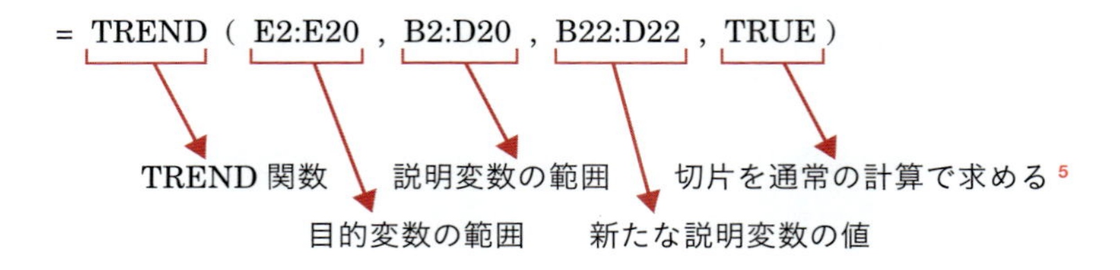

5　TRUE の代わりに、この指定を「1」としたり、省略したりすることもできます。ここで FALSE または「0」を指定すると、強制的に切片を 1 としたときの結果を出力しますが、通常は使うことはまずありません。

第4日

E24　=TREND(E2:E20,B2:D20,B22:D22,TRUE)

	A	B	C	D	E	F
1	No.	売場面積(m²)	所要時間(分)	駐車場台数	売上高(千円)	
2	1	2,769	27	117	147,260	
3	2	2,867	6	79	129,391	
4	3	1,957	9	96	103,711	
5	4	1,486	11	77	68,508	
6	5	1,195	6	56	56,203	
7	6	1,137	12	65	61,874	
8	7	2,610	3	87	176,043	
9	8	2,640	2	49	160,421	
10	9	1,445	1	44	131,424	
11	10	2,038	5	92	127,679	
12	11	1,904	2	55	124,148	
13	12	2,669	4	76	119,975	
14	13	3,457	14	89	110,024	
15	14	1,374	4	58	105,958	
16	15	2,463	6	73	104,674	
17	16	1,592	4	54	97,077	
18	17	856	14	60	66,261	
19	18	939	8	71	50,425	
20	19	421	15	82	47,429	
21						
22	20	359	9	30	52,660	
23						
24					44376.25881	=TREND(E2:E20,B2:D20,B22:D22,TRUE)

G	H
概要	
回帰統計	
重相関 R	0.800819
重決定 R2	0.641311
補正 R2	0.569574
標準誤差	24817.93
観測数	19
分散分析表	
	自由度
回帰	3
残差	15
合計	18
	係数
切片	43427.45
売場面積（m 2）	32.96113
所要時間（分）	-1852.12
駐車場台数	192.8285

ただ、この関数を使って予測値を求める場合でも、すべての変数の相関係数を求めたり、散布図を描いたりして、相関関係を確認することは忘れないようにしましょう。

正解の値と予測の値がかけ離れている場合の考え方

予測検証用として使ったデータの正解が 52,660 千円なのに対し、回帰式で求めた売上高の予測は 44,376 千円でした。正解のほうが、予測よりも 8,000 千円余り上回っています。

この事例ならば、一見「実際の売上高が予測を上回っているのだから、それはそれでハッピーなことじゃないか」と思える場合があるかもしれません。しかし、業態や事例によっては、仕入れや人員の配置、資金繰り、融資の相談などの必要があるかもしれません。

予測の段階でより多くの売上を想定できるのであれば、それなりの準備が必要になるものです。

実際の値と予測との間で、大きな違いがある理由を明らかにしないうちから、統計手法を使った予測やデータ活用が無意味だと結論づけることや、特に不当だといえるような理由がないのに、予測精度を理由に、予測を試みた担当者や担当部署に対する評価に反映するようなことは、正しい姿勢ではありません。

こうした差が生まれた理由は、必ず見つかるとは限りません。しかし、ここでその理由を見つけようとすれば、新たな説明変数を回帰分析に採り入れることができる場合があります。

ここでは、たとえば「新規出店した店舗だったことで初動が好調だった」「駅からの動線がよく、売上に好影響を与えている」など、実際に店舗に出向いて他店舗と比較をして、考察を挙げられないか、検討しましょう。

また、決定権のある人や管理者・経営者は、データを使って統計学を応用した意思決定をいったん行ったら、業績に反映されるまで、できるならば、より寛容な姿勢で見守っていていただきたいと筆者は望んでいます。

4.2.3 より売上高に影響している説明変数はどれかを探る ～ 要因分析

複数の説明変数のうち、どの説明変数が目的変数の変化に影響を与えているのかを探ります。ここでは目的変数に対する**影響度**と表現することにします。

回帰分析実行結果からは、**t 値**の絶対値を使って影響度を判断します[6]。

説明変数の t 値の絶対値が大きければ大きいほど、目的変数（売上高）の増減・多寡の影響度合いが大きいと判断します。

---

6 切片の t 値は、分析の上では不問にします。なお、影響度を求めるには、統計学では偏相関係数（Partial Correlation Coefficient）という指標を使うことが一般的です。しかし、Excelではこれを簡単に求める機能がありません。また、t 値を使うほうが精度はよいとされているため、ここでは t 値による影響度を求める方法のみを説明します。
目的変数への影響度は、「標準偏回帰係数」を求める方法もあります。回帰分析実行用の基データを標準化して回帰係数を行ったときに求められる回帰係数のことで、これを目的変数への影響度と説明する場合もあります。しかし回帰分析は、数値予測も大きな目的の1つです。データを標準化してしまうことで、予測の役に立たなくなります。そこで目的変数への影響度は、t 値で判断する方法を本書ではお勧めしています。

	係数	標準誤差	t
切片	43427.45	25469.1	1.705104
売場面積（m2）	32.96113	8.578358	3.842359
所要時間（分）	-1852.12	1341.392	-1.38075
駐車場台数	192.8285	499.0378	0.386401

それぞれの説明変数の影響度は、回帰分析実行結果の t 値から、「売場面積」は 3.842、「最寄駅からの所要時間」は t 値の絶対値で判断するので 1.381、「駐車場台数」は 0.386 という情報が得られます。この情報から、影響度のもっとも大きな説明変数は「売場面積」、影響度のもっとも小さな説明変数は「駐車場台数」だとわかりました。

t 値は、回帰分析実行結果にある回帰係数を（隣の）標準誤差で割り算して求めています。ザックリとした考え方は、回帰係数は説明変数の値が 1 増えるごとに目的変数（売上高）がいくら増えるのかを示す、散布図では傾きにあたります。

そして、（回帰係数の隣の）標準誤差はばらつき具合と考えてください。つまり、どんなに傾きが大きくても、ばらつきが大きい説明変数は、採り入れる意義が小さくなる。したがって、t 値がそれに応じて小さくなると考えておきましょう。

また、回帰係数を標準誤差で割り算していることから、回帰係数と t 値との正負の符号は常に一致します。「最寄駅からの所要時間」の回帰係数は、負の値になっています。ほかの説明変数の条件が同じ場合、総じて「最寄駅からの所要時間」が 1 分多くなるごとに、売上高が約 1,852 千円減ることを意味しています。そして、回帰係数が負の値であるため t 値も負の値になります。あくまでも回帰係数に応じた影響度合いの方向が正負で反対方向に向いているだけで、影響度合いの大きさは t 値の絶対値で判断するのです。

4.2.4 複数の説明変数ひとかたまりで判断する必要がある

t 値と P 値の関係

重回帰分析で P 値とは、回帰係数が 0 である、つまり説明変数の回帰係数には意味がないという帰無仮説を基に、0 を中心とした t 分布上の両側確率を求めたものです。P 値は t 値を基に Excel の **T.DIST.2T 関数**で求めることができます[7]。

統計学では先人の慣例により、有意水準は5%とすることが多く、このときP値が0.05未満だと、その説明変数の回帰係数は有意であると判断することが多いのです。

なお、t値とP値の大小関係はちょうど裏返しの関係があり、t値がもっとも大きい説明変数は、P値がもっとも小さい説明変数となります。

実務で説明変数のP値をどのように扱うべきか？

重回帰分析では、複数の説明変数を組み合わせることにより、目的変数を説明するという大きな意義があります。

有意水準を5%としたとき、P値が0.05以上となった説明変数のことを「有意ではない」と表します。しかし、その有意ではないと判断された説明変数は、回帰式になくてもよいということではありません。

また、説明変数の組み合わせ方によって、同じ説明変数でも回帰係数やt値、P値は変化します。そして、t値やP値は個々の説明変数単独の評価でしかありません。

重回帰分析では、個々の説明変数が有意かどうかよりも、説明変数のどのような組み合わせが回帰式としてより最適かを優先すべきなのです。

重相関係数と決定係数（寄与率）の考慮すべき点

重相関係数は、基データの目的変数と、回帰式によって得られた推定値との相関係数の絶対値を示しています。常に0～1の間の値になり、1に近ければ近いほど、回帰式の当てはまり具合のよいことを意味すると説明しました。

重相関係数が1に近ければ近いほど、回帰式はよさそうに見えます。また、決定係数（寄与率）は、説明変数が目的変数をどれだけ説明できるのかを表すと説明しました。これも常に0～1の間の値になります。

しかし、重相関係数や寄与率は、次に示す性質があるため、説明変数の組み合わせの良し悪しを判断する指標として使うのには、限界があるのです。

7 第2日目「2.4 無相関の検定」（p.75）でP値を求めるのと共通しています。

- 説明変数の値に関わらず、説明変数の個数を増やせば増やすほど、重相関係数は1に近づく
- 「データ行数 ＝ 説明変数の個数 ＋ 1行」のとき、データの値に関わらず、重相関係数は常に1になる

そこで重相関係数や決定係数とは異なる、説明変数の個数という影響を取り除いた指標が必要です。

Excelの回帰分析実行結果から、「**補正 R2**」の欄に表示されている**自由度調整済決定係数**を使います。こうした説明変数のひとかたまりの良し悪しを判断する指標を総称して、**説明変数選択規準**（せつめいへんすうせんたくきじゅん）と呼び、自由度調整済決定係数以外にも、いろいろなものが提唱されています。ここでは自由度調整済決定係数を使って判断することにします。

自由度調整済決定係数は、次の方法で求めます。

$$\text{自由度調整済決定係数} = 1 - (1 - \text{決定係数}) \times \frac{\text{データ行数} - 1}{\text{データ行数} - \text{説明変数の個数} - 1}$$

説明変数の個数が少なければ、実務で要求される検証・再現のしやすさにつながります。そして、意思決定までのスピードはより速まります。

本書では説明のため、最適な回帰式を求めないうちにすべての説明変数を使って回帰式と影響度を求めました。実務では、最適な回帰式を求めてから、予測と要因分析を行うことをお勧めします。

4.2.5 より統計学的に最適な回帰式を求める 〜 変数選択

前項を踏まえて、説明変数のひとかたまりは、どのような組み合わせがよいのかを判断するための方法を説明します。

今回のチェーン店の売上高を予測する事例では、説明変数は3つありました。3つの説明変数について、すべての組み合わせの数を数えると、合わせて7種類あります。

	売場面積	最寄駅からの所要時間	駐車場台数
3 変数	○	○	○
2 変数	○	○	−
	○	−	○
	−	○	○
1 変数	○	−	−
	−	○	−
	−	−	○

この 7 種類のうち、統計学的に最適な回帰式を判断するのに、すべて 7 通りの説明変数の組み合わせで回帰分析を実行するような**総当たり法**だと確実ではあります。しかし、実務のスピード感をもって意思決定につなげるためには、これから説明する**変数減少法**（へんすうげんしょうほう）(Backward Elimination Method) を本書ではお勧めします。

最初にすべての説明変数を使って回帰分析を実行し、順に 1 つずつ減らしていき、説明変数が 1 つになるまで繰り返します。すべての説明変数が 3 つある場合は、回帰分析を行う回数は 3 回となります。

第4日

最適な回帰式を求める手順

❶ すべての説明変数を使って回帰分析を実行します。
❷ 影響度がもっとも小さい説明変数を取り除いて、再度回帰分析を実行します。
❸ 説明変数が 1 個になるまで、❷の手順を繰り返します。
❹ すべての回帰分析実行結果から、「補正 R2」の欄、**自由度調整済決定係数**を比較して、もっとも大きな値を示した実行結果から作る回帰式を、最適な回帰式とします。

まず手順❶は済ませたので、手順❷に移ります。

上の表に挙げた 3 つの説明変数を使って回帰分析を実行したとき、もっとも小さな影響度を示したのは「駐車場台数」でした。そこで、「駐車場台数」を取り除いた 2 つの説明変数だけで回帰分析を実行します。なお、「入力 X 範囲 (X)」で指定できる説明変数の範囲は、連続した列にしましょう[8]。

「入力 X 範囲 (X)」として指定する範囲は、「売場面積」と「最寄駅の所要時間」の 2 列のデータ（ここでは B1 ～ C20 セル）の範囲を指定します。

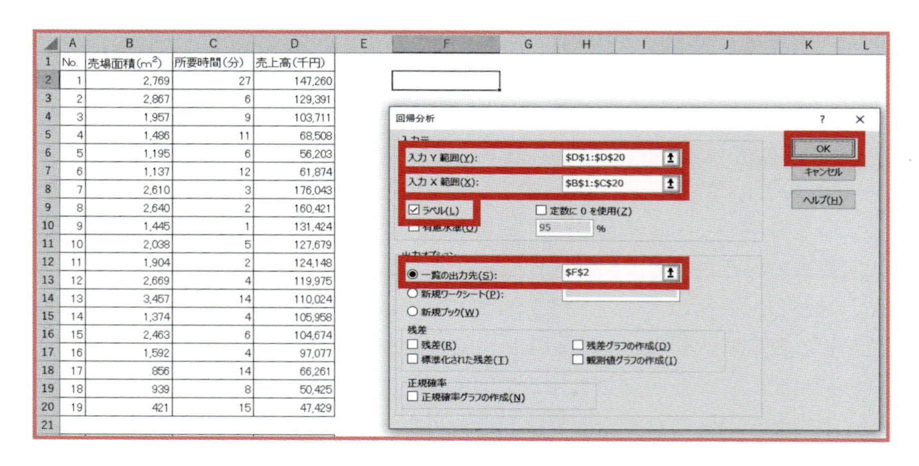

	A	B	C	D
1	No.	売場面積(m^2)	所要時間(分)	売上高(千円)
2	1	2,769	27	147,260
3	2	2,867	6	129,391
4	3	1,957	9	103,711
5	4	1,486	11	68,508
6	5	1,195	6	56,203
7	6	1,137	12	61,874
8	7	2,610	3	176,043
9	8	2,640	2	160,421
10	9	1,445	1	131,424
11	10	2,038	5	127,679
12	11	1,904	2	124,148
13	12	2,669	4	119,975
14	13	3,457	14	110,024
15	14	1,374	4	105,958
16	15	2,463	6	104,674
17	16	1,592	4	97,077
18	17	856	14	66,261
19	18	939	8	50,425
20	19	421	15	47,429
21				

回帰分析実行結果は、次のように表示されました。

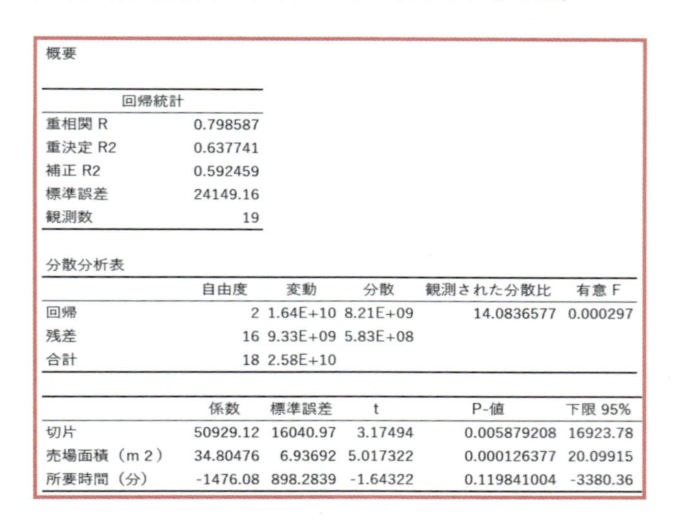

概要

回帰統計	
重相関 R	0.798587
重決定 R2	0.637741
補正 R2	0.592459
標準誤差	24149.16
観測数	19

分散分析表

	自由度	変動	分散	観測された分散比	有意 F
回帰	2	1.64E+10	8.21E+09	14.0836577	0.000297
残差	16	9.33E+09	5.83E+08		
合計	18	2.58E+10			

	係数	標準誤差	t	P-値	下限 95%
切片	50929.12	16040.97	3.17494	0.005879208	16923.78
売場面積（m 2）	34.80476	6.93692	5.017322	0.000126377	20.09915
所要時間（分）	-1476.08	898.2839	-1.64322	0.119841004	-3380.36

8 Excel で離れたセル、行や列を指定する場合は、[Ctrl] キーを押しながらマウスやキーボードで指定することができます。しかし、この「回帰分析」のツールを使用する場合は、「回帰分析入力範囲は連続している必要があります。」というエラーメッセージが表示され、離れたセル、行や列を指定して分析を実行することができません。

「売場面積」と「最寄駅からの所要時間」のうち、影響度が小さいのは t 値の絶対値から、「最寄駅からの所要時間」でした。そこで「最寄駅からの所要時間」の説明変数を取り除いた「売場面積」だけを説明変数として、回帰分析を実行します。

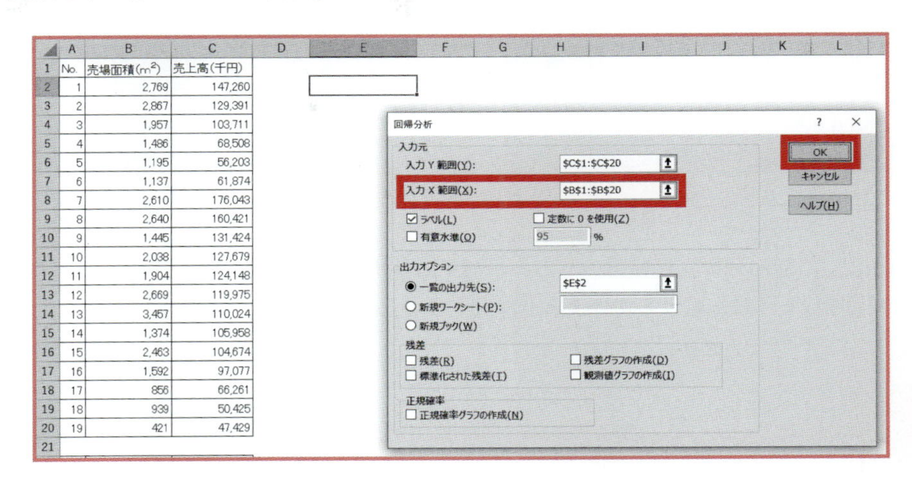

No.	売場面積(m²)	売上高(千円)
1	2,769	147,260
2	2,867	129,391
3	1,957	103,711
4	1,486	68,508
5	1,195	56,203
6	1,137	61,874
7	2,610	176,043
8	2,640	160,421
9	1,445	131,424
10	2,038	127,679
11	1,904	124,148
12	2,669	119,975
13	3,457	110,024
14	1,374	105,958
15	2,463	104,674
16	1,592	97,077
17	856	66,261
18	939	50,425
19	421	47,429

「売場面積」だけを説明変数としたときの回帰分析実行結果は、次のように表示されました。

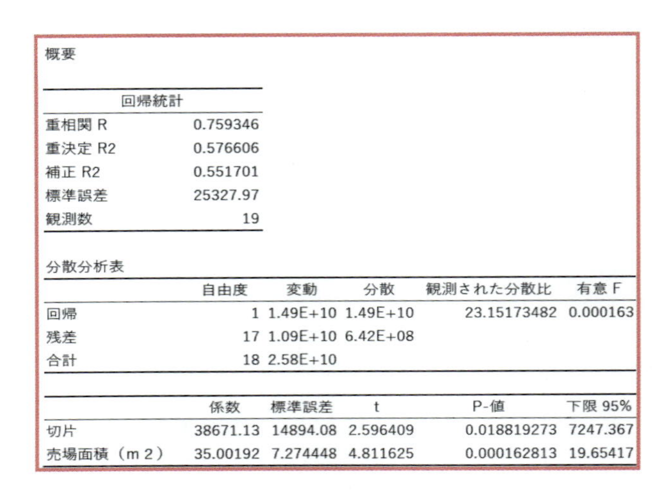

概要

回帰統計	
重相関 R	0.759346
重決定 R2	0.576606
補正 R2	0.551701
標準誤差	25327.97
観測数	19

分散分析表

	自由度	変動	分散	観測された分散比	有意 F
回帰	1	1.49E+10	1.49E+10	23.15173482	0.000163
残差	17	1.09E+10	6.42E+08		
合計	18	2.58E+10			

	係数	標準誤差	t	P-値	下限 95%
切片	38671.13	14894.08	2.596409	0.018819273	7247.367
売場面積（m 2）	35.00192	7.274448	4.811625	0.000162813	19.65417

これで最適な回帰式を求める手順の❸まで進みました。

3 つの回帰分析実行結果がそろいました。手順❹は、自由度調整済決定係数を比較して、一番大きな値になった結果から、最適な回帰式とします。

回帰分析に採り入れた説明変数と、自由度調整済決定係数について、次の表にまとめました。

	売場面積	最寄駅からの所要時間	駐車場台数	自由度調整済決定係数
① 3 変数	○	○	○	0.570
② 2 変数	○	○	−	0.592
③ 1 変数	○	−	−	0.552

3つの回帰分析実行結果のうち、自由度調整済決定係数の大きさを比べると、「売場面積」と「最寄駅からの所要時間」の2つを説明変数としたときが、最適な回帰式だと判断できます。

概要

回帰統計	
重相関 R	0.798587
重決定 R2	0.637741
補正 R2	0.592459
標準誤差	24149.16
観測数	19

分散分析表

	自由度	変動	分散	観測された分散比	有意 F
回帰	2	1.64E+10	8.21E+09	14.0836577	0.000297
残差	16	9.33E+09	5.83E+08		
合計	18	2.58E+10			

	係数	標準誤差	t	P-値	下限 95%
切片	50929.12	16040.97	3.17494	0.005879208	16923.78
売場面積（m 2）	34.80476	6.93692	5.017322	0.000126377	20.09915
所要時間（分）	-1476.08	898.2839	-1.64322	0.119841004	-3380.36

最適な回帰式を使って売上高を予測する式は、次のようになります。

$$\text{売上高（千円）予測} = 50{,}929.12 + 34.80 \times \text{「売場面積}(\mathrm{m}^2)\text{」} - 1{,}476.08 \times \text{「最寄駅からの所要時間（分）」}$$

これに予測検証用データ、「売場面積」が359m^2、最寄駅からの所要時間が9分という説明変数の値を当てはめると、売上高は50,139千円と求めることができます。

目的変数への影響度は、t 値の絶対値を比べると、「売場面積」のほうが高いことがわかります。

最適な回帰式を求めたあとは

重回帰分析に限った話ではありませんが、正解のわかっているデータと回帰式による予測とを比べて、誤差が許容できる範囲であれば、将来の予測に入ります。

誤差が許容できるかどうかは、業務の工数、従業員の人数、資金繰りや工程などに問題がないかを基に判断します。

このとき、必ず当たる、または許容できる程度の誤差に収まるとは限りません。日常業務を通じて、説明変数や予測手法の見直しの必要がないかどうかなどを検討しながら、予測精度を上げていくことを考えましょう。

取り除いた説明変数の取り扱い方

最適な回帰式で取り除いた説明変数は、今後の日常業務を通じて注目する必要がないとは言い切れません。

その判断は業種や業務内容、業界の常識（すでに知られている事実など）、商慣習なども考慮して、説明変数を取り除くべきなのかどうかを判断します。

たとえば、この事例では「駐車場台数」が説明変数から取り除かれましたが、今後出店する予定の店舗や、駐車場の規模拡大・縮小などによって、どのように売上高に変化があるのか観測を続けたいということならば、むしろ説明変数としては採用しつつ、分析を試みることも判断の1つだと考えます。

自由度調整済決定係数が負の値になったとき

最適な回帰式を求める過程で、すべての自由度調整済決定係数が負の値になってしまうのは、説明変数と目的変数との相関関係が全体的に弱すぎるためです。

回帰分析を実行しさえすれば、説明変数と目的変数との間で相関関係がなくても、とりあえず予測値を求めることはできてしまいます。しかし、目的変数との相関関係が全体的に弱すぎるということでは、予測はまず当たらないでしょう。そもそも目的変数に相関関係がない説明変数を分析に採り入れていることにより、予測の根拠を説明できないので、実務の意思決定への意味がありません。

目的変数と、より強い相関関係のある説明変数を分析に採り入れられないか、検討しましょう。

なお、自由度調整済決定係数は寄与率とデータ行数、そして説明変数の個数によって求められるので、常に「いくら以上ならばよい」という基準を頼りにしません。日常業務を通じた予測精度なども考慮して判断しましょう。

4.2.6 LINEST 関数で回帰分析実行結果を求める

Excel では回帰分析実行結果を **LINEST 関数**で求めることができます。この関数を利用するときの注意点は 4 つあります。

- 配列書式である
- 列の数は、説明変数の列の数＋ 1 列 × 5 行を出力用に範囲選択しておく
- 出力される回帰係数や切片の順序は、基データの説明変数の順序と逆に出力される（Excel の仕様なので仕方がありません）
- t 値や P 値は表示されないので、Excel の関数を使って求める

LINEST 関数で回帰分析実行結果を求める方法を説明します。

❶ まず、第 1 日で説明した最頻値を求める MODE.MULT 関数（p.29）のように、配列書式を使います。出力を開始したいセルの範囲を選択します。
列は、説明変数の列の数＋ 1 列、行は、5 行を指定します。19 軒の店舗データの場合は、出力先のために 4 列 × 5 行の範囲をあらかじめ指定しておきます。

	A	B	C	D	E
1	No.	売場面積(m^2)	所要時間(分)	駐車場台数	売上高(千円)
2	1	2,769	27	117	147,260
3	2	2,867	6	79	129,391
4	3	1,957	9	96	103,711
5	4	1,486	11	77	68,508
6	5	1,195	6	56	56,203
7	6	1,137	12	65	61,874
8	7	2,610	3	87	176,043
9	8	2,640	2	49	160,421
10	9	1,445	1	44	131,424
11	10	2,038	5	92	127,679
12	11	1,904	2	55	124,148
13	12	2,669	4	76	119,975
14	13	3,457	14	89	110,024
15	14	1,374	4	58	105,958
16	15	2,463	6	73	104,674
17	16	1,592	4	54	97,077
18	17	856	14	60	66,261
19	18	939	8	71	50,425
20	19	421	15	82	47,429
21					
22	20	359	9	30	52,660
23					
24					
25					
26					
27					
28					
29					

4列×5行の範囲を選択

❷ LINEST関数を次のように指定します。

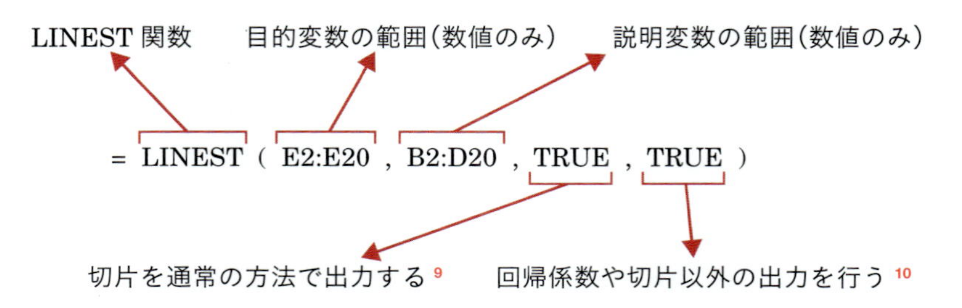

9 TRUEの代わりに1を指定しても、また指定を省略しても有効です。FALSEや0を指定すると、強制的に切片を0とした出力を行いますが、通常は切片を0とする必要はないでしょう。

10 TRUEの代わりに1を指定しても有効です。FALSEや0または指定を省略すると、配列書式の場合は回帰係数と切片の同じ出力が5行にわたって出力されます。回帰係数と切片だけで十分な場合は、最初に指定する行数は1行でよいでしょう。

❸ 指定し終わったら、[Ctrl] キーと [Shift] キーを押しながら [Enter] キーを押します。Excel のワークシートには、次のように出力されました[11]。

192.8284606	-1852.12101	32.96113	43427.4484
499.0377664	1341.392019	8.5783575	25469.09556
0.641311445	24817.93445	#N/A	#N/A
8.939669762	15	#N/A	#N/A
16518628907	9238948053	#N/A	#N/A

この出力結果は、次の内容を表しています。Excel の回帰分析実行結果と見比べて、それぞれの項目について、同じ出力があることを確認しましょう。

説明変数③の回帰係数	説明変数②の回帰係数	説明変数①の回帰係数	切片
説明変数③の標準誤差	説明変数②の標準誤差	説明変数①の標準誤差	切片の標準誤差
決定係数	(回帰統計の) 標準誤差	出力なし	
観測された分散比	残差の自由度		
回帰の変動	残差の変動		

なお、これまでに特に触れなかった「標準誤差」「観測された分散比」「残差の自由度」「回帰の変動」「残差の変動」については、「データ分析ツール『回帰分析』の実行結果の説明」を参照してください。

自由度調整済決定係数、t 値や P 値を求める

自由度調整済決定係数は、次の式によって求めます。

$$\text{自由度調整済決定係数} = 1 - (1 - \text{決定係数}) \times \frac{\text{データ行数} - 1}{\text{データ行数} - \text{説明変数の個数} - 1}$$

この式に必要な情報を式に反映させればよいので、決定係数は 0.641 と表示されているセルを参照しましょう。データ行数は 19、説明変数の個数は 3 です。

t 値は回帰係数 ÷ 説明変数の標準誤差で求めます。

P 値は、第2日「P 値を求める」(p.82) で説明している T.DIST.2T 関数を使って、

11 出力範囲では数式バーに、{ =LINEST(E2:E20,B2:D20,TRUE,TRUE) } と表示されています。なお手入力でこのカッコ { } を入力しても、正しく出力されません。本文で説明している方法で指定しましょう。

t 値と自由度の 2 つの情報から求めます。

重回帰分析で *P* 値を求めるときの自由度は、「データ行数－説明変数の列の数」で求めます。このデータの場合は、18 － 3 ＝ 15 です。

	A	B	C	D	E	F	G	H	I	J	K	L
1	No.	売場面積(m²)	所要時間(分)	駐車場台数	売上高(千円)							
2	1	2,769	27	117	147,260		概要					
3	2	2,867	6	79	129,391							
4	3	1,957	9	96	103,711		回帰統計					
5	4	1,486	11	77	68,508		重相関 R	0.800819				
6	5	1,195	6	56	56,203		重決定 R2	0.641311				
7	6	1,137	12	65	61,874		補正 R2	0.569574				
8	7	2,610	3	87	176,043		標準誤差	24817.93				
9	8	2,640	2	49	160,421		観測数	19				
10	9	1,445	1	44	131,424							
11	10	2,038	5	92	127,679		分散分析表					
12	11	1,904	2	55	124,148			自由度	変動	分散	観測された分散比	有意 F
13	12	2,669	4	76	119,975		回帰	3	16518628907	5506209636	8.939669762	0.001226
14	13	3,457	14	89	110,024		残差	15	9238948053	615929870.2		
15	14	1,374	4	58	105,958		合計	18	25757576960			
16	15	2,463	6	73	104,674							
17	16	1,592	4	54	97,077			係数	標準誤差	t	P-値	下限 95%
18	17	856	14	60	66,261		切片	43427.45	25469.09556	1.705103674	0.108791777	-10858.6
19	18	939	8	71	50,425		売場面積（m 2）	32.96113	8.578357536	3.842359097	0.001598677	14.67679
20	19	421	15	82	47,429		所要時間（分）	-1852.12	1341.392019	-1.380745514	0.187585052	-4711.23
21							駐車場台数	192.8285	499.0377664	0.386400536	0.704625961	-870.845
22	20	359	9	30	52,660							
23												
24		192.8284606	-1852.121013	32.9611301	43427.4484		自由度調整済決定係数			0.569573734	=1-((1-B26)*(19-1)/(19-3-1))	
25		499.0377664	1341.392019	8.57835754	25469.09556		t値	売場面積（m 2）		3.842359097	=D24/D25	
26		0.641311445	24817.93445	#N/A	#N/A			所要時間（分）		-1.380745514	=C24/C25	
27		8.939669762	15	#N/A	#N/A			駐車場台数		0.386400536	=B24/B25	
28		16518628907	9238948053	#N/A	#N/A		P値	売場面積（m 2）		0.001598677	=T.DIST.2T(ABS(J25),C27)	
29								所要時間（分）		0.187585052	=T.DIST.2T(ABS(J26),C27)	
30								駐車場台数		0.704625961	=T.DIST.2T(ABS(J27),C27)	

Excel のデータ分析ツール「回帰分析」の機能を使って出力した内容と同じ値が出力されています。

空白のセルは解消しておくこと

LINEST 関数では、1 つでも空白のセルがあると、出力範囲全体に #VALUE! エラーが表示されます。すべての変数、すべての行で空白のセルがない状態で、LINEST 関数を利用しましょう。

4.2.7 説明変数同士で強い相関関係を解消すべき理由～多重共線性

重回帰分析で考慮しなければいけない点の1つに、説明変数同士で強い相関関係のある組み合わせを解消することが挙げられます。

説明変数同士で高い相関関係にある状態のことを、統計学では**多重共線性**(Multicollinearity)と呼びます。マーケティングなどの分野では、この英語から**マルチコ**と呼ばれることもあります。

以下は、説明のためのデータです。ある商品の営業担当者別販売個数と粗利益、売上高を表にしています。

	A	B	C	D
1	営業社員	販売個数	粗利益	売上高
2	A	380	21280	133000
3	B	260	16380	91000
4	C	340	21420	119000
5	D	480	28560	168000
6	E	210	13230	73500
7	F	330	20790	115500
8	G	580	34510	203000
9	H	230	14490	80500
10	I	300	18900	105000

まず相関関係を視覚的に探るため、散布図を描いてみましょう。

「販売個数」と「売上高」、「粗利益」と「売上高」、そして「販売個数」と「粗利益」の3つの散布図を見てください。

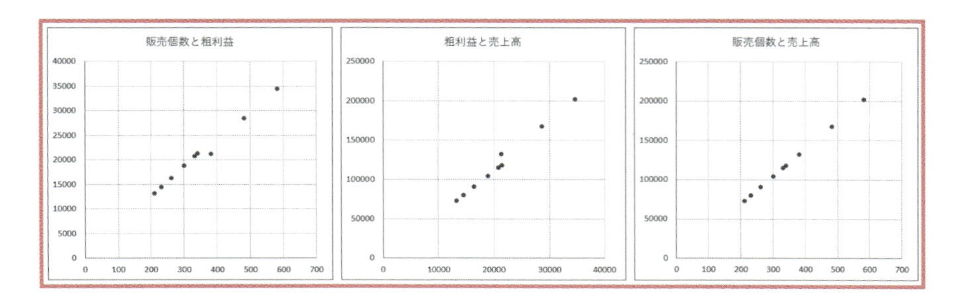

散布図を見ると、「販売個数」や「粗利益」は、「売上高」に対して強い正の相関

があることが確認できます。また、「販売個数」と「粗利益」の散布図も、強い正の相関があることを示しています。

相関係数行列を見ても、同様にすべての組み合わせで強い相関関係があることがわかります。「販売個数」と「売上高」の散布図では、マーカーが一直線上に並んでいる関係にあり、相関係数は1を示しています。つまり比例の関係にあります[12]。

	販売個数	粗利益	売上高
販売個数	1		
粗利益	0.994467	1	
売上高	1	0.994467	1

ここで、「販売個数」と「粗利益」を説明変数とした回帰分析の実行結果を見てください。

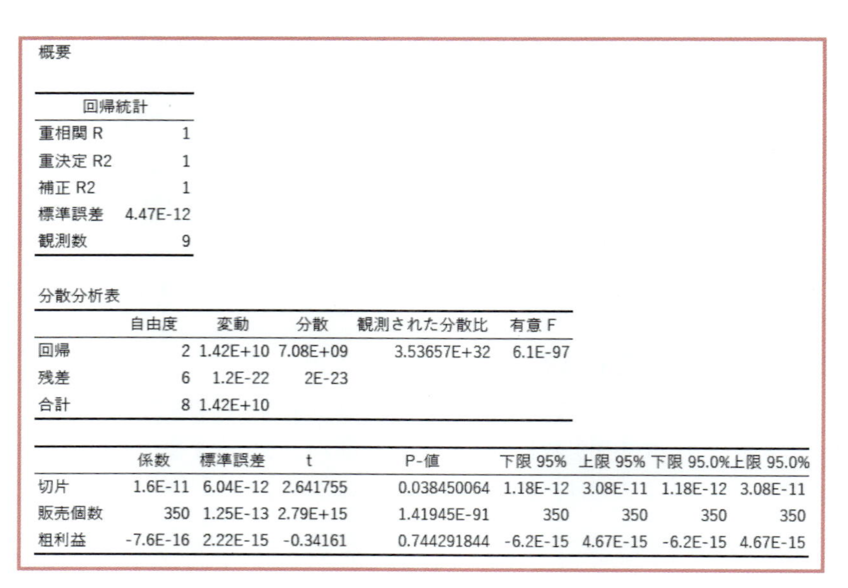

概要

回帰統計	
重相関 R	1
重決定 R2	1
補正 R2	1
標準誤差	4.47E-12
観測数	9

分散分析表

	自由度	変動	分散	観測された分散比	有意 F
回帰	2	1.42E+10	7.08E+09	3.53657E+32	6.1E-97
残差	6	1.2E-22	2E-23		
合計	8	1.42E+10			

	係数	標準誤差	t	P-値	下限 95%	上限 95%	下限 95.0%	上限 95.0%
切片	1.6E-11	6.04E-12	2.641755	0.038450064	1.18E-12	3.08E-11	1.18E-12	3.08E-11
販売個数	350	1.25E-13	2.79E+15	1.41945E-91	350	350	350	350
粗利益	-7.6E-16	2.22E-15	-0.34161	0.744291844	-6.2E-15	4.67E-15	-6.2E-15	4.67E-15

1個あたりの販売価格は例外なく350円で販売しています。「粗利益」の相関係

12 相関係数行列が1の関係にあることを正比例と呼びます。なお、反比例とは負の相関関係のことを指すのではありません。一方が1、2、3、4……で、もう一方が36、18、12、9……と、もう一方の数の逆数に比例している関係のことを指します。

数が1になっていないので、何らかの事情で仕入高などのコストが変わった場合があったのでしょう。

「販売個数」の回帰係数を見ると、350になっています。1個売るごとに350円の売上高が累積されるという理屈に合っています。

しかし、「粗利益」の回帰係数は-7.6E-16、つまり、いくら売ってもほぼ0ということを表しており、実態に合っていません[13]。

つまりこの事例では、すべての担当者が扱った商品の販売単価は同じもので、どの担当者も粗利率にほとんど差がないということは、「販売個数」と「粗利益」とで本質的な項目は別なことを示していても、データの上では同じことをいっていることになります。すなわち、両方を説明変数に採り入れる必要はないということが、回帰分析の実行結果から表されているのです。

「販売個数」の回帰係数が350となっていることから、「販売個数」の変数によってすでに「売上高」の増減について説明が十分できているため、わざわざ「粗利益」の変数まで使って「売上高」の説明をする必要はないのです。そのため「粗利益」の回帰係数がほぼ0となってしまったのです。

ほかにも、次のような式が成り立つ場合も多重共線性が発生します。回帰分析を実行する前に、あらかじめこのような関係も取り除いておきましょう。

- 「説明変数A」の値にいくらかの数字を足し算／引き算／掛け算／割り算すると、ほぼ「説明変数B」の値になる場合
- 「説明変数A」＋「説明変数B」＝「説明変数C」という関係にある場合

擬似相関の可能性もある

次の表は、サラリーマン17人の年齢、血圧、年収を調べたデータです。

3つの変数について相関係数行列を求め、「年齢」と「血圧」を説明変数、「年収」を目的変数としたときの回帰分析実行結果を示しました。

13 －7.6E－16：-7.6×10^{-16} つまり－0.00000000000000076という意味です。「A 累乗・√・logの解説」（p.242）も参照してください。

No.	年齢	血圧	年収
1	22	81	283
2	41	95	765
3	48	100	881
4	34	91	481
5	31	89	519
6	24	84	321
7	19	78	240
8	30	83	713
9	46	101	652
10	35	95	542
11	39	99	653
12	21	76	276
13	28	84	341
14	44	98	758
15	38	96	537
16	31	89	630
17	29	88	488

	年齢	血圧	年収
年齢	1		
血圧	0.956804	1	
年収	0.883291	0.793076	1

概要

回帰統計	
重相関 R	0.901259
重決定 R2	0.812268
補正 R2	0.785449
標準誤差	89.4828
観測数	17

分散分析表

	自由度	変動	分散	された分	有意 F
回帰	2	485029.4	242514.7	30.28718	8.22E-06
残差	14	112100.4	8007.172		
合計	16	597129.8			

	係数	標準誤差	t	P-値	下限 95%	上限 95%	下限 95.0%	上限 95.0%
切片	823.3009	605.2903	1.360175	0.195275	-474.918	2121.519	-474.918	2121.519
年齢	32.25099	8.723061	3.69721	0.00239	13.54189	50.9601	13.54189	50.9601
血圧	-15.0469	9.730635	-1.54635	0.144322	-35.9171	5.8232	-35.9171	5.8232

また次の図は、「年齢」と「年収」、「血圧」と「年収」、「年齢」と「血圧」について散布図を描いたものです。

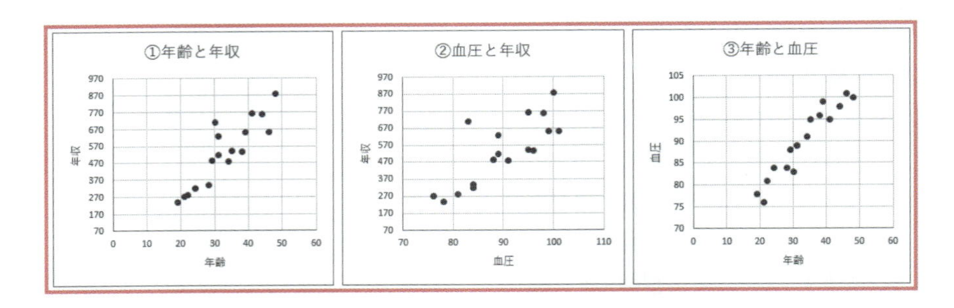

「年齢」と「年収」は相関係数が **0.883**、散布図では右肩上がりの傾向を示し、「年齢」の回帰係数は **32.251** です。「年齢」が増えれば増えるほど、総じて年収は上がっている傾向を示す分析結果です。

「血圧」と「年収」との関係は、相関係数は **0.793**、散布図では右肩上がりの傾向を示しているのに、回帰係数は－ **15.047** と負の値になっており、矛盾が起こっています。第 3 日「**3.1.2**　近似曲線の追加機能を利用する」（**p.90**）でも説明したとおり、相関係数と回帰係数の符号（正か負か）は、必ず一致するべきなのです。

このデータでは、「年齢」という1つの要因が、「血圧」にも「年収」にも影響していたことで、あたかも「血圧」と「年収」の間にも関連があるように見えたのです。このような関係のことを**見せかけの相関**、あるいは**擬似相関**（Spurious Correlation）と呼びます。

また、「血圧」と「年収」との間には、直接的な因果関係があると解釈するには無理があります。なお、「擬似」や「見せかけ」という表現をしていますが、それぞれの2つの変数間では、相関関係は存在することは理解しておきましょう。

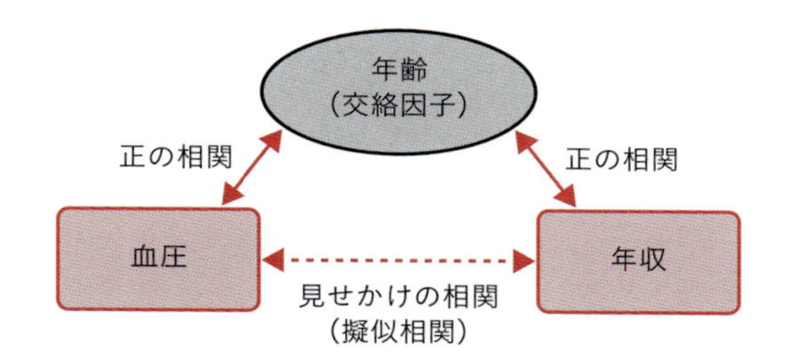

また、「血圧」や「年収」それぞれに相関関係が見られる「年齢」にあたる要因のことを統計学では**交絡因子**（Confounder、Confounding Factor）とか**交絡変数**（Confounding Variable）と呼びます。

多重共線性の代表的な発見方法

多重共線性を発見するのに、比較的簡単に利用できる方法を挙げておきます。

(1) 目的変数との相関係数と回帰係数の符号が一致していない

本来は、目的変数との相関係数と、回帰係数の符号は必ず一致するものです。

説明変数同士に高い相関関係があると、結果が不安定になり、該当する説明変数について、相関係数と回帰係数の符号が異なることがあります。

説明変数同士の相関係数が1または－1に近く、相関係数と回帰係数の符号が異なっている場合は、多重共線性の発生を比較的簡単に見つけることができます。

(2) VIFまたはトレランスを求める

VIF（分散拡大要因、Variance Inflation Factor）または**トレランス**（許容度、Tolerance）という指標を使って、それぞれの説明変数について多重共線性の有無を判断する方法もあります。「R」や「SPSS」などの統計解析ソフトウェアでも求めることができるので、今後、本格的に統計解析ソフトウェアを利用する前に、ここで理解しておきましょう。

VIF は次のように求めます。VIF が特に 10 以上のとき[14]、多重共線性の疑いがあると考えられます。

$$\mathrm{VIF} = \frac{1}{1 - \text{決定係数}}$$

説明変数が 2 つの場合、説明変数①と説明変数②のいずれかを目的変数、もう一方を説明変数と置き換えて、求めた決定係数（寄与率）を上の式に当てはめます。

年齢と血圧と年収のデータの場合、説明変数は年齢と血圧でした。年齢と血圧のうち、どちらか一方を説明変数、もう一方を目的変数と仮に当てはめ、このときの決定係数を求めると、決定係数は 0.915 です。

上の VIF の式に当てはめると、Excel では、「=1/(1- 決定係数)」と計算し、VIF は 11.831 と求められました。VIF が 10 以上なので、年齢と血圧との間には多重共線性が発生していると考えてよいでしょう。

説明変数が 3 つ以上の場合は、たとえば説明変数①を目的変数、説明変数②と③……を説明変数と仮に当てはめて、求めた決定係数が説明変数①の VIF として、上の式に当てはめます。

説明変数②の VIF を求める場合は、説明変数②を仮に目的変数、説明変数①と③……を仮に説明変数と置き換えて、決定係数を求めます。

求める VIF	目的変数として置くもの	説明変数として置くもの
説明変数①	説明変数①	説明変数②・説明変数③
説明変数②	説明変数②	説明変数①・説明変数③
説明変数③	説明変数③	説明変数①・説明変数②

14 VIF が 10 以上：逆算すると、決定係数が 0.9 以上のときと同じことになります。

また、トレランスは一般的には、0.1以下だと多重共線性が発生していると判断しますが、トレランスはVIFの逆数で求めます。よって、VIFとトレランスの両方を求める必要はありません。

$$トレランス = \frac{1}{\mathrm{VIF}}$$

「販売個数」「粗利益」「売上高」の事例の場合、「販売個数」と「粗利益」との間で決定係数を求めると0.989で、VIFを計算すると90.619です。よって、「販売個数」と「粗利益」との間には、多重共線性が発生していると判断できます。

なお、変数選択（統計学的に最適な回帰モデルを求める）によって、多重共線性や擬似相関の存在を見つけることができない場合もあります。可能な限り、回帰分析を実行する前に、説明変数同士で高い相関関係を解消しておきましょう。

多重共線性の主な解消方法

多重共線性が発生していることがわかったら、主に次の方法で解消しましょう。

(1) 多重共線性が発生している説明変数の一方を取り除く

もっとも簡単かつ確実な解消方法は、相関が高い説明変数の組み合わせのうち、一方の説明変数を取り除いてしまうことです。ビジネスデータにおいては、経験上これでおおよそ解決できます。

「販売個数」と「粗利益」のデータでは、このどちらか一方を取り除くことで回帰分析を行うことができます。どちらの説明変数を取り除くかは、統計学から外れた範囲の問題です。

どちらの説明変数を取り除いてもよいのですが、「販売個数」対「売上高」で説明するのか、あるいは「粗利益」対「売上高」で説明するのか、読者のみなさんがどのように説明したいのかによって考えればよいでしょう。

(2) 多重共線性が発生している説明変数同士を合計する

「売上高」や「粗利益」を目的変数として、「給与」「法定福利費」「消耗品費」「旅費交通費」「通信費」を説明変数としたとき、「通信費」と「旅費交通費」とで多重共線性が発生していたとします。

このとき、いずれも概ね営業活動の度合いに応じて発生するものであると判断できる場合は、意味合いから考えてこれらの科目は合算して1つの変数として扱っても差し支えないでしょう（営業活動の度合いに無関係な通勤手当を、旅費交通費から除外するか否かは、ここでは不問にします）。

4.2.8 採用する説明変数についてさらに考える

ここで「最寄駅からの所要時間」と「売上高」の組み合わせに注目します。散布図を見てください。

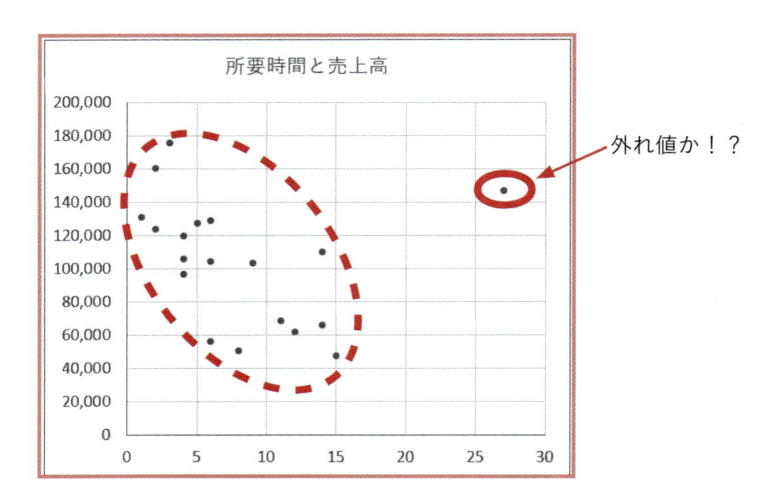

No.1の「最寄駅からの所要時間」が27分、売上高147,260千円のデータ以外の集団を見ると、右肩下がりの傾向、すなわち最寄駅から所要時間がかかる店舗では、最寄駅から近い店舗と比べて、売上高が総じて低い傾向があることはわかります。

このNo.1のデータは、外れ値のように考えられます。外れ値は分析から取り除くという判断をする場合もあるのですが、ここはもう少し深く考えていきましょう。

最寄駅から所要時間がかかるのに、ほかの店舗の傾向と違って売上高が大きいことに注目します。

そこでNo.1の店舗は、ほかの集団と異なる傾向があることを利用して、「郊外店舗」かどうかという変数を1つ加えて分析してみます。

「郊外店舗」に関する変数を回帰分析という分析ができるよう、回帰分析実行用データは次のように作ります。

郊外店舗に該当していれば「1」、該当していなければ「0」を当てはめます。

	A	B	C	D	E	F
1	No.	売場面積(m^2)	所要時間(分)	駐車場台数	郊外店舗	売上高(千円)
2	1	2,769	27	117	1	147,260
3	2	2,867	6	79	0	129,391
4	3	1,957	9	96	0	103,711
5	4	1,486	11	77	0	68,508
6	5	1,195	6	56	0	56,203
7	6	1,137	12	65	0	61,874
8	7	2,610	3	87	0	176,043
9	8	2,640	2	49	0	160,421
10	9	1,445	1	44	0	131,424
11	10	2,038	5	92	0	127,679
12	11	1,904	2	55	0	124,148
13	12	2,669	4	76	0	119,975
14	13	3,457	14	89	0	110,024
15	14	1,374	4	58	0	105,958
16	15	2,463	6	73	0	104,674
17	16	1,592	4	54	0	97,077
18	17	856	14	60	0	66,261
19	18	939	8	71	0	50,425
20	19	421	15	82	0	47,429

No.1の店舗を「郊外店舗」と扱って、「売場面積」「最寄駅からの所要時間」「駐車場台数」「郊外店舗」の4つの説明変数で、目的変数である「売上高」を予測することを試みます。

「郊外店舗か否か」のような、数値で表すことのない変数を、カテゴリーデータ、質的データ、定性データ（定性的なデータ）などと呼びます。そしてカテゴリーデータについて、0か1の数値に変換した変数のことを**ダミー変数**（Dummy Variable）と呼びます。

このデータを基に回帰分析を実行します。設定画面は、次のように設定します。

「入力Y範囲（Y）」には「売上高」の列F1～F20のセルを、「入力X範囲（X）」には「売場面積」から「郊外店舗」の列B1～E20のセルを範囲指定します。

データラベルも含めて範囲指定しているので「ラベル（L）」にチェックを入れ、

任意の出力先を指定して、「OK」ボタンをクリックします。

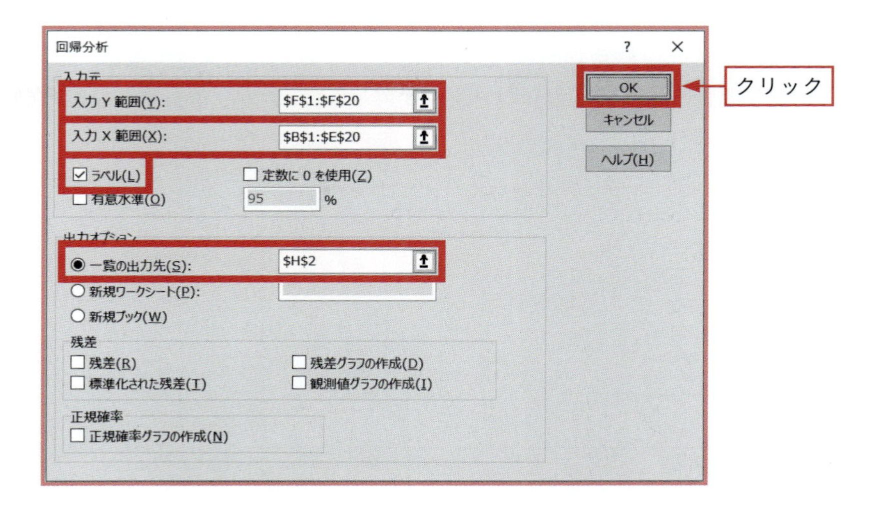

回帰分析実行結果は、次のようになりました。

概要

回帰統計	
重相関 R	0.897242
重決定 R2	0.805043
補正 R2	0.749341
標準誤差	18939.03
観測数	19

分散分析表

	自由度	変動	分散	観測された分散比	有意 F
回帰	4	2.07E+10	5.18E+09	14.45269144	7.1E-05
残差	14	5.02E+09	3.59E+08		
合計	18	2.58E+10			

	係数	標準誤差	t	P-値	下限 95%	上限 95%	下限 95.0%
切片	73748.08	21352.9	3.453773	0.003875458	27950.66	119545.5	27950.66
売場面積（m 2）	24.48477	6.997491	3.499079	0.003541686	9.476647	39.4929	9.476647
所要時間（分）	-4718.49	1321.599	-3.57029	0.00307454	-7553.04	-1883.94	-7553.04
駐車場台数	236.7914	381.0408	0.621433	0.544301455	-580.46	1054.043	-580.46
郊外店舗	105408.2	30740.67	3.42895	0.004071561	39476.04	171340.4	39476.04

「郊外店舗」の変数も入れて回帰分析を実行すると、自由度調整済決定係数は

0.749 になり、これまでの分析結果よりも、さらに高い値を示しました。

ちなみに、ここから最適な回帰式を求める手順に従って、4つの説明変数のうちもっとも影響度の低い「駐車場台数」を取り除いて回帰分析を実行すると、「売場面積」「所要時間」「郊外店舗」の3つを説明変数としたときが、統計学的に最適な回帰式であると判断することができました。

概要

回帰統計	
重相関 R	0.89424
重決定 R2	0.799665
補正 R2	0.759599
標準誤差	18547.48
観測数	19

分散分析表

	自由度	変動	分散	観測された分散比	有意 F
回帰	3	2.06E+10	6.87E+09	19.95824826	1.7E-05
残差	15	5.16E+09	3.44E+08		
合計	18	2.58E+10			

	係数	標準誤差	t	P-値	下限 95%
切片	82764.74	15342.07	5.394626	7.44376E-05	50063.89
売場面積（m 2）	26.79785	5.802891	4.618018	0.00033481	14.42929
所要時間（分）	-4239.76	1051.649	-4.03153	0.001087334	-6481.29
郊外店舗	104765.4	30088.08	3.481959	0.003345106	40634.23

ここで、すべての説明変数の P 値が 0.1％台、またはそれ以下の小さな値を示しています。このとき、さらに説明変数を減らして回帰分析を実行しなくてもよい場合もあります。

ここでは参考までに、最適な回帰モデルを求める手順に従って、影響度がもっとも小さい説明変数を取り除いて回帰分析を実行することを考えます。

しかし、この回帰分析実行結果から、影響度がもっとも小さい説明変数は「郊外店舗」でした。残りの説明変数は、「売場面積」と「最寄駅からの所要時間」なので、すでにこれ以降の回帰分析の実行は済んでいます。

それでは、「郊外店舗」を含む4つの回帰分析実行結果から、採用した説明変数と、自由度調整済決定係数を比較したものが、次の表です。

	売場面積	最寄駅からの所要時間	駐車場台数	郊外店舗	自由度調整済決定係数
① 4 変数	○	○	○	○	0.749
② 3 変数	○	○	−	○	0.760
③ 2 変数	○	○	−		0.592
④ 1 変数	○	−	−	−	0.552

自由度調整済決定係数の大きさを比べると、「売上高」を予測するのに、4 つの変数のうち「売場面積」「最寄駅からの所要時間」「郊外店舗」の 3 つの変数を説明変数に採り入れたのが、統計学的に最適な式であることがわかります。

これを基に予測をする式は、この 3 つの変数を説明変数としたときの回帰分析実行結果の切片と回帰係数から、次のポイントを考慮して作ります。

ポイントは、回帰分析実行用データを作るときに「郊外店舗」に「該当する」データは「1」を、「該当しない」データは「0」を当てはめた部分です。

回帰分析実行用データには「該当する」という変数を使ったものとして回帰式に用います。このとき「該当する」という変数で 1 か 0 を使って表すことができたので、「該当しない」という変数は不要になります。つまりダミー変数は、「該当する」「該当しない」のように 2 値のときは、どちらか一方だけを回帰分析実行用データに反映させればよいのです[15]。

式に表す場合には、今回「該当する」を回帰分析実行用データに反映させたので、「該当する」の場合は「郊外店舗」の回帰係数をそのままとし、「該当しない」場合は回帰係数を 0 として扱います。

	係数
切片	82764.74
売場面積（m 2）	26.79785
所要時間（分）	-4239.76
郊外店舗	104765.4

15 「該当しない」の列に、「該当しない」データには 1 を、「該当する」データには 0 を当てはめて、「該当する」と「該当しない」の両方を回帰分析実行用データに反映させても、Excel や「R」の場合は「該当しない」の説明変数の結果をはじめ、不適切な結果が表示されます。統計解析用ソフトウェアの「S-PLUS」ではエラーが表示され、回帰分析を実行することができません。

$$\text{売上高（予測）} = 82{,}764.74 + 26.798 \times \text{「売場面積」} - 4{,}239.76 \times \text{「所要時間」} + \underset{\text{郊外店舗}}{\begin{bmatrix} 104{,}765.4 & \text{（該当する）} \\ 0 & \text{（該当しない）} \end{bmatrix}}$$

この式からNo.20の店舗、売場面積が359m^2、最寄駅からの所要時間が9分、郊外店舗ではない場合の売上高の予測は、82,764.74 ＋ 26.798 × 359 − 4,239.76 × 9 ＋ 0 ＝ 54,227（千円）であると求めることができます。

Column

データ行数が説明変数の個数＋2行以上必要という説明

重回帰分析では、データ行数が説明変数の個数＋2行以上必要であることを説明しました。このことは、ここまで説明した回帰分析の内容と、Excelの近似曲線の追加機能により利用できる多項式近似を使うと、より理解しやすくなります。そこで、次のダミーデータを使って説明します。

x	y
1	2
2	5
3	3
4	2
5	6
6	4

xは説明変数で、散布図（次ページを参照）では横軸に配置されます。yは目的変数で、散布図では縦軸に配置します。

このデータについて、第3日で説明した近似曲線の追加機能で、線形近似によって直線を当てはめてみると、直線の式は、$y = 0.3429x + 2.4667$、決定係数は0.154と表示されています。

回帰分析実行結果では、決定係数（「重決定 R2」の欄）に0.154、切片は2.4667、回帰係数の欄に0.343と表示されていることを確認しましょう。

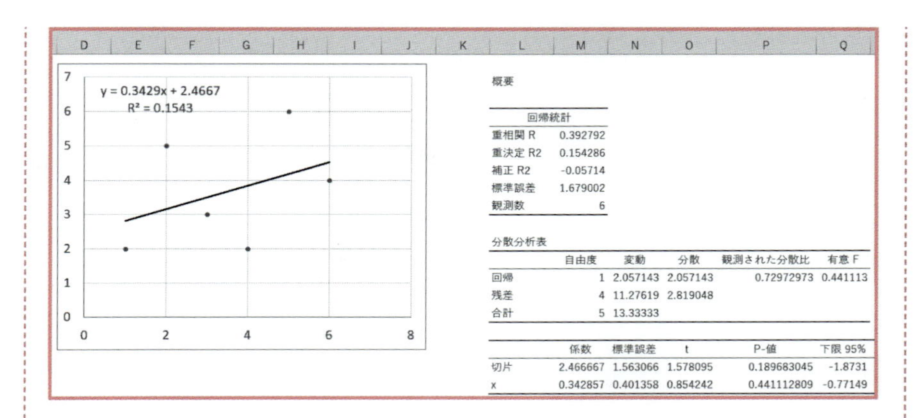

概要

回帰統計	
重相関 R	0.392792
重決定 R2	0.154286
補正 R2	-0.05714
標準誤差	1.679002
観測数	6

分散分析表

	自由度	変動	分散	観測された分散比	有意 F
回帰	1	2.057143	2.057143	0.72972973	0.441113
残差	4	11.27619	2.819048		
合計	5	13.33333			

	係数	標準誤差	t	P-値	下限 95%
切片	2.466667	1.563066	1.578095	0.189683045	-1.8731
x	0.342857	0.401358	0.854242	0.441112809	-0.77149

次にこのデータについて 2 次式を当てはめてみます。

2 次式は、説明変数 (x) を 2 乗した値を 2 つ目の説明変数に採り入れた回帰分析を実行した場合と同じことを内部で行っています。

Excel の近似曲線の追加機能では多項式近似を選択し、「次数 (D)」の部分は 2 次式を当てはめるので、「2」と入力します。

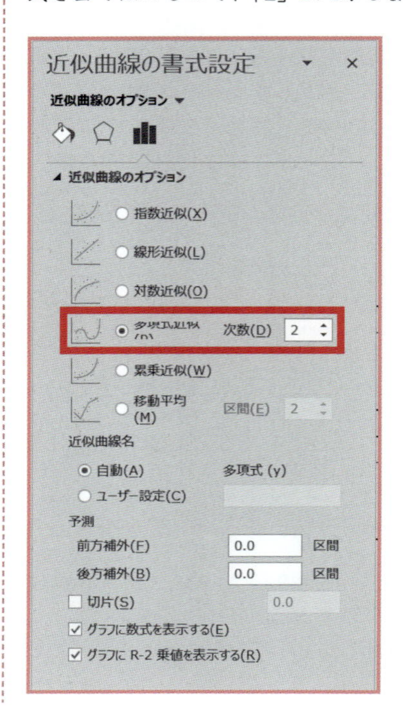

データと式は、次のようになりました。

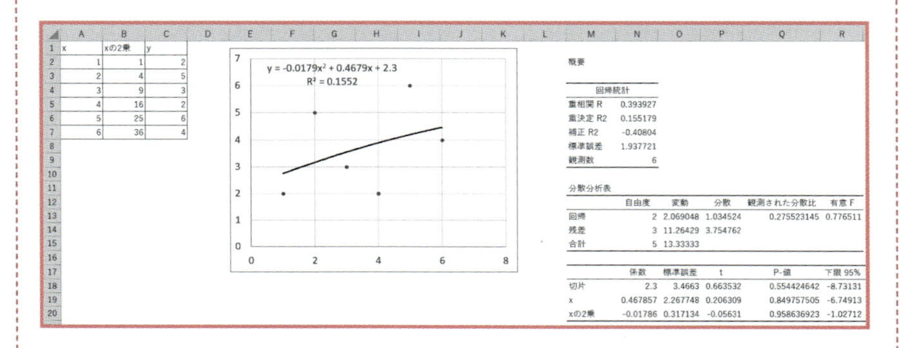

x	xの2乗	y
1	1	2
2	4	5
3	9	3
4	16	2
5	25	6
6	36	4

概要

回帰統計	
重相関 R	0.393927
重決定 R2	0.155179
補正 R2	-0.40804
標準誤差	1.937721
観測数	6

分散分析表

	自由度	変動	分散	観測された分散比	有意 F
回帰	2	2.069048	1.034524	0.275523145	0.776511
残差	3	11.26429	3.754762		
合計	5	13.33333			

	係数	標準誤差	t	P-値	下限 95%
切片	2.3	3.4663	0.663532	0.554424642	-8.73131
x	0.467857	2.267748	0.206309	0.849757505	-6.74913
xの2乗	-0.01786	0.317134	-0.05631	0.958636923	-1.02712

曲線の式は、$y=-0.0179x^2+0.4679x+2.3$、決定係数は 0.155 です。

決定係数は1次式と比べて若干高くなっていますが、0.001も増えていません。このデータでは、まだ基データへの当てはまり具合がよくありません。

それでは、3次式、4次式、5次式の場合も見てみましょう。

3次式は説明変数（x）の値を3乗した値を3つ目の説明変数に採り入れたもの、4次式は説明変数（x）を4乗した値を4つ目の説明変数に採り入れたもの、5次式は説明変数（x）を5乗した値を5つ目の説明変数に採り入れたものを指します。

3次式は $y=0.0648x^3-0.6984x^2+2.5225x+0.6667$、決定係数は 0.1756 でした。

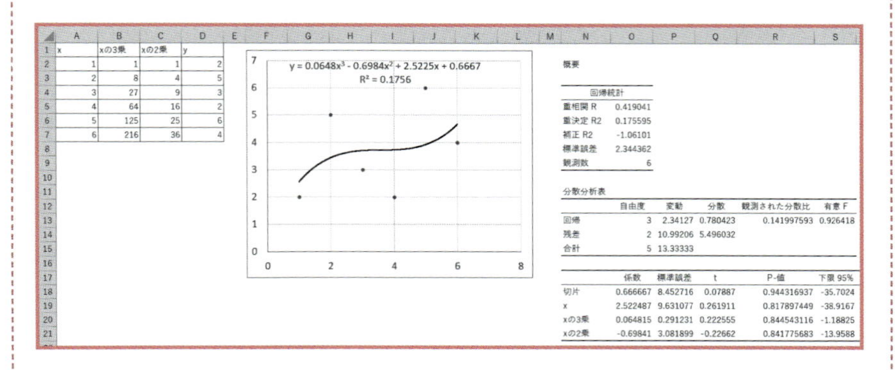

x	xの3乗	xの2乗	y
1	1	1	2
2	8	4	5
3	27	9	3
4	64	16	2
5	125	25	6
6	216	36	4

概要

回帰統計	
重相関 R	0.419041
重決定 R2	0.175595
補正 R2	-1.06101
標準誤差	2.344362
観測数	6

分散分析表

	自由度	変動	分散	観測された分散比	有意 F
回帰	3	2.34127	0.780423	0.141997593	0.926418
残差	2	10.99206	5.496032		
合計	5	13.33333			

	係数	標準誤差	t	P-値	下限 95%
切片	0.666667	8.452716	0.07887	0.944316937	-35.7024
x	2.522487	9.631077	0.261911	0.817897449	-38.9167
xの3乗	0.064815	0.291231	0.222555	0.844543116	-1.18825
xの2乗	-0.69841	3.081899	-0.22662	0.841775683	-13.9588

4次式は $y=-0.3542x^4+5.0231x^3-24.326x^2+46.439x-24.833$、決定係数は 0.9497 でした。2次式から3次式、4次式を当てはめることを「次数を上げる」と表現しますが、次数を上げていくと基データの当てはまり具合がよりよくなりました。

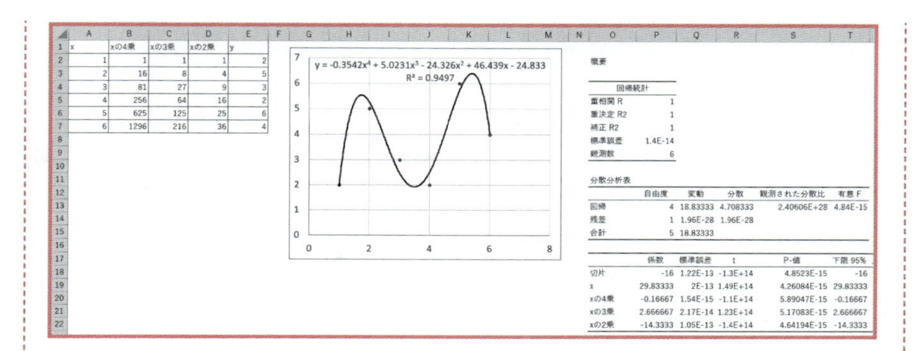

x	xの4乗	xの3乗	xの2乗	y
1	1	1	1	2
2	16	8	4	5
3	81	27	9	3
4	256	64	16	2
5	625	125	25	6
6	1296	216	36	4

概要

回帰統計	
重相関 R	1
重決定 R2	1
補正 R2	1
標準誤差	1.4E-14
観測数	6

分散分析表

	自由度	変動	分散	観測された分散比	有意 F
回帰	4	18.83333	4.708333	2.40606E+28	4.84E-15
残差	1	1.96E-28	1.96E-28		
合計	5	18.83333			

	係数	標準誤差	t	P-値	下限 95%
切片	-16	1.22E-13	-1.3E+14	4.8523E-15	-16
x	29.83333	2E-13	1.49E+14	4.26084E-15	29.83333
xの4乗	-0.16667	1.54E-15	-1.1E+14	5.89047E-15	-0.16667
xの3乗	2.666667	2.17E-14	1.23E+14	5.17083E-15	2.666667
xの2乗	-14.3333	1.05E-13	-1.4E+14	4.64194E-15	-14.3333

5 次 式 は、$y = -0.1083x^5 + 1.5417x^4 - 7.375x^3 + 12.958x^2 - 4.0167x - 1$、決定係数は 1 でした。データ行数が説明変数の列の数＋ 1 という関係が成り立っているので、決定係数は 1 になっています。つまり、基データに完全に当てはまっている曲線ができているのです。

ちょうど「データ行数＝説明変数の列の数＋ 1」という関係ができています。

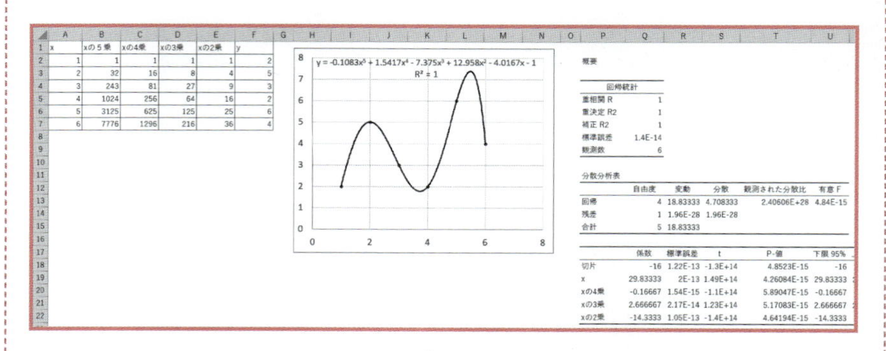

x	xの 5 乗	xの4乗	xの3乗	xの2乗	y
1	1	1	1	1	2
2	32	16	8	4	5
3	243	81	27	9	3
4	1024	256	64	16	2
5	3125	625	125	25	6
6	7776	1296	216	36	4

概要

回帰統計	
重相関 R	1
重決定 R2	1
補正 R2	1
標準誤差	1.4E-14
観測数	6

分散分析表

	自由度	変動	分散	観測された分散比	有意 F
回帰	4	18.83333	4.708333	2.40606E+28	4.84E-15
残差	1	1.96E-28	1.96E-28		
合計	5	18.83333			

	係数	標準誤差	t	P-値	下限 95%
切片	-16	1.22E-13	-1.3E+14	4.8523E-15	-16
x	29.83333	2E-13	1.49E+14	4.26084E-15	29.83333
xの4乗	-0.16667	1.54E-15	-1.1E+14	5.89047E-15	-0.16667
xの3乗	2.666667	2.17E-14	1.23E+14	5.17083E-15	2.666667
xの2乗	-14.3333	1.05E-13	-1.4E+14	4.64194E-15	-14.3333

決定係数が 1 になる、つまり、回帰式が基データに完全に当てはまるのは、「データ行数＝説明変数の列の数＋ 1」という関係があれば常に起こります。

次のようにデータ行数が 2、説明変数 (x) が 1 個なので、「データ行数＝説明変数の列の数＋ 1」という関係ができているので、決定係数が 1 になるデータに該当します。

x が 2 のとき y が 7、x が 5 のとき y が 13 となるとき、中学 2 年の数学では連立方程式を解く問題として、「グラフの 2 点 (2,7)、(5,13) を通る直線の式を求めなさい」という出題がありました。

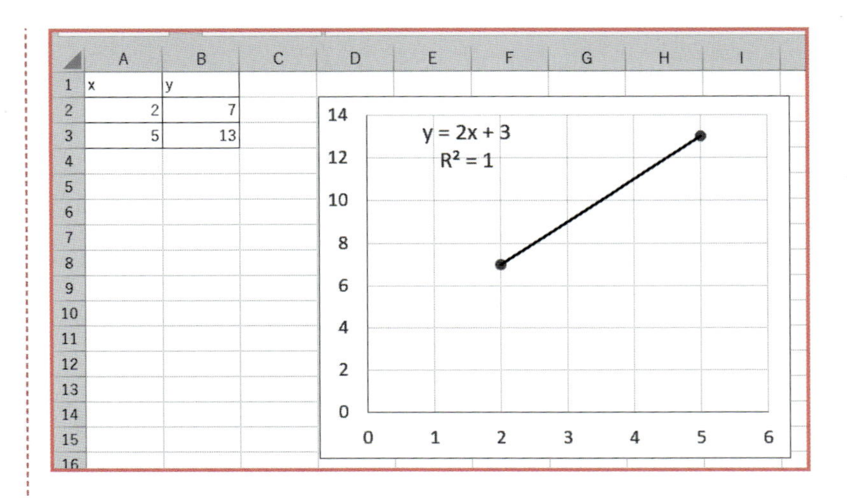

これを解くと、回帰係数（傾き）は2、切片は3と求めることができます[16]。

16 1次式の形 $y=ax+b$（a は回帰係数、x は説明変数の値、b は回帰係数）に当てはめ、

$$\begin{bmatrix} 7 = 2x \\ 13 = 5x + b \end{bmatrix}$$

この連立方程式から、加減法の引き算を利用して b を消すために、$13=5x+b$ から $7=2x$ を引き算すると、$6=3x$ となり、x つまり直線の傾き（回帰係数）は2と求めることができます。2つの式のうち、どちらかの式にある x にこの2を代入すれば b の傾きが求められるので、$13=10+b$ から、b は3とわかります。そこから $y=2x+3$ という1次式（直線の式）を求めることができます。

第 4 日 まとめ

説明変数が 2 個以上の回帰分析のことを、重回帰分析と呼びます。

重回帰分析の主な目的は、数値予測と要因分析の 2 つです。

- 目的変数（予測をしたい変数）と相関関係が弱くない（複数の）説明変数を基に予測
- 複数の説明変数のうち、どの説明変数が目的変数の増減に、より影響を与えているかを探る要因分析

また、重回帰分析の主な注意事項は次のとおりでした。ただし、予測がより当たりやすくなるということではありません。あくまでも重回帰分析を行うことができる必要条件だと理解してください。

- 目的変数と相関係数が低くない変数を説明変数に採用する
- Excel のデータ分析ツールで回帰分析を行う場合は、説明変数は 16 個までにする
- データ行数は、説明変数の個数＋ 2 行以上必要
- 説明変数同士で相関関係の強すぎる組み合わせは、あらかじめ解消しておく
  →「4.2.7　説明変数同士で強い相関関係を解消すべき理由 ～ 多重共線性」（p.134）
- 自由度調整済決定係数は正の値であることを確認する
  →「自由度調整済決定係数が負の値になったとき」（p.129）

第 5 日は、説明変数にカテゴリーデータと数値データが混在している重回帰分析について説明します。もし途中、回帰分析を使った説明のところでわからなくなったら、いつでも第 3 日や第 4 日に戻ってきてください。

第5日

カテゴリーデータを含む重回帰分析

これまでは、説明変数が数値データの場合を扱ってきました。
ここでは、天候や曜日など、カテゴリーデータが要因と考えられるデータを対象にした重回帰分析を説明します。
これを理解することで、重回帰分析の活用範囲はさらに拡がります。

5.1 回帰分析を行う

5.1.1 Excelで回帰分析を行うための準備

第4日では、数値データの説明変数が2つ以上ある重回帰分析について説明しました。第5日では、説明変数にカテゴリーデータが混在している重回帰分析を行う方法を説明します。

第4日の店舗データの事例では、「郊外店舗」というダミー変数を説明変数に採り入れました。ここからさらに発展する考え方です。

この場合でも、まず何を予測したいのかを明確にし、目的変数を1つ決めます。そして、目的変数の変化に関連していそうな説明変数を分析に採り入れます。

ここでは、曜日や天候などのカテゴリーデータを説明変数に含む場合、どのように回帰分析を行うかを採り上げます。

説明変数を挙げる

ここで、第2日や第3日で採り上げた最高気温と販売個数のデータを利用したいのですが、販売個数が増えたり減ったりする要因が1つだけとは限らないのが実情です。そして、数値で表すことができない要因も少なくないはずです。

そこで、ここでは販売個数が増えたり減ったりする要因を、「最高気温」のほかに、「風速」「曜日」「天候」「広告の有無」を説明変数に採用しました。(次ページの図を参照)

これらの説明変数のうち、「最高気温」と「風速」は数値データ、「曜日」「天候」「広告の有無」はカテゴリーデータです。

変数名	データの種類
最高気温、風速	数値データ
曜日、天候、広告の有無	カテゴリーデータ

	A	B	C	D	E	F	G
1							
2	No.	最高気温	風速	曜日	天候	広告の有無	販売個数
3	1	27	1.6	土	晴	無	340
4	2	22	1.4	日	晴	無	304
5	3	26	1.2	月	晴	無	321
6	4	24	1.8	火	雨	無	302
7	5	31	1.6	水	晴	無	396
8	6	27	1.9	木	曇	無	350
9	7	30	2.3	金	晴	無	360
10	8	31	1.6	土	晴	無	374
11	9	33	3.2	日	晴	無	386
12	10	32	2.5	月	曇	無	414
13	11	29	1.1	火	雨	有	387
14	12	22	1.6	水	曇	無	270
15	13	23	3.4	木	晴	無	305
16	14	26	2.3	金	曇	有	354
17	15	28	1.9	土	晴	無	370
18	16	29	2.1	日	晴	無	349
19	17	33	1.6	月	晴	無	413
20	18	30	1.4	火	晴	無	397
21	19	34	1.2	水	晴	無	386
22	20	33	1.3	木	曇	有	443
23	21	32	1.5	金	晴	無	370
24	22	25	1.8	土	晴	無	320
25	23	28	1.2	日	曇	無	332
26							
27	24	24	1.6	月	晴	無	？？

数値データの「最高気温」や「風速」の説明変数は、第 **4** 日で説明した要領で扱えばよいので、ここではカテゴリーデータの取り扱いについて説明します。

カテゴリーデータの場合、**1**、**2**、**3** のような数値に置き換えるのではなく、第 **4** 日「**4.2.8**　採用する説明変数についてさらに考える」（**p.141**）で説明した**ダミー変数**を利用します。

たとえば「曜日」の場合、「月」は **1**、「火」は **2**、「水」は **3**……と置き換えても、意味がありません。

「曜日」「天候」「広告の有無」は、第 **1** 日「**1.2.1**　数の種類」（**p.16**）で説明した、名義尺度にあたります。「木」の **4** は、「火」の **2** の **2** 倍……と解釈する意味はまったくなく、次の方法で **0** か **1** のダミー変数に置き換えるべきなのです。

ダミー変数の完成形は、次のようになります。

	A	B	C	D	E	F	G	H	I	J	K	L	M	N	O	P	Q	R	S
1																			
2	No.	最高気温	風速	曜日	月	火	水	木	金	土	日	天候	晴	曇	雨	広告の有無	有	無	販売個数
3	1	27	1.6	土	0	0	0	0	0	1	0	晴	1	0	0	無	0	1	340
4	2	22	1.4	日	0	0	0	0	0	0	1	晴	1	0	0	無	0	1	304
5	3	26	1.2	月	1	0	0	0	0	0	0	晴	1	0	0	無	0	1	321
6	4	24	1.8	火	0	1	0	0	0	0	0	雨	0	0	1	無	0	1	302
7	5	31	1.6	水	0	0	1	0	0	0	0	晴	1	0	0	無	0	1	396
8	6	27	1.9	木	0	0	0	1	0	0	0	曇	0	1	0	無	0	1	350
9	7	30	2.3	金	0	0	0	0	1	0	0	晴	1	0	0	無	0	1	360
10	8	31	1.6	土	0	0	0	0	0	1	0	晴	1	0	0	無	0	1	374
11	9	33	3.2	日	0	0	0	0	0	0	1	晴	1	0	0	無	0	1	386
12	10	32	2.5	月	1	0	0	0	0	0	0	曇	0	1	0	無	0	1	414
13	11	29	1.1	火	0	1	0	0	0	0	0	雨	0	0	1	有	1	0	387
14	12	22	1.6	水	0	0	1	0	0	0	0	曇	0	1	0	無	0	1	270
15	13	23	3.4	木	0	0	0	1	0	0	0	晴	1	0	0	無	0	1	305
16	14	26	2.3	金	0	0	0	0	1	0	0	曇	0	1	0	有	1	0	354
17	15	28	1.9	土	0	0	0	0	0	1	0	晴	1	0	0	無	0	1	370
18	16	29	2.1	日	0	0	0	0	0	0	1	晴	1	0	0	無	0	1	349
19	17	33	1.6	月	1	0	0	0	0	0	0	晴	1	0	0	無	0	1	413
20	18	30	1.4	火	0	1	0	0	0	0	0	晴	1	0	0	無	0	1	397
21	19	34	1.2	水	0	0	1	0	0	0	0	晴	1	0	0	無	0	1	386
22	20	33	1.3	木	0	0	0	1	0	0	0	曇	0	1	0	有	1	0	443
23	21	32	1.5	金	0	0	0	0	1	0	0	晴	1	0	0	無	0	1	370
24	22	25	1.8	土	0	0	0	0	0	1	0	晴	1	0	0	無	0	1	320
25	23	28	1.2	日	0	0	0	0	0	0	1	曇	0	1	0	無	0	1	332

最初に、「曜日」に注目します。

カテゴリーデータをダミー変数に変換するには、**1**つのカテゴリーについて、まずすべての内容をデータラベルに並べましょう。

	A	B	C	D	E	F	G	H	I	J	K
1											
2	No.	最高気温	風速	曜日	月	火	水	木	金	土	日
3	1	27	1.6	土							
4	2	22	1.4	日							
5	3	26	1.2	月							

No.1のデータは土曜日なので、該当する土曜日には「**1**」を、それ以外の該当しない曜日は「**0**」を入力します。

IF関数を使って効率よく入力する

0・**1**のダミー変数にあたる数値は、手入力やコピー／ペーストなどの方法で入力してもよいのですが、大きな表になっても効率よく入力できるよう、IF 関数を使った方法を紹介します。

まず、D 列には曜日（月〜日）が入力されています。そして、E 列から K 列の間に「月」〜「日」の曜日が右方向に配置されています。ここに入力された内容を利用して、IF 関数を使います。

IF 関数では、3 つについてカンマで区切って指定をします。

＝IF（条件を指定，条件に合っていた場合の表示，それ以外の表示）

曜日に 0・1 のダミー変数に変換する入力の場合は、1 行目のデータが土曜日なので、「土」の列だけを 1 と入力し、それ以外の曜日の列には 0 と入力したいのです。

そこで 1 行目（土曜日）の曜日の列は、次のように入力します。ここではまず E3 セル、「月」の列に IF 関数の式を入力することにします。

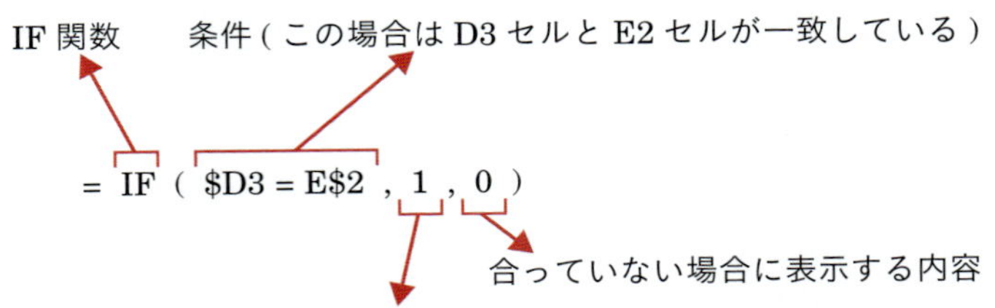

E3 =IF($D3=E$2,1,0)

	A	B	C	D	E	F	G	H	I	J	K
1											
2	No.	最高気温	風速	曜日	月	火	水	木	金	土	日
3	1	27	1.6	土	0	0	0	0	0	1	0
4	2	22	1.4	日							
5	3	26	1.2	月							

D3 セルには「土」曜日と入力されており、E2 セルは「月」曜日の列なので、条件には合っていません。そこで 0 と表示されるのです。

この要領で、「月」から「日」の列までコピー／ペーストします。そして、No.2 以降の行にペーストします。

セルの参照方法

前述のD3セルやE2セルには「$」マークがついています。

$D3のように列番号（A、B、C……）の前に「$」マークをつけると、セルなどのコピー／ペーストのときに、D列の参照は動きません（行のみ動きます）。

E$2のように行番号（1、2、3……）の前に「$」マークをつけると、セルなどのコピー／ペーストのときに、2行目の参照は動きません（列のみ動きます）。

これらの参照方法は、セルを指定しているときに［F4］キーを押すことで、次のように参照方法が変化します[1]。

$D$3 → D$3 → $D3 → D3 → $D$3 ……

IF関数によって0・1が入力できた後始末

Excelの回帰分析実行用データは、数値データだけを扱うことができます。カテゴリーデータを0・1のダミー変数に変換したあと、D列の「曜日」の列は不要になります。

しかし、E列以降ではIF関数を使ってD列を参照しているため、D列を削除してしまうと **#REF! エラー**[2] が表示されてしまいます。セルの見た目は0や1で表示されていても、裏側にはIF関数があるのです。

そこで「曜日」の「月」から「日」の列で入力されている内容を、IF関数から0や1の数字に変換します。コピー／ペーストの一種で、**形式を選択して貼り付け**を使います。

❶ IF関数を入力したE3〜K25セルを範囲選択します。
　範囲選択したらコピーします。ショートカットキーを使う場合は、［Ctrl］キーを押しながら［C］キーを押します。

1　セルの参照方法：Excelで「$」マークをつける参照方法を絶対参照と呼び、「$」マークをつけない参照方法を相対参照と呼びます。なお、E3セルに入力したIF関数で、D3セルやE2セルを参照したとき、D3セルやE2セルは参照元、E3セルは参照先と呼びます。

2　#REF!エラー：数式や関数で参照しているセルが存在しない場合に表示されるエラーです。

	A	B	C	D	E	F	G	H	I	J	K	L	M	N	O	P	Q	R	S
1																			
2	No.	最高気温	風速	曜日	月	火	水	木	金	土	日	天候	晴	曇	雨	広告の有無	有	無	販売個数
3	1	27	1.6	土	0	0	0	0	0	1	0	晴	1	0	0	無	0	1	340
4	2	22	1.4	日	0	0	0	0	0	0	1	晴	1	0	0	無	0	1	304
5	3	26	1.2	月	1	0	0	0	0	0	0	晴	1	0	0	無	0	1	321
6	4	24	1.8	火	0	1	0	0	0	0	0	雨	0	0	1	無	0	1	302
7	5	31	1.6	水	0	0	1	0	0	0	0	晴	1	0	0	無	0	1	396
8	6	27	1.9	木	0	0	0	1	0	0	0	曇	0	1	0	無	0	1	350
9	7	30	2.3	金	0	0	0	0	1	0	0	晴	1	0	0	無	0	1	360
10	8	31	1.6	土	0	0	0	0	0	1	0	晴	1	0	0	無	0	1	374
11	9	33	3.2	日	0	0	0	0	0	0	1	晴	1	0	0	無	0	1	386
12	10	32	2.5	月	1	0	0	0	0	0	0	曇	0	1	0	無	0	1	414
13	11	29	1.1	火	0	1	0	0	0	0	0	雨	0	0	1	有	1	0	387
14	12	22	1.6	水	0	0	1	0	0	0	0	曇	0	1	0	無	0	1	270
15	13	23	3.4	木	0	0	0	1	0	0	0	晴	1	0	0	無	0	1	305
16	14	26	2.3	金	0	0	0	0	1	0	0	曇	0	1	0	有	1	0	354
17	15	28	1.9	土	0	0	0	0	0	1	0	晴	1	0	0	無	0	1	370
18	16	29	2.1	日	0	0	0	0	0	0	1	晴	1	0	0	無	0	1	349
19	17	33	1.6	月	1	0	0	0	0	0	0	晴	1	0	0	無	0	1	413
20	18	30	1.4	火	0	1	0	0	0	0	0	晴	1	0	0	無	0	1	397
21	19	34	1.2	水	0	0	1	0	0	0	0	晴	1	0	0	無	0	1	386
22	20	33	1.3	木	0	0	0	1	0	0	0	曇	0	1	0	有	1	0	443
23	21	32	1.5	金	0	0	0	0	1	0	0	晴	1	0	0	無	0	1	370
24	22	25	1.8	土	0	0	0	0	0	1	0	晴	1	0	0	無	0	1	320
25	23	28	1.2	日	0	0	0	0	0	0	1	曇	0	1	0	無	0	1	332

❷ メニューバーを使う場合は、「ホーム」タブの「クリップボード」のグループにある「貼り付け」ボタンの下側「▼」をクリックし、「値の貼り付け」の「値（V）」をクリックします。

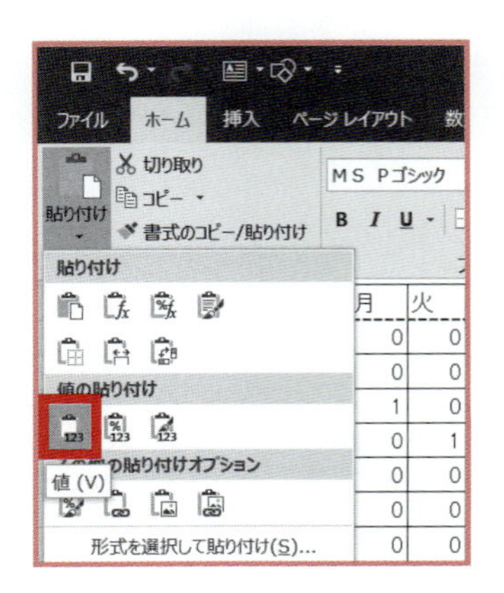

ショートカットキーを使う場合は、[Alt] キーを押しながら [E] キーを押したあと、[S] キー、[V] キーの順に押し、「OK」ボタンをクリックするか、[Enter] キー

を押します[3]。

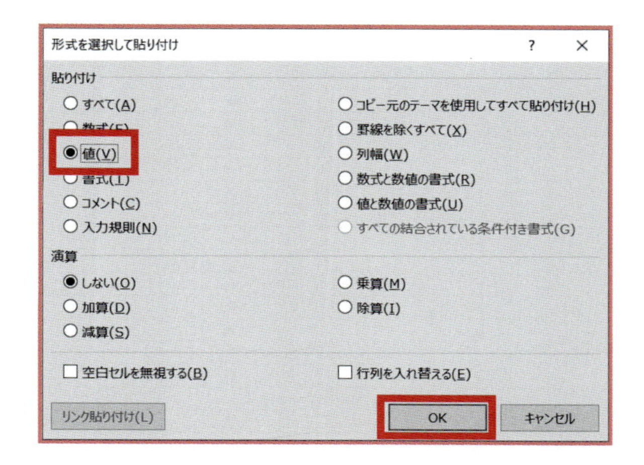

この要領で、「天候」や「広告の有無」についても**0**・**1**のダミー変数に置き換えましょう。

カテゴリーデータですべてのダミー変数の列は不要

第4日の店舗データの事例で、「郊外店舗」の変数を採り入れました。このとき「郊外店舗」に該当する行には**1**、該当しない行には**0**を当てはめました。また、「郊外店舗に該当する」と「郊外店舗に該当しない」の両方は必要なく、「郊外店舗(に該当する)」だけあれば十分だということも説明しました。

同様に、「曜日」の場合ならば「月」から「日」の**7**つの列は必要なく、いずれか**1**列を取り除いた**6**列だけで十分です。「天候」の場合は、「晴」「曇(り)」「雨」のうち**1**列を取り除き、「広告の有無」では「有」か「無」のうち**1**列を取り除きます[4]。

---

3 [Alt]キーを押しながら[E]キーを押したあとに[S]キーを押すと、「形式を選択して貼り付け」画面が表示されます。その画面が表示されているときに[V]キーを押すので、「貼り付け」の「値(V)」が選択されます。

4 専門的には、「行列とベクトルにおいてランク落ちが生じ、回帰係数を求めるときに必要な逆行列が求まらない」という現象が起きています。専門的な内容については、『数学セミナー よくわかる行列・ベクトルの基本と仕組み(共著、秀和システム・刊)』(絶版)などで詳しく解説しています。

カテゴリーデータの回帰係数を解釈しやすくするために

カテゴリーデータについて回帰分析実行結果のうち、回帰係数は 0 か正の値になっていると、予測をするときに楽になります。

そこで、次の方法で最終的にカテゴリーデータの回帰係数が 0 や正の値になるようにします。

❶ 回帰分析実行用データで、カテゴリーデータのうち任意の 1 列ずつを取り除いたら、一度回帰分析を実行する

❷ 回帰分析実行結果から、カテゴリーごとに回帰係数がもっとも小さい列を挙げる

❸ ❶で取り除いた列と❷の回帰係数がもっとも小さい列が異なる場合、❷を優先させて回帰分析実行用データを作り直す

❹ 回帰分析を実行する

まず、ここでは「曜日」は「火」、「天候」は「曇（り）」、「広告の有無」は「無」を取り除き、次のように回帰分析実行用データを作りました。

	A	B	C	D	E	F	G	H	I	J	K	L	M
1				曜日						天候		広告の有無	
2	No.	最高気温	風速	月	水	木	金	土	日	晴	雨	有	販売個数
3	1	27	1.6	0	0	0	0	1	0	1	0	0	340
4	2	22	1.4	0	0	0	0	0	1	1	0	0	304
5	3	26	1.2	1	0	0	0	0	0	1	0	0	321
6	4	24	1.8	0	0	0	0	0	0	0	1	0	302
7	5	31	1.6	0	1	0	0	0	0	1	0	0	396
8	6	27	1.9	0	0	1	0	0	0	0	0	0	350
9	7	30	2.3	0	0	0	1	0	0	1	0	0	360
10	8	31	1.6	0	0	0	0	1	0	1	0	0	374
11	9	33	3.2	0	0	0	0	0	1	1	0	0	386
12	10	32	2.5	1	0	0	0	0	0	0	0	0	414
13	11	29	1.1	0	0	0	0	0	0	0	1	1	387
14	12	22	1.6	0	1	0	0	0	0	0	0	0	270
15	13	23	3.4	0	0	1	0	0	0	1	0	0	305
16	14	26	2.3	0	0	0	1	0	0	0	0	1	354
17	15	28	1.9	0	0	0	0	1	0	1	0	0	370
18	16	29	2.1	0	0	0	0	0	1	1	0	0	349
19	17	33	1.6	1	0	0	0	0	0	1	0	0	413
20	18	30	1.4	0	0	0	0	0	0	1	0	0	397
21	19	34	1.2	0	1	0	0	0	0	1	0	0	386
22	20	33	1.3	0	0	1	0	0	0	0	0	1	443
23	21	32	1.5	0	0	0	1	0	0	1	0	0	370
24	22	25	1.8	0	0	0	0	1	0	1	0	0	320
25	23	28	1.2	0	0	0	0	0	1	0	0	0	332

このデータを基に回帰分析を実行します。

❶「データ」タブの「分析」グループの「データ分析」メニューをクリックして、表示された「データ分析」ダイアログボックスから、「回帰分析」を選択して、「OK」ボタンをクリックします。

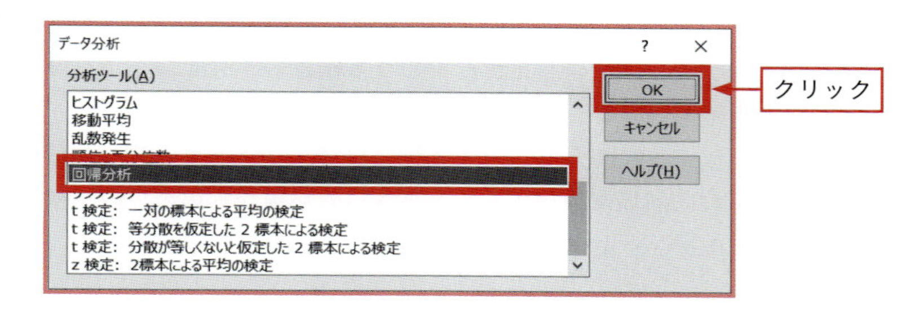

❷ 回帰分析の設定画面が表示されます。次のように設定します。

- 入力 Y 範囲（Y）：目的変数のセルを範囲指定します（ここでは M2 ～ M25 セル）。
- 入力 X 範囲（X）：説明変数の列を範囲指定します（ここでは B2 ～ L25 セル）。
- ラベル（L）：この範囲指定でデータラベルを含めて指定したので、チェックを入れます。

  出力オプションに任意の出力方法を指定し、「OK」ボタンをクリックします。

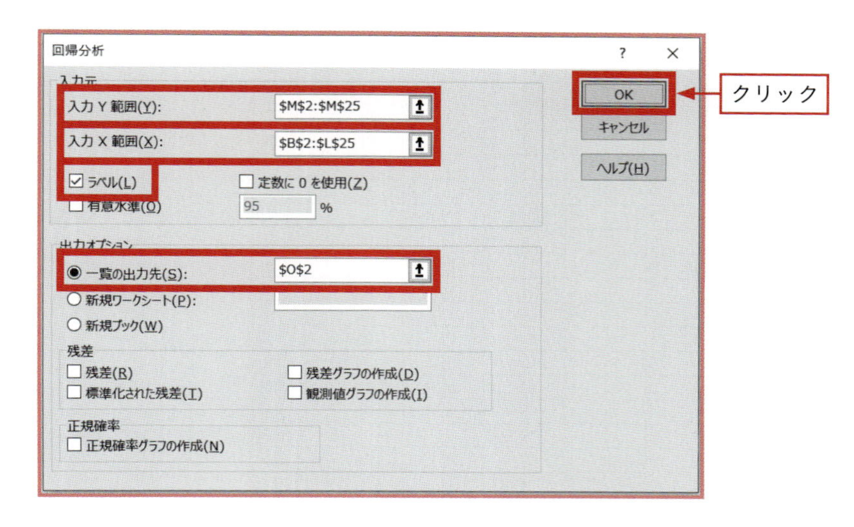

この場合の回帰分析実行結果は、次のように表示されました。

概要

回帰統計	
重相関 R	0.967612
重決定 R2	0.936273
補正 R2	0.872545
標準誤差	15.20068
観測数	23

分散分析表

	自由度	変動	分散	観測された分散比	有意 F
回帰	11	37341.81	3394.71	14.69184813	4.98E-05
残差	11	2541.669	231.0608		
合計	22	39883.48			

	係数	標準誤差	t	P-値	下限 95%	上限 95%	下限 95.0%
切片	95.2999	33.62095	2.834539	0.016239752	21.30068	169.2991	21.30068
最高気温	9.867116	0.974943	10.12071	6.55681E-07	7.721281	12.01295	7.721281
風速	3.342881	6.234117	0.536224	0.602478835	-10.3783	17.06408	-10.3783
月	-18.5126	18.019	-1.02739	0.326298615	-58.1721	21.147	-58.1721
水	-36.3535	17.81775	-2.0403	0.06607001	-75.5701	2.863055	-75.5701
木	-23.0815	19.6218	-1.17632	0.264296899	-66.2688	20.1058	-66.2688
金	-43.9717	18.742	-2.34616	0.038748924	-85.2226	-2.72087	-85.2226
土	-24.8854	17.2424	-1.44327	0.176812363	-62.8357	13.06484	-62.8357
日	-36.1863	17.58871	-2.05736	0.064156909	-74.8988	2.526206	-74.8988
晴	1.006594	9.266209	0.108631	0.915451708	-19.3882	21.40138	-19.3882
雨	-36.7779	20.85889	-1.76318	0.105591109	-82.6881	9.132178	-82.6881
有	39.30459	13.0645	3.008503	0.011897662	10.54981	68.05936	10.54981

回帰分析実行結果の見方は、第 **4** 日までの方法と基本的には変わりません。しかし、回帰係数や切片が表示されている部分で違いがあります。

カテゴリーデータの場合は、カテゴリーごとに分けて扱いましょう。

	係数	標準誤差	t	P-値
切片	95.2999	33.62095	2.834539	0.016239752
最高気温	9.867116	0.974943	10.12071	6.55681E-07
風速	3.342881	6.234117	0.536224	0.602478835
月	-18.5126	18.019	-1.02739	0.326298615
水	-36.3535	17.81775	-2.0403	0.06607001
木	-23.0815	19.6218	-1.17632	0.264296899
金	-43.9717	18.742	-2.34616	0.038748924
土	-24.8854	17.2424	-1.44327	0.176812363
日	-36.1863	17.58871	-2.05736	0.064156909
晴	1.006594	9.266209	0.108631	0.915451708
雨	-36.7779	20.85889	-1.76318	0.105591109
有	39.30459	13.0645	3.008503	0.011897662

切片

数値データの変数

曜日のカテゴリー

天候のカテゴリー

広告の有無のカテゴリー

それぞれのカテゴリーで、回帰分析実行用データを作るときに取り除いた列の回帰係数は0として扱いましょう。つまり「曜日」の「火」、「天候」の「曇（り）」、「広告の有無」の「無」の回帰係数は0と扱います。

「曜日」のうちもっとも回帰係数が小さい列は－43.972の「金」だとわかります。

「天候」は「雨」の－36.778、「広告の有無」は「無」の0です。

この結果から、「曜日」のカテゴリーは「金」、「天候」は「雨」、「広告の有無」はそのまま「無」を1列ずつ取り除いて回帰分析を実行すれば、回帰分析実行結果に表示される回帰係数は0または正の値になり、予測の値を求めるのに扱いやすくなります。

5.1.2 回帰分析を実行する

作り直した回帰分析実行用データは、次のようになります。

	A	B	C	D	E	F	G	H	I	J	K	L	M
1				曜日						天候		広告の有無	
2	No.	最高気温	風速	月	火	水	木	土	日	晴	曇	有	販売個数
3	1	27	1.6	0	0	0	0	1	0	1	0	0	340
4	2	22	1.4	0	0	0	0	0	1	1	0	0	304
5	3	26	1.2	1	0	0	0	0	0	1	0	0	321
6	4	24	1.8	0	1	0	0	0	0	0	0	0	302
7	5	31	1.6	0	0	1	0	0	0	1	0	0	396
8	6	27	1.9	0	0	0	1	0	0	0	1	0	350
9	7	30	2.3	0	0	0	0	0	0	1	0	0	360
10	8	31	1.6	0	0	0	0	1	0	1	0	0	374
11	9	33	3.2	0	0	0	0	0	1	1	0	0	386
12	10	32	2.5	1	0	0	0	0	0	0	1	0	414
13	11	29	1.1	0	1	0	0	0	0	0	0	1	387
14	12	22	1.6	0	0	1	0	0	0	0	1	0	270
15	13	23	3.4	0	0	0	1	0	0	1	0	0	305
16	14	26	2.3	0	0	0	0	0	0	0	1	1	354
17	15	28	1.9	0	0	0	0	1	0	1	0	0	370
18	16	29	2.1	0	0	0	0	0	1	1	0	0	349
19	17	33	1.6	1	0	0	0	0	0	1	0	0	413
20	18	30	1.4	0	1	0	0	0	0	1	0	0	397
21	19	34	1.2	0	0	1	0	0	0	1	0	0	386
22	20	33	1.3	0	0	0	1	0	0	0	1	1	443
23	21	32	1.5	0	0	0	0	0	0	1	0	0	370
24	22	25	1.8	0	0	0	0	1	0	1	0	0	320
25	23	28	1.2	0	0	0	0	0	1	0	1	0	332

この回帰分析実行用データを使って回帰分析を実行しましょう。

「入力 Y 範囲 (Y)」では、目的変数のセルを範囲指定します。ここでは先ほどと同じ M2 ～ M25 セルを指定しています。

「入力 X 範囲 (X)」では、説明変数の列を範囲指定します。ここでは先ほどと同じ B2 ～ L25 セルを指定しています。

データラベルを含めて範囲指定したので、「ラベル (L)」にチェックを入れましょう。

「出力オプション」に任意の出力方法を指定し、「OK」ボタンをクリックします。

回帰分析実行結果は、次のようになりました。

概要

回帰統計	
重相関 R	0.967612
重決定 R2	0.936273
補正 R2	0.872545
標準誤差	15.20068
観測数	23

分散分析表

	自由度	変動	分散	観測された分散比	有意 F
回帰	11	37341.81	3394.71	14.69184813	4.98E-05
残差	11	2541.669	231.0608		
合計	22	39883.48			

	係数	標準誤差	t	P-値	下限 95%
切片	14.55022	36.33256	0.400473	0.69647616	-65.4172
最高気温	9.867116	0.974943	10.12071	6.55681E-07	7.721281
風速	3.342881	6.234117	0.536224	0.602478835	-10.3783
月	25.45918	13.48706	1.887674	0.085718615	-4.22564
火	43.97174	18.742	2.34616	0.038748924	2.720874
水	7.6182	13.84059	0.550424	0.59302991	-22.8447
木	20.89024	12.85525	1.625036	0.132436542	-7.40396
土	19.08632	12.72705	1.499666	0.161843293	-8.92572
日	7.785468	12.31619	0.632133	0.540215944	-19.3223
晴	37.78453	20.33491	1.858111	0.090100145	-6.97231
曇	36.77794	20.85889	1.763178	0.105591109	-9.13218
有	39.30459	13.0645	3.008503	0.011897662	10.54981

このように、カテゴリーデータの回帰係数は、すべて 0 か正の値になりました。

この切片と回帰係数から、回帰式は次のように作りましょう。

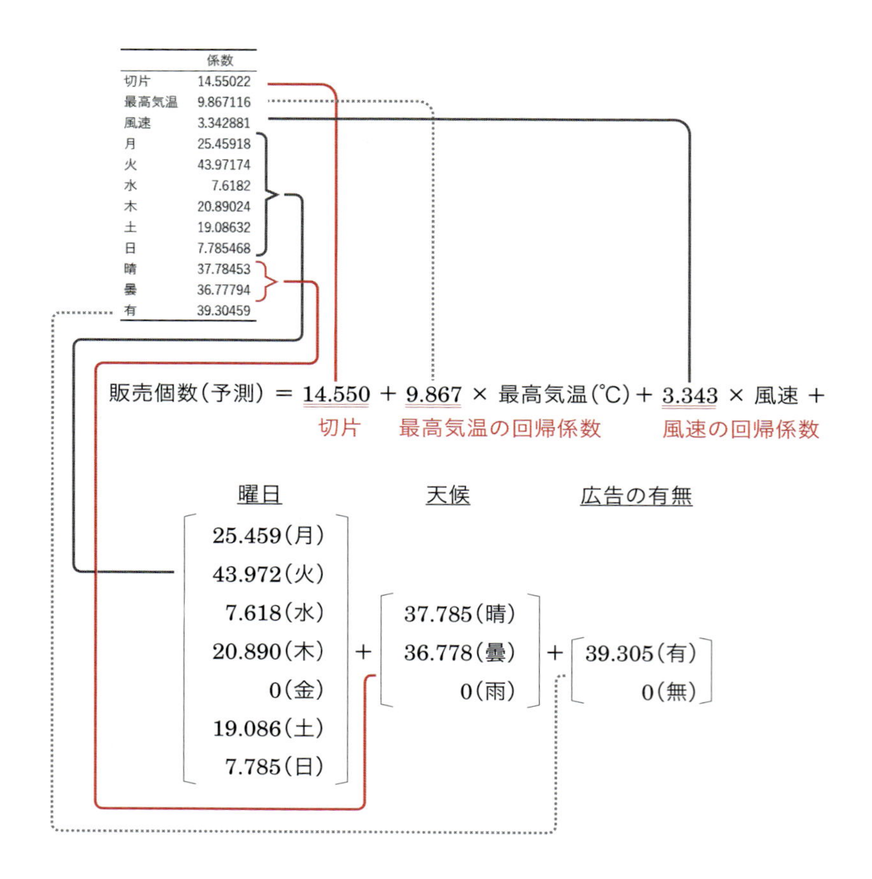

カテゴリーデータの回帰係数から見る傾向とシミュレーションへの期待

「曜日」「天候」「広告の有無」のようなカテゴリーデータは、回帰係数の差からどのような傾向が現れているのかがわかります。また、シミュレーションにも役立ちます。

「曜日」に注目すると、回帰分析実行用データで取り除いた「金」の列を0と扱うので、金曜日よりも月曜日は25.459個販売個数が多い傾向を示すことを示しています。

回帰分析は目的変数に対して、それぞれ個別の説明変数が同時に影響を与えているので、ほかの条件が変わらなければ、月曜日よりも火曜日のほうが18.5個多く売れる（43.972 − 25.459）こともわかります。

「天候」に注目すると、雨の日に比べて晴れの日は37.785個多く売れていることがわかります。

その上で、広告の効果は39.305個であることもわかります。

このように1つのカテゴリー内でも傾向を探ることができるのが、カテゴリーデータを説明変数に採り入れたときの重回帰分析です。

この式から、最高気温が24℃、風速が1.6m、曜日は月曜日、天候は晴れ、広告の有無は無の場合の販売個数を予測します。

No.	最高気温	風速	曜日	天候	広告の有無
24	24	1.6	月	晴	無

14.550 + 9.867 × 24 + 3.343 × 1.6 + 25.459 + 37.785 + 0 = 319.953、つまり320個と予測することができます。

本書では省略しますが、実際わかっているデータと予測値とを比較して、値がかけ離れている場合はその原因を探ることを試みましょう。

そして一度予測をしたら、日常業務を通じて予測値や予測方法、説明変数の見直しの必要はないかなど、検討し続けましょう。

影響度を探る ～ 要因分析

第4日の重回帰分析と同様、目的変数への影響度は t 値で判断します。

説明変数のうち数値データとカテゴリーデータとで、影響度の判断の方法が異なります。数値データの場合は、第4日で説明した t 値の絶対値で判断します。一方、カテゴリーデータの場合は、まず回帰分析実行用データを作るときに取り除いた列の t 値を0として扱います。

そして、カテゴリーごとに t 値のレンジを求めましょう。それがカテゴリーデータの影響度です。

説明変数のデータの種類	影響度の判断方法
数値データ	t 値の絶対値
カテゴリーデータ	回帰分析実行用データを作るときに取り除いた列を0として扱った上での t 値のレンジ

p.161の「カテゴリーデータの回帰係数を解釈しやすくするために」で説明したように、回帰係数が0や正の値になっていると、数値予測だけでなく影響度を求める場合も解釈しやすくなります。回帰係数が0または正の値になっていると、t 値も必ず0または正の値になるためです。

	係数	標準誤差	t
切片	14.55022	36.33256	0.400473
最高気温	9.867116	0.974943	10.12071
風速	3.342881	6.234117	0.536224
月	25.45918	13.48706	1.887674
火	43.97174	18.742	2.34616
水	7.6182	13.84059	0.550424
木	20.89024	12.85525	1.625036
土	19.08632	12.72705	1.499666
日	7.785468	12.31619	0.632133
晴	37.78453	20.33491	1.858111
曇	36.77794	20.85889	1.763178
有	39.30459	13.0645	3.008503

回帰分析実行結果の t 値の欄から、最高気温の t 値は 10.121、風速は 0.536 でした。

曜日は「月」から「日」のうち、もっとも大きな t 値は「火」の 2.346 です。もっとも小さな t 値は回帰分析実行用データで取り除いた「金」の 0 として扱ったものなので、「曜日」の t 値のレンジ、すなわち影響度は 2.346 と判断します。

この方法で「天候」の影響度を求めると、「天候」のうちもっとも大きい「晴」の t 値、1.858 が天候の影響度と判断します。「広告の有無」の影響度は 3.009 と判断します。

説明変数	影響度
最高気温	10.121
風速	0.536
曜日	2.346
天候	1.858
広告の有無	3.009

このことから、目的変数（販売個数）に対して影響度が大きいのは、「最高気温」、「広告の有無」、「曜日」と続いていることがわかりました。

5.3 カテゴリーデータを含む変数選択

第4日の重回帰分析では、「4.2.5　より統計学的に最適な回帰式を求める ～ 変数選択」で解説した、変数選択の意義をここでも触れておきます。

まず、回帰分析を基に数値予測や要因分析を行ったら、情報共有や意思決定によって実務のスピード感を損なわないように配慮しましょう。そのためには、数値予測や要因分析のための回帰分析では、説明変数の個数をなるべく少なくしましょう。

説明変数にカテゴリーデータを含むときの変数選択の手順は、次のとおりです。

❶ すべての説明変数を使って回帰分析を実行します。
❷ 影響度がもっとも小さい数値データまたはカテゴリーデータを取り除いて、回帰分析を再度実行します。
❸ 説明変数が数値データ1列、またはカテゴリー1個になるまで、❷の手順を繰り返します。
❹ すべての回帰分析実行結果から、「補正 R2」の欄、**自由度調整済決定係数**を比較して、もっとも大きな値を示した実行結果から作る回帰式を、最適な回帰式とします。

❶の手順は済んだので、❷の手順に移ります。

回帰分析実行結果から、影響度がもっとも小さい数値データ列またはカテゴリーデータは「風速」です。そこで、「風速」の列を取り除いて、回帰分析を実行します。

Excel のデータ分析ツールにある「回帰分析」の範囲選択では、[Ctrl] キーを押しながら離れたセルや列を選択することはできません。そこで、ここでは「風速」の列を完全に削除した上で、「入力 X 範囲 (X)」で指定する範囲を連続した列にしましょう。

	A	B	C	D	E	F	G	H	I	J	K	L
1			曜日						天候		広告の有無	
2	No.	最高気温	月	火	水	木	土	日	晴	曇	有	販売個数
3	1	27	0	0	0	0	1	0	1	0	0	340
4	2	22	0	0	0	0	0	1	1	0	0	304
5	3	26	1	0	0	0	0	0	1	0	0	321
6	4	24	0	1	0	0	0	0	0	0	0	302
7	5	31	0	0	1	0	0	0	1	0	0	396
8	6	27	0	0	0	1	0	0	0	1	0	350
9	7	30	0	0	0	0	0	0	1	0	0	360
10	8	31	0	0	0	0	1	0	1	0	0	374
11	9	33	0	0	0	0	0	1	1	0	0	386
12	10	32	1	0	0	0	0	0	0	1	0	414
13	11	29	0	1	0	0	0	0	0	0	1	387
14	12	22	0	0	1	0	0	0	0	1	0	270
15	13	23	0	0	0	1	0	0	1	0	0	305
16	14	26	0	0	0	0	0	0	0	1	1	354
17	15	28	0	0	0	0	1	0	1	0	0	370
18	16	29	0	0	0	0	0	1	1	0	0	349
19	17	33	1	0	0	0	0	0	1	0	0	413
20	18	30	0	1	0	0	0	0	1	0	0	397
21	19	34	0	0	1	0	0	0	1	0	0	386
22	20	33	0	0	0	1	0	0	0	1	1	443
23	21	32	0	0	0	0	0	0	1	0	0	370
24	22	25	0	0	0	0	1	0	1	0	0	320
25	23	28	0	0	0	0	0	1	0	1	0	332

ここでは、「入力 **Y** 範囲（Y）」は「販売個数」の **L2** ～ **L25** セルを指定します。

「入力 **X** 範囲（X）」は、「最高気温」から「（広告の有無の）有」までの **B2** ～ **K25** セルを範囲指定します。

そして、**Excel** のワークシート **2** 行目のデータラベルも含めて範囲指定しているので、「ラベル（L）」にチェックを入れます。

出力オプションでは任意の出力先を指定し、「**OK**」ボタンをクリックします。

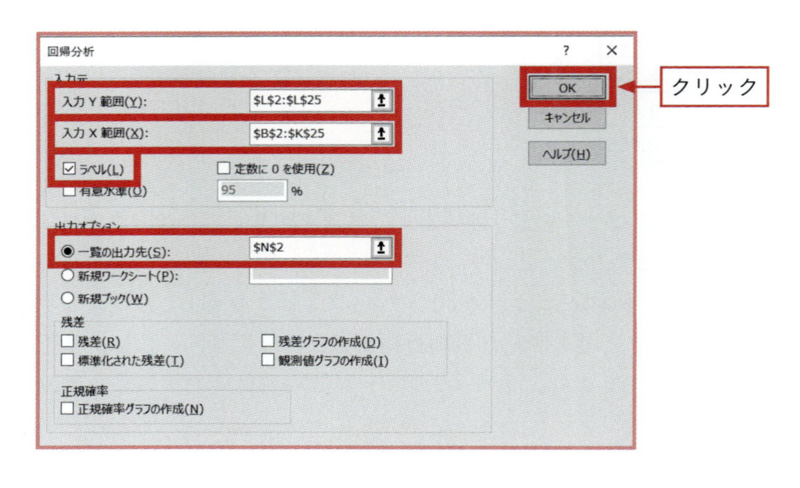

「風速」を取り除いたときの回帰分析実行結果は、次のように表示されました。

概要

回帰統計	
重相関 R	0.966751
重決定 R2	0.934607
補正 R2	0.880113
標準誤差	14.74253
観測数	23

分散分析表

	自由度	変動	分散	観測された分散比	有意 F
回帰	10	37275.37	3727.537	17.15054153	1.3E-05
残差	12	2608.107	217.3422		
合計	22	39883.48			

	係数	標準誤差	t	P-値	下限 95%
切片	23.57778	31.22621	0.755064	0.464772958	-44.4583
最高気温	9.841084	0.944385	10.42063	2.29051E-07	7.783446
月	24.09268	12.84493	1.875656	0.085233631	-3.89403
火	41.23285	17.48906	2.357636	0.03620662	3.127451
水	5.214124	12.69967	0.410572	0.688622844	-22.4561
木	21.542	12.41193	1.735588	0.108218003	-5.50128
土	17.37529	11.9492	1.454096	0.17157046	-8.65979
日	7.02016	11.8645	0.591694	0.565036063	-18.8304
晴	36.95685	19.66512	1.87931	0.084698275	-5.88976
曇	35.53628	20.10516	1.76752	0.102536075	-8.26911
有	37.80129	12.37556	3.05451	0.010000543	10.83725

このうち、影響度がもっとも小さい数値データまたはカテゴリーは「天候」でした。

説明変数	影響度
最高気温	10.421
曜日	2.358
天候	1.879
広告の有無	3.055

そこで、「天候」のカテゴリーを取り除きます。ここで注意するのは、カテゴリーの場合はカテゴリーごと取り除くということです。

この回帰分析実行結果の場合、列単位では「水」の t 値が **0.411** ともっとも小さいのですが、水曜日の列だけを回帰分析実行用データから取り除くのは、分析作業上まったく意味がありません。カテゴリーデータの場合は、カテゴリー単位で取り除くのです。

	A	B	C	D	E	F	G	H	I	J
1			曜日						広告の有無	
2	No.	最高気温	月	火	水	木	土	日	有	販売個数
3	1	27	0	0	0	0	1	0	0	340
4	2	22	0	0	0	0	0	1	0	304
5	3	26	1	0	0	0	0	0	0	321
6	4	24	0	1	0	0	0	0	0	302
7	5	31	0	0	1	0	0	0	0	396
8	6	27	0	0	0	1	0	0	0	350
9	7	30	0	0	0	0	0	0	0	360
10	8	31	0	0	0	0	1	0	0	374
11	9	33	0	0	0	0	0	1	0	386
12	10	32	1	0	0	0	0	0	0	414
13	11	29	0	1	0	0	0	0	1	387
14	12	22	0	0	1	0	0	0	0	270
15	13	23	0	0	0	1	0	0	0	305
16	14	26	0	0	0	0	0	0	1	354
17	15	28	0	0	0	0	1	0	0	370
18	16	29	0	0	0	0	0	1	0	349
19	17	33	1	0	0	0	0	0	0	413
20	18	30	0	1	0	0	0	0	0	397
21	19	34	0	0	1	0	0	0	0	386
22	20	33	0	0	0	1	0	0	1	443
23	21	32	0	0	0	0	0	0	0	370
24	22	25	0	0	0	0	1	0	0	320
25	23	28	0	0	0	0	0	1	0	332

「曜日」のカテゴリーを取り除いた回帰分析実行用データから、回帰分析を実行します。

「入力 **Y** 範囲（**Y**）」は、「販売個数」のセルの範囲 **J2** ～ **J25** セルを指定します。

「入力 **X** 範囲（**X**）」は、「最高気温」から「（広告の有無の）有」のセルまで **B2** ～ **I25** セルを範囲指定します。

データラベルも含めて範囲指定するので、「ラベル（**L**）」にチェックを入れます。

「出力オプション」に任意の出力先を指定し、「**OK**」ボタンをクリックします。

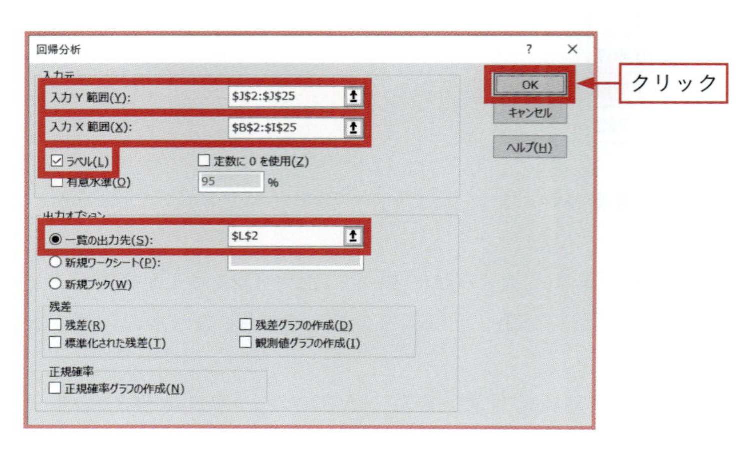

回帰分析実行結果は、次のように表示されました。

概要

回帰統計	
重相関 R	0.956654
重決定 R2	0.915186
補正 R2	0.866721
標準誤差	15.5441
観測数	23

分散分析表

	自由度	変動	分散	観測された分散比	有意 F
回帰	8	36500.81	4562.602	18.88346332	3.01E-06
残差	14	3382.665	241.6189		
合計	22	39883.48			

	係数	標準誤差	t	P-値	下限 95%
切片	50.1974	28.80968	1.74238	0.103355589	-11.5932
最高気温	10.26341	0.94274	10.88679	3.22918E-08	8.241435
月	21.14581	13.29109	1.590976	0.133936136	-7.36075
火	17.77235	12.78859	1.389704	0.186323653	-9.65645
水	2.830353	13.2116	0.214232	0.833454731	-25.5057
木	21.77235	12.78859	1.702482	0.110754227	-5.65645
土	15.99295	12.4622	1.283317	0.220217875	-10.7358
日	5.177097	12.44609	0.415962	0.683744053	-21.5171
有	30.22765	11.10307	2.722458	0.016513712	6.413926

回帰分析実行結果のうち、数値データである「最高気温」の t 値と、カテゴリー（「曜日」と「広告の有無」）の t 値のレンジを比べると、影響度がもっとも小さい数値データまたはカテゴリーは「曜日」だとわかります。

説明変数	影響度
最高気温	10.887
曜日	1.702
広告の有無	2.722

「曜日」のカテゴリーを取り除いた回帰分析実行用データを基に、回帰分析を実行します。

「入力 Y 範囲（Y）」は、「販売個数」のセルの範囲 D2 ～ D25 セルを指定します。

「入力 X 範囲（X）」は、「最高気温」と「（広告の有無の）有」のセルの範囲である B2 ～ C25 セルを指定します。

また、データラベルも含めて範囲選択をしているので、「ラベル（L）」にチェックを入れます。

出力オプションに任意の出力先を指定し、「OK」ボタンをクリックします。

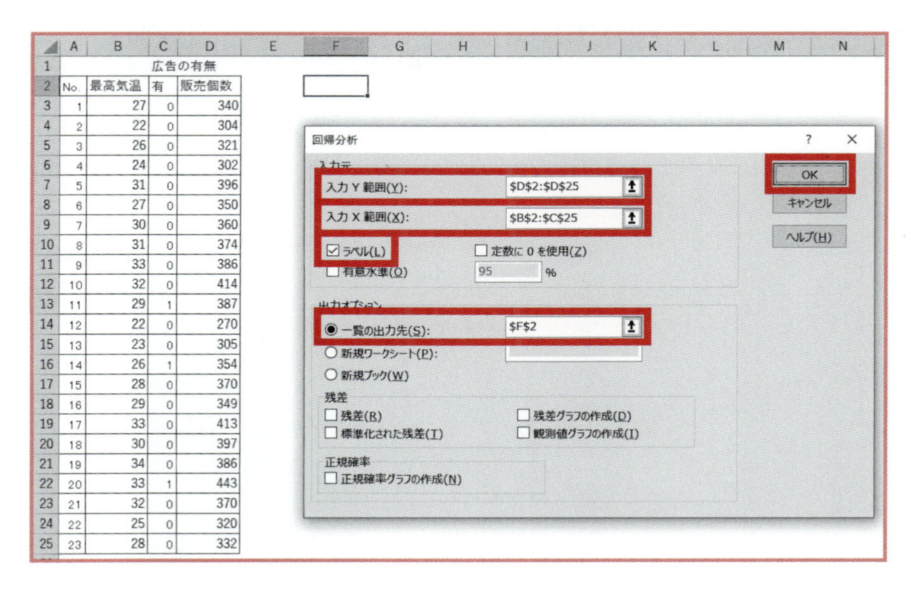

広告の有無

No.	最高気温	有	販売個数
1	27	0	340
2	22	0	304
3	26	0	321
4	24	0	302
5	31	0	396
6	27	0	350
7	30	0	360
8	31	0	374
9	33	0	386
10	32	0	414
11	29	1	387
12	22	0	270
13	23	0	305
14	26	1	354
15	28	0	370
16	29	0	349
17	33	0	413
18	30	0	397
19	34	0	386
20	33	1	443
21	32	0	370
22	25	0	320
23	28	0	332

回帰分析実行結果は次のように表示されました。

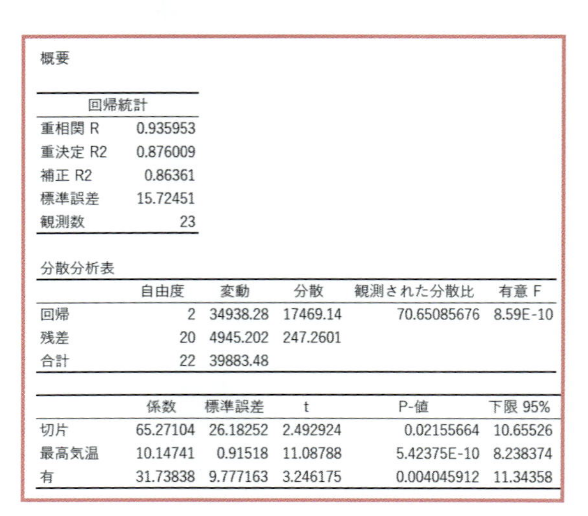

概要

回帰統計	
重相関 R	0.935953
重決定 R2	0.876009
補正 R2	0.86361
標準誤差	15.72451
観測数	23

分散分析表

	自由度	変動	分散	観測された分散比	有意 F
回帰	2	34938.28	17469.14	70.65085676	8.59E-10
残差	20	4945.202	247.2601		
合計	22	39883.48			

	係数	標準誤差	t	P-値	下限 95%
切片	65.27104	26.18252	2.492924	0.02155664	10.65526
最高気温	10.14741	0.91518	11.08788	5.42375E-10	8.238374
有	31.73838	9.777163	3.246175	0.004045912	11.34358

このうち、影響度がもっとも小さい説明変数は「最高気温」と「広告の有無」の

うちどちらでしょうか。

「最高気温」は t 値の絶対値 **11.088**、「広告の有無」は t 値のレンジは **3.246** です。影響度を比べると、「広告の有無」のほうが小さいので、「(広告の有無の) 有」の列を取り除いた、「最高気温」だけを説明変数とした回帰分析を実行します。

これは、第 **2** 日で使った回帰分析実行用データと同じものになります。

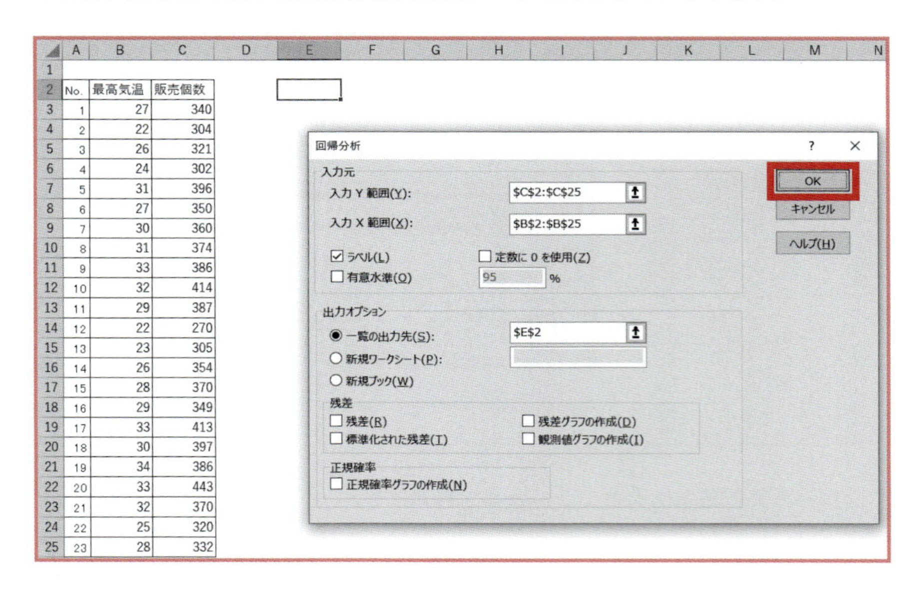

No.	最高気温	販売個数
1	27	340
2	22	304
3	26	321
4	24	302
5	31	396
6	27	350
7	30	360
8	31	374
9	33	386
10	32	414
11	29	387
12	22	270
13	23	305
14	26	354
15	28	370
16	29	349
17	33	413
18	30	397
19	34	386
20	33	443
21	32	370
22	25	320
23	28	332

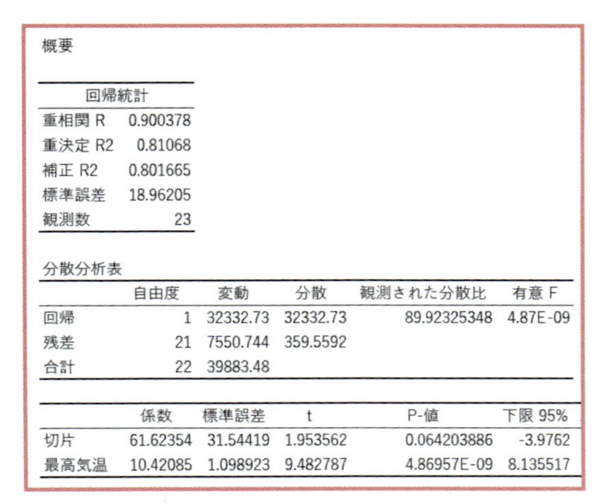

概要

回帰統計	
重相関 R	0.900378
重決定 R2	0.81068
補正 R2	0.801665
標準誤差	18.96205
観測数	23

分散分析表

	自由度	変動	分散	観測された分散比	有意 F
回帰	1	32332.73	32332.73	89.92325348	4.87E-09
残差	21	7550.744	359.5592		
合計	22	39883.48			

	係数	標準誤差	t	P-値	下限 95%
切片	61.62354	31.54419	1.953562	0.064203886	-3.9762
最高気温	10.42085	1.098923	9.482787	4.86957E-09	8.135517

この結果は、第3日「3.1.3　データ分析ツール「回帰分析」で求める」（p.94）で示した回帰分析実行結果と一致しています。

さて、これですべての回帰分析実行結果がそろいました。

「最高気温」「風速」「曜日」「天候」「広告の有無」の5つの数値とカテゴリーの説明変数のうち、「補正R2」の欄に表示されている自由度調整済決定係数の大きさを比べます。すると、「最高気温」「曜日」「天候」「広告の有無」の4つの変数を説明変数としたときのモデルが、統計学的に最適だということがわかりました。

	最高気温	風速	曜日	天候	広告の有無	自由度調整済決定係数
5変数	○	○	○	○	○	0.873
4変数	○	—	○	○	○	0.880
3変数	○	—	○	—	○	0.867
2変数	○	—	—	—	○	0.864
1変数	○	—	—	—	—	0.802

この4つの変数を使って、販売個数を予測するときの式を作ります。

なお、ここで「風速」は取り除くことになっているので、「風速」以外の説明変数を予測の式に採り入れます。

$$\text{販売個数(予測)} = \underbrace{23.578}_{\text{切片}} + \underbrace{9.841}_{\text{最高気温の回帰係数}} \times \text{最高気温(℃)} +$$

$$\underbrace{\begin{bmatrix} 24.093(\text{月}) \\ 41.233(\text{火}) \\ 5.214(\text{水}) \\ 21.542(\text{木}) \\ 0(\text{金}) \\ 17.375(\text{土}) \\ 7.020(\text{日}) \end{bmatrix}}_{\text{曜日}} + \underbrace{\begin{bmatrix} 36.957(\text{晴}) \\ 35.536(\text{曇}) \\ 0(\text{雨}) \end{bmatrix}}_{\text{天候}} + \underbrace{\begin{bmatrix} 37.801(\text{有}) \\ 0(\text{無}) \end{bmatrix}}_{\text{広告の有無}}$$

最高気温が24℃、曜日が月曜日、天候が晴れ、広告の有無が無の場合の販売個数は、23.578 + 9.841 × 24 + 24.093 + 36.957 + 0 = 320.8、つまり321個と予測することができます。

この事例では、すべての説明変数を使った場合と、最適な回帰式を求めた場合とでは、販売個数の予測に1個しか違いがありませんでした。

そのため、「面倒くさいことをしなくても、最初から説明変数を全部使うだけでよかったじゃないか！」ということで、実務では、とにかくすべての説明変数を採り入れた回帰分析しか行わない、という姿勢は正しくありません。

販売個数の予測に違いがなかったということは、結果的にそうだったということがわかっただけで、実際に分析を行ってみないことにはわからないのです。

統計学的には、やはり統計学的に最適な回帰モデルを求めることをお勧めします。

Column

カテゴリーデータでも説明変数で相関が高い状況を解消すること～2値のカテゴリーの場合は特に注意

「有無」や、一般に「性別」などのように2値の変数の場合、裏返しの関係を見逃さないようにしましょう。

得意先	リベート	値引き	粗利益
a	有	無	180
b	無	有	190
c	無	有	150
d	有	無	190
e	無	有	400
f	無	有	300
g	有	無	200
h	有	無	270
i	無	有	180
j	無	有	520
k	無	有	240

たとえば上のデータを回帰分析で実行しようとしたとき、ダミー変数に変換したら、相関係数は1または－1になります。これでは正しく回帰分析を実行することはできません。

このデータのように「リベート」と「値引き」とそれぞれ異なることを表す変数でも、分析で扱うデータの上では同じことをいっていることになります。そのため、「リベート」または「値引き」のどちらかの説明変数は不要になります。

回帰分析実行用データは、「リベート」も「値引き」も、「有」を1、「無」を0としています。

下図は、「リベート」と「値引き」の両方を説明変数としたときの相関係数と回帰分析実行結果を示しています。

	A	B	C	D	E	F	G	H	I	J	K
1	得意先	リベート	値引き	粗利益							
2	a	1	0	180		概要					
3	b	0	1	190							
4	c	0	1	150		回帰統計					
5	d	1	0	190		重相関 R	0.325595				
6	e	0	1	400		重決定 R2	0.106012				
7	f	0	1	300		補正 R2	-0.10443				
8	g	1	0	200		標準誤差	112.5181				
9	h	1	0	270		観測数	11				
10	i	0	1	180							
11	j	0	1	520		分散分析表					
12	k	0	1	240			自由度	変動	分散	された分	有意 F
13						回帰	2	13511.69	6755.844	1.067247	0.388286
14			-1			残差	9	113942.9	12660.32		
15			=CORREL(B2:B12,C2:C12)			合計	11	127454.5			
16											
17							係数	標準誤差	t	P-値	下限 95%
18						切片	210	56.25904	3.732734	0.004678	82.73321
19						リベート	0	0	65535	#NUM!	0
20						値引き	72.85714	70.52444	1.033077	#NUM!	-86.6802

「リベート」と「値引き」の相関係数は−1となっており、回帰分析実行結果の「リベート」の変数は、t値やP値が正しく求められていないものとして判断しましょう。

Column

数値データか、カテゴリーデータか？

「最高気温」や「風速」の場合は、その値を説明変数として使うことで問題ないでしょう。

ここで、「年代」の場合を考えてみます。

年代は、10代、20代、30代、40代……というように、数で表すことはできます。

このとき、10、20や30という数値データとして扱ってよいかどうかは、目的変数との相関関係を探って判断しましょう。

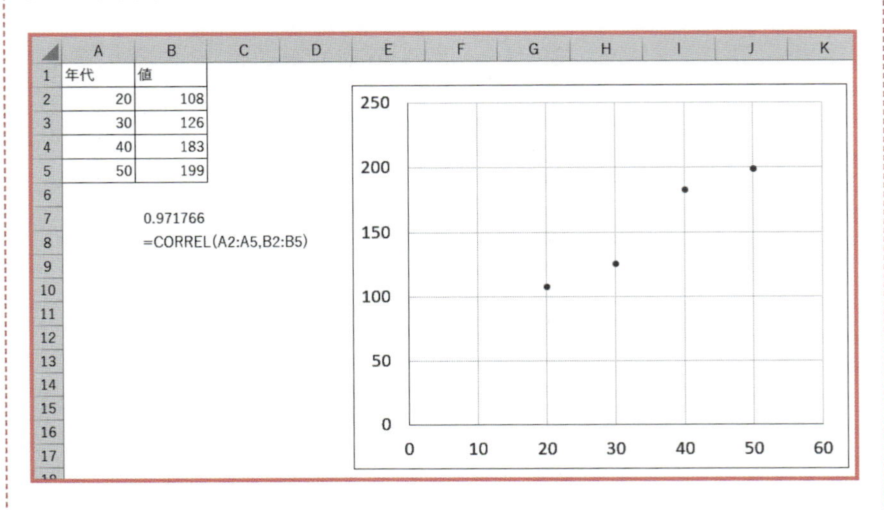

年代	値
20	108
30	126
40	183
50	199

このように、目的変数との間で相関関係が見られるならば、数値データで扱うことを試みてよいと筆者は考えます。

なお、次のように目的変数との間で相関関係が見られない場合は、年代を数値としてではなく、カテゴリーとして扱うことを試みてよいだろうと筆者は考えます。

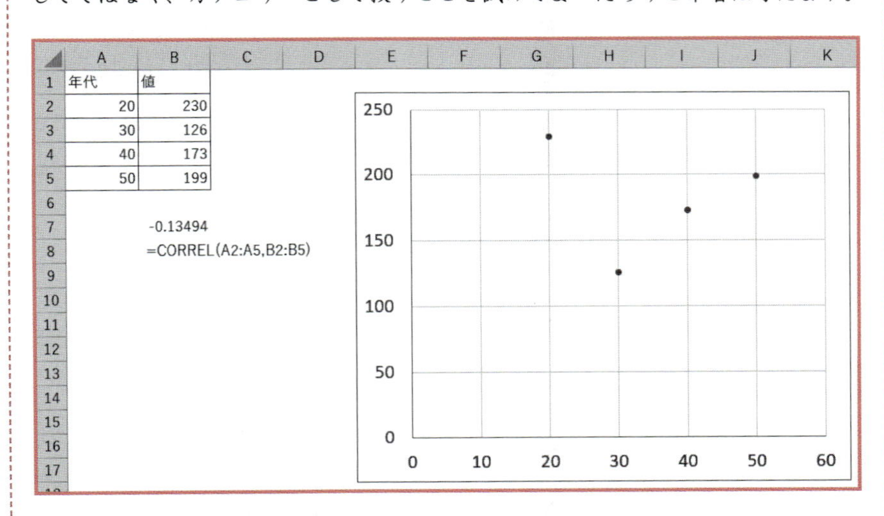

年代	値
20	230
30	126
40	173
50	199

このとき、「この場合は絶対にカテゴリーデータとしか扱ってはダメ！」という

ことではありません。しかし、第3日でも説明したように、説明変数は目的変数との相関関係が弱すぎないことが肝要です。この「年代」の数値が目的変数とあまり相関関係が見られないのならば、カテゴリーデータとして扱ってみて、回帰分析を実行しつつ、日常業務を通じて予測精度を確認しましょう。

Column

カテゴリーの列は、どの列を取り除いても予測の本質は変わらない

p.161の「カテゴリーデータの回帰係数を解釈しやすくするために」では、2つの回帰分析実行結果を求めました。

2つの回帰分析実行結果を見比べてみましょう。

概要

回帰統計	
重相関 R	0.967612
重決定 R2	0.936273
補正 R2	0.872545
標準誤差	15.20068
観測数	23

分散分析表

	自由度	変動	分散	観測された分散比	有意 F
回帰	11	37341.81	3394.71	14.69184813	4.98E-05
残差	11	2541.669	231.0608		
合計	22	39883.48			

	係数	標準誤差	t	P-値	下限 95%
切片	95.2999	33.62095	2.834539	0.016239752	21.30068
最高気温	9.867116	0.974943	10.12071	6.55681E-07	7.721281
風速	3.342881	6.234117	0.536224	0.602478835	-10.3783
月	-18.5126	18.019	-1.02739	0.326298615	-58.1721
水	-36.3535	17.81775	-2.0403	0.06607001	-75.5701
木	-23.0815	19.6218	-1.17632	0.264296899	-66.2688
金	-43.9717	18.742	-2.34616	0.038748924	-85.2226
土	-24.8854	17.2424	-1.44327	0.176812363	-62.8357
日	-36.1863	17.58871	-2.05736	0.064156909	-74.8988
晴	1.006594	9.266209	0.108631	0.915451708	-19.3882
雨	-36.7779	20.85889	-1.76318	0.105591109	-82.6881
有	39.30459	13.0645	3.008503	0.011897662	10.54981

概要

回帰統計	
重相関 R	0.967612
重決定 R2	0.936273
補正 R2	0.872545
標準誤差	15.20068
観測数	23

分散分析表

	自由度	変動	分散	観測された分散比	有意 F
回帰	11	37341.81	3394.71	14.69184813	4.98E-05
残差	11	2541.669	231.0608		
合計	22	39883.48			

	係数	標準誤差	t	P-値	下限 95%
切片	14.55022	36.33256	0.400473	0.69647616	-65.4172
最高気温	9.867116	0.974943	10.12071	6.55681E-07	7.721281
風速	3.342881	6.234117	0.536224	0.602478835	-10.3783
月	25.45918	13.48706	1.887674	0.085718615	-4.22564
火	43.97174	18.742	2.34616	0.038748924	2.720874
水	7.6182	13.84059	0.550424	0.59302991	-22.8447
木	20.89024	12.85525	1.625036	0.132436542	-7.40396
土	19.08632	12.72705	1.499666	0.161843293	-8.92572
日	7.785468	12.31619	0.632133	0.540215944	-19.3223
晴	37.78453	20.33491	1.858111	0.090100145	-6.97231
曇	36.77794	20.85889	1.763178	0.105591109	-9.13218
有	39.30459	13.0645	3.008503	0.011897662	10.54981

左側は最初の回帰分析実行結果です。「曜日」の「火」、「天候」の「曇」、「広告の有無」の「無」を取り除いています。右側は、「曜日」の「金」、「天候」の「雨」、「広告の有無」の「無」を取り除いています。

回帰分析実行結果を見比べると、概要の部分はすべて一致しています。

そして、切片や回帰係数の行は一見異なる傾向を示しているように見えますが、左側の回帰分析実行結果から回帰式を作ると次のようになります。

販売個数(予測)＝ 95.300 ＋ 9.867 × 最高気温(℃)＋ 3.343 × 風速 ＋

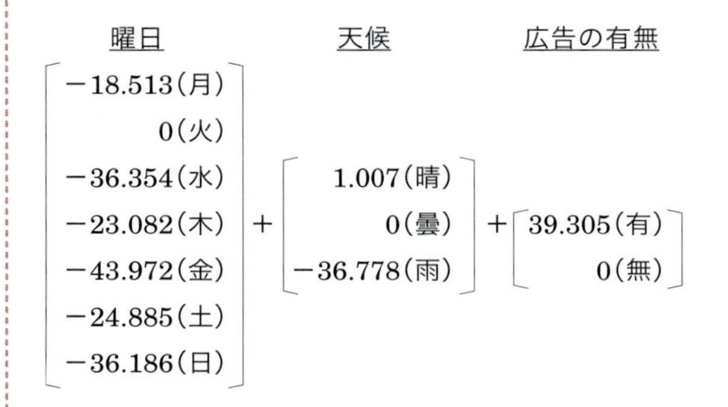

最高気温が24℃、風速が1.6m、曜日が月曜日、天候が晴、広告の有無が無の場合、この式から販売個数の予測値を求めると、95.300 ＋ 9.867 × 24 ＋ 3.343 × 1.6 − 18.513 ＋ 1.007 ＋ 0は、320個とまったく同じ値になります。

回帰分析実行用データを作るとき、カテゴリーのうち取り除く列によって切片や回帰係数は異なります。しかし、カテゴリーのうち1列を取り除くというルールを変えない限り、予測の本質は変わりません。

なお、カテゴリーデータの影響度は、回帰分析実行用データで取り除く列によってt値が若干変わるので、どの列を取り除いても、影響度（t値のレンジ）は小数点以下の部分で若干の違いが出ることがあります。

説明変数	t値の最大値	t値の最小値	影響度
最高気温			10.121
風速			0.536
曜日	0	− 2.346	2.346
天候	0.109	− 1.763	1.872
広告の有無	3.009	0	3.009

第 5 日 まとめ

説明変数にカテゴリーデータを含む重回帰分析を説明しました。

重回帰分析の主な目的は数値予測と要因分析の 2 つですが、説明変数にカテゴリーデータを含む場合でも、この目的は変わりません。

❶ 回帰分析実行用データを作るとき、カテゴリーデータの場合は 0 と 1 のダミー変数に変換する。このとき、カテゴリーごとに任意の 1 列ずつを取り除く

❷ 回帰分析を実行したら、回帰分析実行用データで取り除いた列の回帰係数を 0 として扱った上で、カテゴリーごとに回帰係数がもっとも小さい列を、取り除く列にする

❸ ❷でカテゴリーごとに 1 列ずつ取り除いたあと、回帰分析を（再度）実行する

❹ 回帰分析実行結果から、回帰式を作る。カテゴリーデータごとに 1 列ずつ取り除いた列の回帰係数は 0 として扱う

式のうち、カテゴリーデータの列を縦に並列に並べるとわかりやすいでしょう。→ p.166

統計的に最適な回帰モデルを求めるのに、変数選択も考慮して数値予測と要因分析を行いましょう。

影響度の求め方は、数値データとカテゴリーデータとでは異なります。→ p.168

説明変数のデータの種類	影響度
数値データ	t 値の絶対値
カテゴリーデータ	回帰分析実行用データを作るときに取り除いた列を 0 と扱った上での t 値のレンジ

回帰分析を行うときのその他の注意点は、第 4 日で説明した重回帰分析と同様です。

- Excel のデータ分析ツールで回帰分析を行う場合は、説明変数の列数は 16 個までにする
- データ行数は、説明変数の列数＋ 2 行以上必要

- 説明変数同士で相関関係の強すぎる組み合わせは、あらかじめ解消しておく
- 自由度調整済決定係数は正の値であることを確認する

第 6 日は、目的変数が 2 値のカテゴリーデータで、どちらに属するかを予測する線形判別分析について説明します。

説明変数は数値データとカテゴリーデータ両方扱うことができるので、もし途中の説明がわからなくなったら、いつでも第 3 日～第 5 日に戻ってきてください。

なお、すべての説明変数がカテゴリーデータの場合の重回帰分析を、数量化理論Ⅰ類とも呼びます。

このとき回帰分析を行うのにすべての説明変数はダミー変数に変換したので、回帰分析実行結果の回帰係数のレンジによって、簡易的に影響度を探ることができます。

第 6 日で説明する線形判別分析で、説明変数がカテゴリーデータだけの場合は、数量化理論Ⅱ類という分析方法に該当します。

線形判別分析

第5日までは、目的変数が数値データの重回帰分析について見てきました。
第6日では、目的変数がカテゴリーデータとなる重回帰分析について説明します。

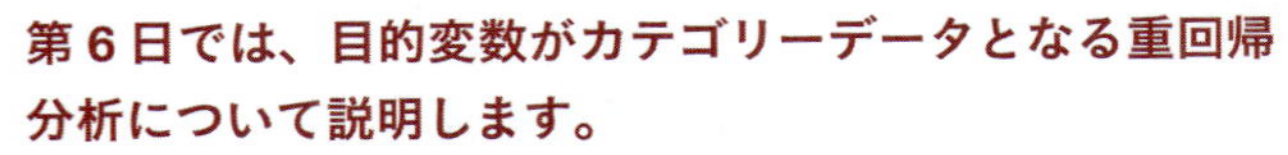

Excelの回帰分析を利用するため、扱うことができる目的変数は2値のみです。
重回帰分析を応用しているので、わからないところがあれば第4日を見直して、理解できたらまた戻ってきてください。

6.1 回帰分析を使った線形判別分析

6.1.1 線形判別分析とは

判別分析の目的

第4日と第5日では重回帰分析を説明しました。重回帰分析は、数値予測を目的としていました。判別分析の主な目的は、検査や試験に「合格」か「不合格」か、過去のキャンペーンで顧客が「来店した」か「来店しなかった」か、という具合に記録されたデータを基に、新たなデータが現れたときに、どちらに属するのかを予測することにあります。

用語としては、予測の一種ということで、**判別予測**（はんべつよそく）(Discriminant Prediction) と呼ぶこともあります。

線形判別分析を行うときの考え方

線形判別分析は、試験の場合なら「合格」と「不合格」両方のデータが目的変数であると考えます。その合否を左右する要因となる（なりそうな）項目を、説明変数として分析に採り入れます。

顧客が来店したかどうかのデータを基に、新たな顧客データが入ってきたときに、その顧客が来店するかどうかを予測する場合、「来店した」顧客も「来店しなかった」顧客も、どちらもデータに存在していなければ意味がありません。

つまり、「合格した」や「来店した」データだけを基に分析しようとしても、分析の目的を果たすことは絶対にできません。

判別分析の分析用データの特徴

第3日目から第5日までは、数値予測について採り上げました。第6日で説明するのは、注目する1つの項目が「来店する／来店しない」「反応あり／反応なし」「成約／逸注」「良／不良」「合格／不合格」のような、どちらに属するのかを示すものです。

このように目的変数は、**カテゴリーデータ**です。カテゴリーデータを統計学的な計算で扱うことができるよう、0や1という**ダミー変数**に置き換えます。

6.1.2 主な判別分析の種類

統計学を応用した分析のうち、判別分析は上述のようにAかBのどちらに属するのかを探るため、さまざまな方法が提唱されています。

線形判別分析

線形判別分析は、第5日で説明した**重回帰分析**を利用した方法です。

説明変数の数量が1つ増加するごとに、目的変数がいくら増加するのかを推定することから、「線形の」回帰分析による判別分析ということで、**線形判別分析**（せんけいはんべつぶんせき）(Linear Discriminant Analysis）と呼びます。目的変数は、「受注する／逸注する」「合格／不合格」「購入する／購入しない」など、2つのグループのうち、どちらに属するのかを探ることを主な目的としています。線形判別分析を行うには、目的変数は「0か1」という2値である必要があります。またこのとき、「0か1」ではなく、「1か2」のように0以外の値だけを当てはめようとしたり、「AかBかCか」というように3つ以上の値を当てはめようとしても、この分析では意味がありません。それは第1日で説明した順序尺度や間隔尺度、比例尺度といった、数値の大きさや比率に意味を持つ値を使っても、正しく分析ができないということに関係しています。

そして新たなデータが発生したとき、そのデータがどちらに属するのかを重回帰式を使って判定値（どちらのグループに属するのかを判定するための値）を求めます。

ロジスティック回帰分析

線形判別分析は（線形の分析である）重回帰分析を利用するので、**残差**によって目的変数の予測値は0を下回ったり、1を上回ったりすることがあります。また、線形判別分析は2つのうちどちらのグループに属するのかを分析するのに対して、**ロジスティック回帰分析**（Logistic Regression Analysis）は、目的変数である事柄

(「来店する」か「来店しない」かでいえば)「来店する」を1、「来店しない」を0とするとき、1(来店する)になる確率を求めるものです。

後述しますが、予測値が0.5を超えると、「来店する」と判断することが慣例になっています。

またロジスティック回帰分析では、目的変数がこのように2値のデータを対象とする場合がありますが、確率を目的変数とする場合もあります。本書では「ソルバー機能」を使う方法と、Excelのデータ分析ツール「回帰分析」で扱う方法[1]とで説明します。

なお、ロジスティック回帰分析には大きく分けて2種類の分析があります。

分析用データが線形判別分析で示したように、目的変数が2値の場合に使う**二項ロジスティック回帰分析**と、目的変数が3つ以上の内容からできているカテゴリーの場合に使う**多項ロジスティック回帰分析**があります。

本書ではExcelで扱うことができる二項ロジスティック回帰分析に絞って、第7日で説明します[2]。

線形判別分析と二項ロジスティック回帰分析の使い分け

線形判別分析と二項ロジスティック回帰分析とでは、どちらかというと後者の二項ロジスティック回帰分析のほうがよく使われます。

線形判別分析は、とりあえず2つのうちどちらに属するのかを分けられればよいという考え方で分析に臨むことができます。

ロジスティック回帰分析では、目的変数の0・1という2値のうち1になる確率を求めるので、たとえばデータAの説明変数の組み合わせとデータBの説明変数の組み合わせとでは、1となる確率にどの程度違いがあるのかを探ることもできるのです。

---

1 前者のように目的変数が2値の場合で、Excelの回帰分析を応用させる場合は、後述する「ロジット変換」では計算ができません。ソルバー機能であれば、2値の場合も実践可能です。

2 判別分析の種類には、これらのほかにも、マハラノビス距離を利用したものもあります。この方法は計算が煩雑なため、実務ではExcel用アドインプログラムを使ったり、「R」や「SPSS」などの統計解析用ソフトウェアを利用したりするのが現実的です。

重回帰分析で線形判別分析

6.2.1 線形判別分析の流れ

第5日の重回帰分析と似ていますが、おおよそ次の流れで分析を行います。

❶ 目的変数（2値の判別する項目）を決めます。
❷ 説明変数を決めます。
❸ 第5日で触れたように、説明変数同士で相関関係の強すぎる関係を解消しておきます。
❹ Excelのデータ分析ツールの「回帰分析」で回帰分析を行う場合は、説明変数は16列までにします。
❺ データ行数は、回帰分析の「入力X範囲（X）」で指定する列の数＋2行以上にしましょう。「入力X範囲（X）」で指定する列が5列の場合は、7行以上のデータ行数が必要だということになります。
❻ 回帰分析を実行し、その出力結果から切片と回帰係数を基に判別式を作ります。
❼ 判別式によって「来店する」か「来店しない」のどちらに属するかを予測します。
❽ 説明変数のうち、どの変数がより判別に影響しているかを探ります（要因分析）。
❾ 回帰分析実行用データにある実際の来店有無と、判別式によって得られる予測値I（推定値）とを比較して、判別精度を確認します。

6.2.2 回帰分析を実行するためのデータを用意する

◉ 何を判別するのかを明らかにする 〜 目的変数の明確化

第6日では、顧客の性別や居住地などの属性との関連を利用して、顧客が過去のキャンペーン期間中に来店したかどうかを判別して、予測をする方法について説明します。

この予測の対象は、顧客が「来店する(来店した)」か「来店しない(来店しなかった)」[3]かのどちらに属するかにあたるので、「来店する」か「来店しない」かが目的変数となります。

目的変数(来店する/しない)の判別に使えそうな説明変数を決める

目的変数の「来店する(した)」「来店しない(来店しなかった)」に影響する要因を挙げます。このとき、第1日(p.12)で説明した、どういう切り口で要因を絞り込むかを考えましょう。顧客が来店したかどうかを、天候や曜日などの環境にあるのか、それとも顧客の属性によるのかという具合です。

ここでは顧客の属性が来店の有無を左右すると考えて、顧客の属性である「性別」「居住地」「購入金額」の3つを説明変数にします(次ページの図を参照)。

線形判別分析の回帰分析実行用データの作り方

第5日で採り上げたように、説明変数は数値データでも、カテゴリーデータでも扱うことができます。

なお、目的変数は「来店する」か「来店しない」というカテゴリーデータにあたります。2値のデータを配置しましょう。

説明変数の「性別」「居住地」「購入金額」のうち、「性別」と「居住地」がカテゴリーデータ、「購入金額」が数値データです。

「性別」は「女性」と「男性」から、「居住地」はここでは「市内」と「隣接(する市)」から、「来店有無」は「来店する」と「来店しない」という2つの要素を持つカテゴリーだということがわかります。

「性別」や「居住地」は2値のカテゴリーデータなので、ダミー変数に変換して、回帰分析実行用のデータを完成させます。なお、「購入金額」は数値データなので、回帰分析実行用でもそのままのデータとして配置します。

「性別」の場合、「男性」または「女性」のうち一方だけを回帰分析実行用データとして配置します。ここでは「女性」を配置することにします(もちろん「男性」を配置してもかまいません)。「女性」を配置した場合、顧客No.1は「女性」なので、「女性」の列には該当するという意味で、「1」を配置します。「性別」が「男性」の顧

3 字数をなるべくシンプルにするため、「来店する」「来店しない」としましたが、本質的な意味はそれぞれ、「来店した」「来店しなかった」となります。

客には、「女性」の列には「**0**」を配置します。

	A	B	C	D	E
1	顧客ID	性別	居住地	購入金額	来店有無
2	1	女性	市内	7000	来店しない
3	2	女性	市内	7000	来店しない
4	3	女性	市内	7000	来店しない
5	4	女性	市内	13000	来店しない
6	5	女性	市内	13000	来店しない
7	6	女性	市内	13000	来店しない
8	7	女性	市内	13000	来店しない
9	8	女性	市内	13000	来店しない
10	9	女性	市内	18000	来店する
11	10	女性	市内	18000	来店する
12	11	女性	市内	18000	来店する
13	12	女性	市内	18000	来店する
14	13	女性	市内	24000	来店する
15	14	女性	市内	24000	来店する
16	15	女性	市内	24000	来店する
17	16	女性	市内	30000	来店する
18	17	女性	市内	30000	来店する
19	18	女性	市内	36000	来店する
20	19	女性	市内	36000	来店する
21	20	女性	市内	42000	来店する
22	21	女性	隣接	13000	来店しない
23	22	女性	隣接	13000	来店しない
24	23	女性	隣接	19000	来店する
25	24	女性	隣接	19000	来店する
26	25	女性	隣接	18000	来店しない

	A	B	C	D	E
27	26	女性	隣接	24000	来店する
28	27	女性	隣接	24000	来店する
29	28	男性	市内	7000	来店する
30	29	男性	市内	7000	来店する
31	30	男性	市内	7000	来店する
32	31	男性	市内	13000	来店する
33	32	男性	市内	13000	来店する
34	33	男性	市内	13000	来店しない
35	34	男性	市内	13000	来店しない
36	35	男性	市内	18000	来店しない
37	36	男性	隣接	7000	来店する
38	37	男性	隣接	12000	来店しない
39	38	男性	隣接	13000	来店する
40	39	男性	隣接	13000	来店する
41	40	男性	隣接	18000	来店する
42	41	男性	隣接	7000	来店しない
43	42	男性	隣接	9000	来店しない
44	43	男性	隣接	10000	来店しない
45	44	男性	隣接	11000	来店しない

「女性」の列には該当するという意味で、「**1**」を配置します。「性別」が「男性」の顧客には、「女性」の列には「**0**」を配置します。

この要領で、「居住地」も「市内」か「隣接（する市）」のいずれかを配置します。

ここでは「市内」を配置することにして、「市内」に該当するデータ（行）は「**1**」、「隣接（する市）」に該当するデータは「**0**」を配置します。

No.1 データの「居住地」は「市内」なので、「市内」の列には「**1**」を配置します。

「来店有無」は「来店する」を残して配置することにして、「来店する」に該当する顧客のデータには「**1**」、「来店しない」に該当する顧客のデータには「**0**」を配置します。

回帰分析実行用データは、次ページの図のように配置します。

「女性」「市内」「購入金額」の列を説明変数、「来店する」の列を目的変数として扱います。

カテゴリーデータで1列ずつ取り除くとき

この事例は2値のカテゴリーでしたが、1つのカテゴリーの内容が3つ以上あるときは、このうち1列を取り除いてから回帰分析を実行しましょう。

このとき、第5日でも説明したように、次の手順で回帰分析を実行すると、説明がしやすくなると筆者は考えます。

❶ 回帰分析実行用データで、カテゴリーデータのうち任意の1列ずつを取り除いたら、一度回帰分析を実行します。
❷ 回帰分析実行結果から、カテゴリーごとに回帰係数がもっとも小さい列を挙げます。
❸ ❶で取り除いた列と❷の回帰係数がもっとも小さい列が異なる場合、❷を優先させて回帰分析実行用データを再度作ります。
❹ 回帰分析を実行して回帰式（予測式）を作ります。

	A	B	C	D	E
1	顧客ID	女性	市内	購入金額	来店する
2	1	1	1	7000	0
3	2	1	1	7000	0
4	3	1	1	7000	0
5	4	1	1	13000	0
6	5	1	1	13000	0
7	6	1	1	13000	0
8	7	1	1	13000	0
9	8	1	1	13000	0
10	9	1	1	18000	1
11	10	1	1	18000	1
12	11	1	1	18000	1
13	12	1	1	18000	1
14	13	1	1	24000	1
15	14	1	1	24000	1
16	15	1	1	24000	1
17	16	1	1	30000	1
18	17	1	1	30000	1
19	18	1	1	36000	1
20	19	1	1	36000	1
21	20	1	1	42000	1
22	21	1	0	13000	0
23	22	1	0	13000	0
24	23	1	0	19000	1
25	24	1	0	19000	1
26	25	1	0	18000	0
27	26	1	0	24000	1
28	27	1	0	24000	1
29	28	0	1	7000	1
30	29	0	1	7000	1
31	30	0	1	7000	1
32	31	0	1	13000	1
33	32	0	1	13000	1
34	33	0	1	13000	0
35	34	0	1	13000	0
36	35	0	1	18000	0
37	36	0	0	7000	1
38	37	0	0	12000	0
39	38	0	0	13000	1
40	39	0	0	13000	1
41	40	0	0	18000	1
42	41	0	0	7000	0
43	42	0	0	9000	0
44	43	0	0	10000	0
45	44	0	0	11000	0

6.2.3 回帰分析を実行する

このようにダミー変数に置き換えたら、Excelで回帰分析を実行することができます。データ分析ツールの「回帰分析」を使って、判別するための式を求めます。

❶「データ」タブの「分析」グループから「データ分析」メニューを選択し、表示された「データ分析」メニューの「回帰分析」を選択し、「OK」をクリックします。

❷ 回帰分析の設定画面が表示されます。次のように設定します。

- 入力Y範囲（Y）：目的変数にあたる列を指定します。ここでは、「来店有無」のデータの範囲（E1～E45）を指定します。
- 入力X範囲（X）：説明変数にあたる列を指定します。ここでは、「女性」「市内」「購入金額」のデータの範囲（B1～D45セル）を指定します。
- ラベル（L）：「入力Y範囲（Y）」「入力X範囲（X）」で指定した部分にデータラベルを含めて範囲選択したので、ここにチェックを入れます。
- 出力オプションでは任意の出力方法を指定します。
- 残差（R）：後述する判別精度を確かめるのに利用するため、「残差（R）」にチェックを入れます。

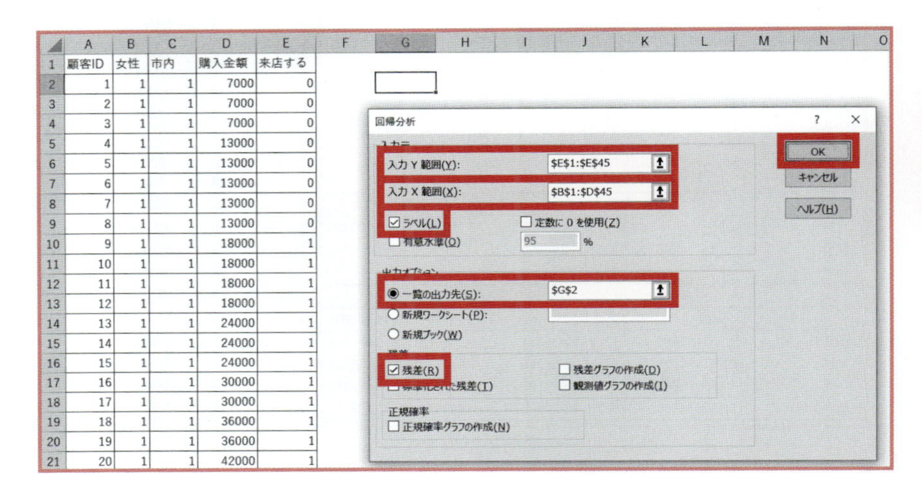

設定し終わって「OK」ボタンをクリックすると、回帰分析実行結果が次のよう

に表示されます。

概要

回帰統計	
重相関 R	0.536336836
重決定 R2	0.287657202
補正 R2	0.234231492
標準誤差	0.438465058
観測数	44

分散分析表

	自由度	変動	分散	観測された分散比	有意 F
回帰	3	3.10539	1.03513	5.384246694	0.003295
残差	40	7.690064	0.192252		
合計	43	10.79545			

	係数	標準誤差	t	P-値	下限 95%
切片	0.100544806	0.159122	0.631871	0.531066455	-0.22105
女性	-0.257574213	0.159768	-1.61218	0.114787262	-0.58048
市内	0.06073805	0.143151	0.424292	0.673626073	-0.22858
購入金額	3.56274E-05	9.06E-06	3.933959	0.000324255	1.73E-05

残差出力

観測値	予測値: 来店する	残差
1	0.153100461	-0.1531
2	0.153100461	-0.1531
3	0.153100461	-0.1531
4	0.366864877	-0.36686
5	0.366864877	-0.36686
6	0.366864877	-0.36686
7	0.366864877	-0.36686
8	0.366864877	-0.36686
9	0.54500189	0.454998
10	0.54500189	0.454998
11	0.54500189	0.454998
12	0.54500189	0.454998
13	0.758766306	0.241234
14	0.758766306	0.241234
15	0.758766306	0.241234
16	0.972530721	0.027469
17	0.972530721	0.027469
18	1.186295137	-0.1863
19	1.186295137	-0.1863
20	1.400059553	-0.40006
21	0.306126826	-0.30613
22	0.306126826	-0.30613
23	0.519891242	0.480109
24	0.519891242	0.480109
25	0.484263839	-0.48426
26	0.698028255	0.301972
27	0.698028255	0.301972
28	0.410674674	0.589325
29	0.410674674	0.589325
30	0.410674674	0.589325
31	0.62443909	0.375561
32	0.62443909	0.375561
33	0.62443909	-0.62444
34	0.62443909	-0.62444
35	0.802576103	-0.80258
36	0.349936624	0.650063
37	0.528073637	-0.52807
38	0.56370104	0.436299
39	0.56370104	0.436299
40	0.741838053	0.258162
41	0.349936624	-0.34994
42	0.421191429	-0.42119
43	0.456818832	-0.45682
44	0.492446234	-0.49245

6.2.4 判別式を作り、来店の有無を予測する

回帰分析実行結果で表示された切片と回帰係数から、判別をするための式を作ります。判別予測をするための式を作るポイントは、第5日でも説明した、カテゴリーデータである「性別」と「居住地」の式への反映のさせ方です。カテゴリーデータの場合は、回帰分析実行用データに反映させた「性別」の「女性」と「居住地」の「市内」は、回帰係数が求められているのでそれらを式にそのまま反映させます。

そして、「性別」の「男性」と「居住地」の「隣接」については、回帰分析実行用データで取り除いた列だったので、これらの回帰係数は0として扱って、式に反映させましょう[4]。

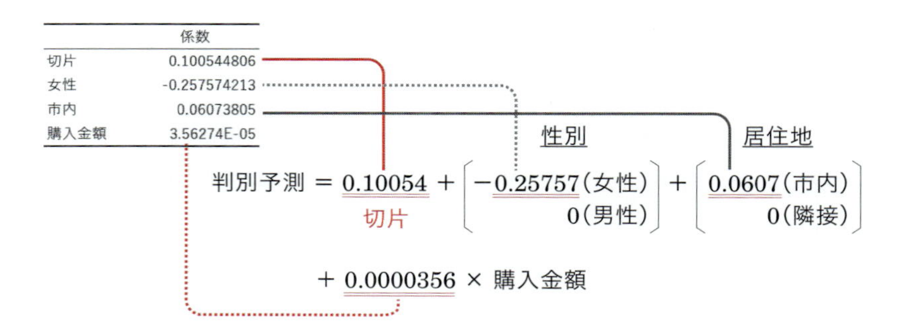

この式によって求めた値のことを、「来店する」か「来店しない」かを判定するための値ということで、本書では**判定値**と呼ぶことにします。

どちらに属するのかを判定する方法

目的変数が来店有無というカテゴリーデータなので、ダミー変数として「来店する」を1、「来店しない」を0と当てはめました。そこで、1と0の中間である0.5を境に、判定値が0.5よりも大きければ「来店する」と予測をし、0.5よりも小さければ「来店しない」と予測をしましょう。

4 「購入金額」の回帰係数で表示されている「3.56274E-05」は 3.56274×10^{-5}（10のマイナス5乗、つまり1万分の1）という意味で、小数に直すと0.0000356274ということです。「A 累乗・√・logの解説」（p.242）も参照してください。

第6日

もし、新たな顧客の「性別」が「女性」で、「居住地」が「市内」で、「購入金額」が25,000円の場合、上の式から、0.10054 − 0.25757 + 0.0607 + 0.0000356 × 20,000を計算し、0.616と求めることができました。この値は0.5よりも大きいので、この顧客は「来店する」と予測をすることができます。

なお、線形判別分析はこのように重回帰分析（線形回帰分析）を使っているため、必ず残差が生まれます。そのためデータによっては判定値が0を下回ったり、1を上回ったりすることがあります。

判定値が1を上回ったり、0を下回ったりしても、特別な考え方をする必要はなく、0.5を境に2つのうちどちらに属するのかを予測すればよいのです。

6.2.5 影響度を求める

目的変数である「来店する」か「来店しない」かに対する影響度は、説明変数が数値データなのか、カテゴリーデータなのかによって、求め方が異なります。これは、第5日で説明した方法と同じです。次のルールを覚えましょう。

- 数値データの場合は、第5日でも説明したように、t 値の絶対値を影響度とする
- カテゴリーデータの場合は、回帰分析実行用データで採用しなかった列の t 値を0として扱った上で、t 値のレンジを影響度と判断する

説明変数の種類	影響度の求め方
数値データ	t 値の絶対値
カテゴリーデータ	カテゴリーごとの t 値のレンジ 【注意】回帰分析実行用データで採用しなかった列を0として扱うこと

この事例の影響度は、回帰分析の実行結果から、次のように求めます。

要因（説明変数）	最大の t 値	最小の t 値	影響度
性別	（男性） 0	（女性） − 1.612	1.612
居住地	（市内） 0.424	（隣接） 0	0.424
購入金額			3.934

この結果から、来店の有無に対する影響度は、「購入金額」がもっとも大きい説明変数であると判断できます。

6.2.6 判別精度を検証する

さてここで、分析に利用した顧客データの「来店した」のか「来店しない」のかに、どれだけ合っているのかを確かめてみましょう。

確かめる方法は、顧客 ID1 ～ 41 の実際の来店有無と、上の判別式によって得られた判定値による判定とで、合っている割合を求めます。

$$判定精度 = \frac{判定が合っている件数}{分析に利用したすべてのデータの件数}$$

この判定精度を 100 倍することで、パーセントで表すことができます。

回帰分析実行結果を求めるのに「残差（R）」にチェックを入れました。残差を表示することで、実際のデータと回帰式（判定式）で得られた判定値や、判定値との差が求められます。

回帰式で得られた値、線形判別分析で判定値に相当する値のことを、回帰分析では**推定値**（すいていち）（Estimate）と呼びます。

ここでは、「残差（R）」にチェックを入れたときに表示される Excel の残差出力から、予測値の欄を利用します。この欄の値が表示されているセルの範囲をコピーしましょう。

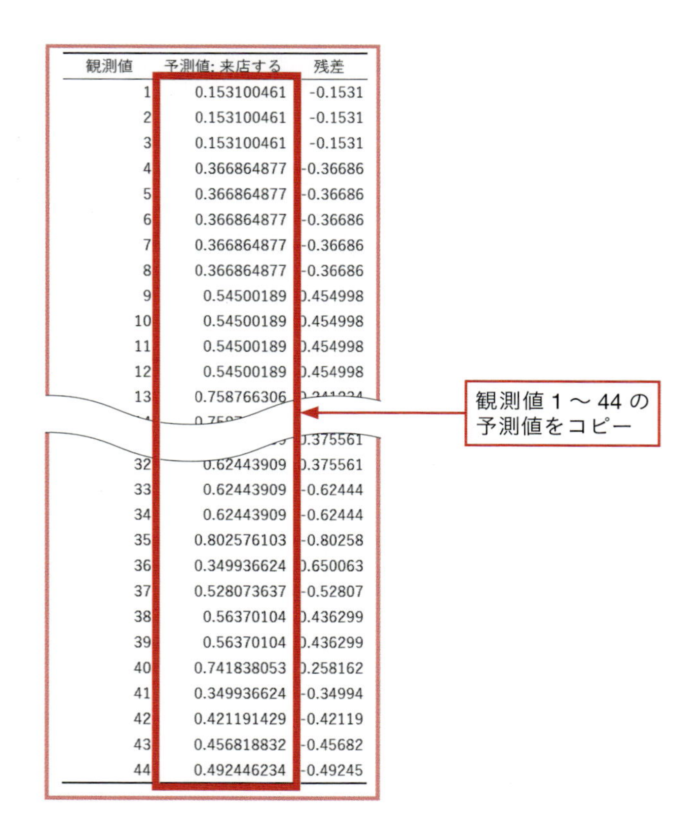

観測値	予測値: 来店する	残差
1	0.153100461	-0.1531
2	0.153100461	-0.1531
3	0.153100461	-0.1531
4	0.366864877	-0.36686
5	0.366864877	-0.36686
6	0.366864877	-0.36686
7	0.366864877	-0.36686
8	0.366864877	-0.36686
9	0.54500189	.454998
10	0.54500189	.454998
11	0.54500189	.454998
12	0.54500189	.454998
13	0.758766306	[illegible]
[illegible]	[illegible]	[illegible]
[illegible]	[illegible]	.375561
32	0.62443909	.375561
33	0.62443909	-0.62444
34	0.62443909	-0.62444
35	0.802576103	-0.80258
36	0.349936624	.650063
37	0.528073637	-0.52807
38	0.56370104	.436299
39	0.56370104	.436299
40	0.741838053	.258162
41	0.349936624	-0.34994
42	0.421191429	-0.42119
43	0.456818832	-0.45682
44	0.492446234	-0.49245

そして、このセルの範囲を次ページの表の「推定値」のところにペーストします。

推定値が 0.5 を境に「来店する」か「来店しない」のどちらに属するのかを求め、実際の「来店有無」と比較して、合っているのかどうかを確かめましょう。

F 列の「来店する」は、実際の来店有無を表し、**H** 列の「推定値の判定」は、推定値が 0.5 を超えるとき、来店すると判定したものです。

「来店有無」と「推定値による判定」が一致しているデータが多ければ多いほど、この判定方法は妥当だと考え、新たな顧客のデータについて、判別予測を行うのです。

このデータは 44 件あります。実際のデータと推定値による判定とを比べると、正解していたデータは 36 件でした。正しく判定できた割合は、36 ÷ 44 で 82%でした。

	A	B	C	D	E	F	G	H	I
1	顧客ID	性別	居住地	購入金額	来店有無	来店する	推定値	推定値の判定	正解
2	1	女性	市内	7000	来店しない		0.1531	来店しない	○
3	2	女性	市内	7000	来店しない		0.1531	来店しない	○
4	3	女性	市内	7000	来店しない		0.1531	来店しない	○
5	4	女性	市内	13000	来店しない		0.366865	来店しない	○
6	5	女性	市内	13000	来店しない		0.366865	来店しない	○
7	6	女性	市内	13000	来店しない		0.366865	来店しない	○
8	7	女性	市内	13000	来店しない		0.366865	来店しない	○
9	8	女性	市内	13000	来店しない		0.366865	来店しない	○
10	9	女性	市内	18000	来店する		0.545002	来店する	○
11	10	女性	市内	18000	来店する		0.545002	来店する	○
12	11	女性	市内	18000	来店する		0.545002	来店する	○
13	12	女性	市内	18000	来店する		0.545002	来店する	○
14	13	女性	市内	24000	来店する		0.758766	来店する	○
15	14	女性	市内	24000	来店する		0.758766	来店する	○
16	15	女性	市内	24000	来店する		0.758766	来店する	○
17	16	女性	市内	30000	来店する		0.972531	来店する	○
18	17	女性	市内	30000	来店する		0.972531	来店する	○
19	18	女性	市内	36000	来店する		1.186295	来店する	○
20	19	女性	市内	36000	来店する		1.186295	来店する	○
21	20	女性	市内	42000	来店する		1.40006	来店する	○
22	21	女性	隣接	13000	来店しない		0.306127	来店しない	○
23	22	女性	隣接	13000	来店しない		0.306127	来店しない	○
24	23	女性	隣接	19000	来店する		0.519891	来店する	○
25	24	女性	隣接	19000	来店する		0.519891	来店する	○
26	25	女性	隣接	18000	来店しない		0.484264	来店しない	○

コピーした予測値をペースト

	A	B	C	D	E	F	G	H	I
27	26	女性	隣接	24000	来店する		0.698028	来店する	○
28	27	女性	隣接	24000	来店する		0.698028	来店する	○
29	28	男性	市内	7000	来店する		0.410675	来店しない	×
30	29	男性	市内	7000	来店する		0.410675	来店しない	×
31	30	男性	市内	7000	来店する		0.410675	来店しない	×
32	31	男性	市内	13000	来店する		0.624439	来店する	○
33	32	男性	市内	13000	来店する		0.624439	来店する	○
34	33	男性	市内	13000	来店しない		0.624439	来店する	×
35	34	男性	市内	13000	来店しない		0.624439	来店する	×
36	35	男性	市内	18000	来店しない		0.802576	来店する	×
37	36	男性	隣接	7000	来店する		0.349937	来店しない	×
38	37	男性	隣接	12000	来店しない		0.528074	来店する	×
39	38	男性	隣接	13000	来店する		0.563701	来店する	○
40	39	男性	隣接	13000	来店する		0.563701	来店する	○
41	40	男性	隣接	18000	来店する		0.741838	来店する	○
42	41	男性	隣接	7000	来店しない		0.349937	来店しない	○
43	42	男性	隣接	9000	来店しない		0.421191	来店しない	○
44	43	男性	隣接	10000	来店しない		0.456819	来店しない	○
45	44	男性	隣接	11000	来店しない		0.492446	来店しない	○

判定精度の良し悪しを考えるとき

「判定精度が●●%以上なければいけない」という、一定の基準は存在しません。

それでも「せめて『これ以上あればよい』という目安くらいないの？」と考えたくなる気持ちはよく理解できます。しかしビジネスでは、判別精度よりも重視すべきポイントがあります。それは、第1日「1.1.3　組織における予測への向き合い方」で示したように、日常業務を通じて予測の精度を常に検討することです。

また、一発で予測が当たることも、予測が100%当たることもまずあり得ません。

分析をして意思決定をしていく中で、「判別精度が8割程度ならば、統計学を採り入れる前よりも精度はよいので、まずはこれでやってみましょう」というように、いったん落としどころを決めるのです。

その上で寛容な姿勢で経過を見守りながら、日常業務を通じて必要に応じて予測方法や説明変数、予測値の見直しを行い、予測精度を上げることができるよう努めましょう。

判別精度を上げる試行錯誤を忘れないこと

今回の事例では、特に女性の判定はすべて正しくできていることがわかります。男性については、ほかに説明変数として採り入れることができる要因がないかどうかを検討してみましょう。

説明変数を採り入れたり取り除いたりして、試行錯誤しながら判別精度をよりよくしていくという考え方を、管理者・経営者のみなさんも理解して、全員に浸透させることが大切なのです。

判定値が 0.5 付近では判定精度が悪いデータが多い傾向にある

判定値が 0.5 に近いデータの場合は、特に誤った判定が目立つことがあります。

マーケティングの観点から、回帰分析に採り入れる説明変数は、自社・自店で計測することができるものや、情報を得ることができるもの、またコントロールできるものにするとよいでしょう。

6.2.7 統計学的に、より最適な判別式を求める

回帰分析実行用データは、説明変数の個数をなるべく少なくするようにしましょう。

そして、説明変数のひとかたまりという単位で、どの説明変数を採り入れるのかを確かめるのに、「4.2.5　より統計学的に最適な回帰式を求める ～ 変数選択」で説明した要領で**変数選択**を行いましょう。

最適な判別式を求める手順

❶ すべての説明変数を使って回帰分析を実行します。

❷ 影響度がもっとも小さい説明変数を取り除いて、再度回帰分析を実行します。

❸ 説明変数が1個になるまで、❷の手順を繰り返します（この事例では､「性別」「居住地」「購入金額」の3つの説明変数があるので、回帰分析は3回実行します)。

❹ すべての回帰分析実行結果から、「補正 R2」の欄、自由度調整済決定係数を比較して、もっとも大きな値を示した実行結果から作る回帰式を、最適な回帰式とします。

まず手順❶は済ませたので、影響度の小さい説明変数を取り除きましょう。

「6.2.5　影響度を求める」(p.196) で説明した影響度の求め方の要領で、影響度を求めましょう。ここでは「居住地」の影響度がもっとも小さいので、残りの「性別」と「購入金額」の2つを説明変数として回帰分析を実行します。

なお、データ分析ツールの「回帰分析」にある「入力 X 範囲 (X)」の指定では、

[Ctrl] キーを押しながら離れた列を選択することはできません。

今回使った回帰分析実行用データでは、B 列の（性別の）「女性」と「購入金額」の 2 つだけを使いたいのですが、仕方がないので、（居住地の）「市内」の列を取り除いた回帰分析実行用データを作ります。

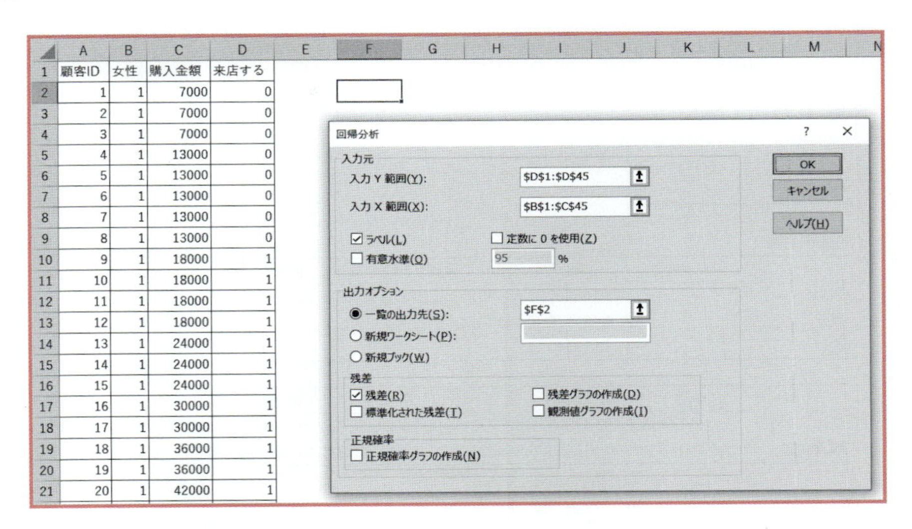

	A	B	C	D
1	顧客ID	女性	購入金額	来店する
2	1	1	7000	0
3	2	1	7000	0
4	3	1	7000	0
5	4	1	13000	0
6	5	1	13000	0
7	6	1	13000	0
8	7	1	13000	0
9	8	1	13000	0
10	9	1	18000	1
11	10	1	18000	1
12	11	1	18000	1
13	12	1	18000	1
14	13	1	24000	1
15	14	1	24000	1
16	15	1	24000	1
17	16	1	30000	1
18	17	1	30000	1
19	18	1	36000	1
20	19	1	36000	1
21	20	1	42000	1

「性別」と「購入金額」の 2 つの変数を使って回帰分析を行ったときの結果は、次のように表示されました。

概要

回帰統計	
重相関 R	0.533339698
重決定 R2	0.284451234
補正 R2	0.249546416
標準誤差	0.434058392
観測数	44

分散分析表

	自由度	変動	分散	観測された分散比	有意 F
回帰	2	3.07078	1.53539	8.149340147	0.001047
残差	41	7.724674	0.188407		
合計	43	10.79545			

	係数	標準誤差	t	P- 値	下限 95%
切片	0.126355104	0.145558	0.868074	0.390406579	-0.16761
女性	-0.243273538	0.154603	-1.57354	0.12328037	-0.5555
購入金額	3.58742E-05	8.95E-06	4.009696	0.000251005	1.78E-05

「性別」と「購入金額」のうち、影響度の低い説明変数は「性別」だとわかります。

「性別」を取り除いて、「購入金額」だけを使って回帰分析を実行します。回帰分析の実行結果は次のように表示されます。

概要

回帰統計	
重相関 R	0.491160563
重決定 R2	0.241238698
補正 R2	0.223172953
標準誤差	0.441619669
観測数	44

分散分析表

	自由度	変動	分散	観測された分散比	有意 F
回帰	1	2.604281	2.604281	13.35337648	0.000711
残差	42	8.191173	0.195028		
合計	43	10.79545			

	係数	標準誤差	t	P-値	下限 95%
切片	0.091748809	0.146393	0.626728	0.534229747	-0.20369
購入金額	2.89146E-05	7.91E-06	3.654227	0.000710787	1.29E-05

3つの回帰分析実行結果を求めることができました。これで最適な判別式を求める手順のうち、❸の手順までが済みました。

❹の手順にある自由度調整済決定係数を比較すると、「性別」と「購入金額」の2つを説明変数に採り入れたときが、統計学的に最適な判別式だということがわかりました。

	性別	居住地	購入金額	自由度調整済決定係数
①3変数	○	○	○	0.234
②2変数	○	—	○	0.250
③1変数	—	—	○	0.223

ここで「性別」と「購入金額」の判別式は、次のようになります。

$$\text{判別予測} = 0.1264 + \underset{\text{性別}}{\begin{bmatrix} -0.2433(\text{女性}) \\ 0(\text{男性}) \end{bmatrix}} + 0.00003587 \times \text{購入金額}$$

新たな顧客の「性別」が「女性」で、「居住地」が「市内」、「購入金額」が25,000円の場合、上の式から、$0.1264 - 0.2433 + 0.00003587 \times 25{,}000$を計算し、0.780と求めることができました。この値は0.5よりも大きいので、この顧客は「来店する」と予測をすることができます。

また、「来店有無」に対する影響度はt値の絶対値で判断するので、「性別」よりも「購入金額」のほうが大きいことがわかります。

第6日 まとめ

線形判別分析は、目的変数が0・1のダミー変数を扱うことができます。

説明変数の個数（列数）	目的変数	分析手法	本書の扱い
数値データ1列のみ	数値データ	単回帰分析	第3日
数値データ2変数以上（2列以上）	数値データ	重回帰分析	第4日
数値データ・カテゴリーデータ	数値データ	—	第5日
カテゴリーデータのみ		数量化理論Ⅰ類	—
数値データ・カテゴリーデータ	2値のカテゴリーデータ	線形判別分析	第6日
カテゴリーデータのみ		数量化理論Ⅱ類	—

説明変数は、数値データとカテゴリーデータ共に扱うことができ、重回帰分析を使うことができます。

❶ 回帰分析実行用データを作るとき、カテゴリーデータの場合は0と1のダミー変数に変換します。このとき、カテゴリーごとに任意の1列ずつを取り除きます。

❷ 回帰分析を実行したら、回帰分析実行用データで取り除いた列の回帰係数を0として扱った上で、カテゴリーごとに回帰係数がもっとも小さい列を、取り除く列にします。

❸ ❷でカテゴリーごとに1列ずつ取り除いたあと、回帰分析を再度実行します。

❹ 回帰分析実行結果から、判定値を求めるための式（回帰式）を作ります。カテゴリーデータごとに1列ずつ取り除いた列の回帰係数は0として扱います。
式のうちカテゴリーデータの列を、縦に並列に並べると、わかりやすいでしょう（→ p.166）。

❺ t 値から要因分析を行います。t 値から影響度を求める方法は、説明変数が数値データかカテゴリーデータかによって変わります。

説明変数のデータの種類	影響度の判断方法
数値データ	t 値の絶対値
カテゴリーデータ	回帰分析実行用データを作るときに取り除いた列を0と扱った上で、t 値のレンジ

❻ 判別精度を確認します。この事例の場合、「来店する」を 1、「来店しない」を 0 としたとき、判定値が 0.5 よりも大きければ、「来店する」と予測をします。
回帰分析実行結果で「残差出力」も行ったら、回帰分析実行用データの目的変数と、残差出力の予測値とを比較して、同じく判別できているかを確認します。判別精度がよければ、新たなデータの予測を行いましょう。

❼ 最適な判別式を求めることも考慮しましょう。

ロジスティック回帰分析

広く使われているロジスティック回帰分析について説明します。
第６日まで使ってきたデータ分析ツール「回帰分析」だけでなく、「ソルバー」機能を使う例も採り上げます。

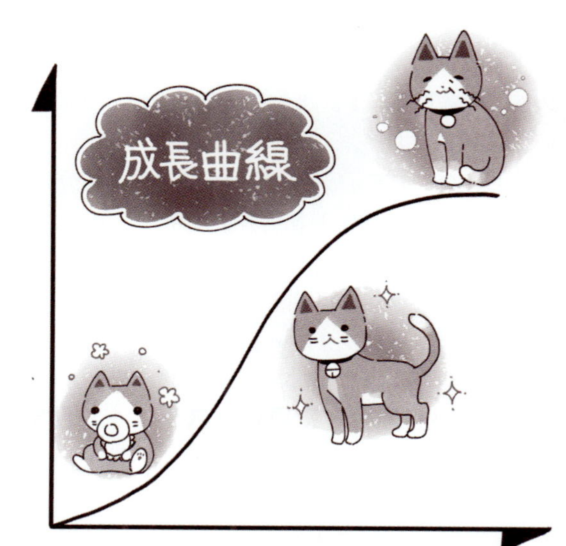

7.1 ロジスティック回帰分析の準備

7.1.1 線形判別分析との違い

線形回帰分析では残差があるから

重回帰分析は、残差[1]があります。第6日で説明した線形判別分析では、0か1の2値を目的変数としたとき、判定値（推定値）は0を下回ったり、1を上回ったりすることがあります。

ロジスティック回帰分析は、推定値が0から1の範囲に収まる手法です。0か1に収まる理由は後述します。

ロジスティック回帰分析（Logistic Regression Analysis）は、目的変数である事柄（「来店する」か「来店しない」かでいえば）「来店する」を1、「来店しない」を0とするとき、1（来店する）になる確率を求めるものです。

またロジスティック回帰分析では、目的変数が2値のデータを対象とする場合のほかに、確率を目的変数とする場合もあります。

本書では、確率を目的変数とする場合をExcelのデータ分析ツール「回帰分析」の機能で説明します。また、ダミー変数の2値を目的変数とする場合を**ソルバー機能**で説明します。

なお、ロジスティック回帰分析には大きく分けて2種類の分析があります。

分析用データが線形判別分析で示したように、目的変数が2値の場合に使う**二項ロジスティック回帰分析**と、目的変数が3つ以上の分類を対象にしている場合に使う**多項ロジスティック回帰分析**があります。

本書では二項ロジスティック回帰分析に絞って説明します[2]。

線形判別分析と二項ロジスティック回帰分析の使い分け

線形判別分析と二項ロジスティック回帰分析とは、どちらかというと後者の二

---

1 残差については、第3日「3.1.5 残差出力と重相関係数」（p.99）も参照してください。

項ロジスティック回帰分析のほうがよく使われています。

線形判別分析では、とりあえず2つのうちどちらに属するのかを分けられればよいという考え方で分析に臨むことができます。

ロジスティック回帰分析は、目的変数の0・1という2値のうち1になる確率を求めるものです。たとえば、データAの説明変数の組み合わせとデータBの説明変数の組み合わせとでは、1となる確率にどの程度違いがあるのかを探ることができるのです。

目的変数を0・1の2値とする二項ロジスティック回帰分析をExcelで行う場合、ソルバー機能を使うことで、2値の目的変数を扱うこともできます。

2 多項ロジスティック回帰分析はExcelで扱うことはできません。「SPSS」などの統計解析用ソフトウェアを利用しましょう。そのほかに、判別分析の種類にはマハラノビス距離を利用したものもあります。実務ではExcel用アドインプログラムや、「R」「SPSS」などの統計解析用ソフトウェアを利用したりするのが現実的です。

7.2 分析に使うソルバー機能とは

7.2.1 回り道のようですが、ソルバー機能の前にゴールシーク機能から

ソルバー機能をご存じない方のために、**ゴールシーク機能**と**ソルバー機能**について説明します。

いずれの機能も、目標とする値に対して、ある値を変化させて逆算をするものです。その変化させる値が1個だけの場合はゴールシーク機能を使い、複数の場合はソルバー機能を使うことができます。

必要な粗利を確保するための販売個数を求める

単価100円の商品が100個売れれば、売上は10,000円です。仕入価格が60円の場合、1個あたりの粗利益[3]は40円です。

このとき、粗利益を20,000円確保するためには、何個売ればよいかを求めやすくするのが、ゴールシーク機能です。

粗利益が1個あたり40円なので、20,000円÷40円＝500個だとわかります。

これをまずゴールシーク機能で求める操作方法から説明します。

	A	B	C	D
1	単価	100		
2	販売個数	100		
3	売上高	10,000	=B1*B2	
4				
5	掛率	0.6		
6	仕入単価	60		
7	粗利益	4,000	=(B1-B6)*B2	
8				
9	目標粗利	20,000		

3 売上高から仕入高を引き算したものが粗利益です。

ここまでのストーリーを Excel に反映しました。

売上高は「単価 × 販売個数」で、粗利益は「(単価－仕入単価) × 販売個数」で求めています。

粗利益が 20,000 円必要だとしたときに何個売ればよいかをゴールシーク機能で求めるには、次のように設定します。

❶「データ」タブの「予測」グループから、「What-if 分析」の「ゴールシーク (G)」メニューを選択します。

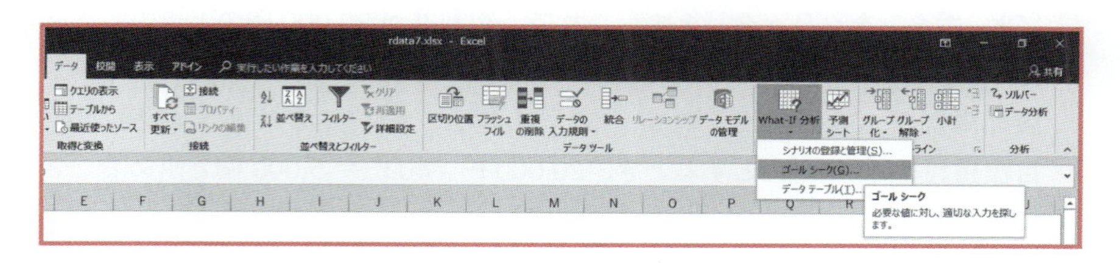

❷ 表示された「ゴールシーク」の設定画面では、次のように設定します。

- 「数式入力セル (E)」：ここは必ず数式が入力された 1 個のセルを指定します。ここで求めたいのは「粗利益」の合計なので、粗利益を求める計算式が入力されているセルを指定します。ここでは B7 セルを指定しています。
- 「目標値 (V)」：この事例では粗利益をいくらにしたいのかを反映させます。粗利益は 20,000 円にしたいので、ここは半角数字で「20000」と入力します。
- 「変化させるセル (C)」：目標とする粗利益が 20,000 円のときの販売個数を求めるので、販売個数を入力しているセルをここで指定します。ここでは B2 セルを指定します。

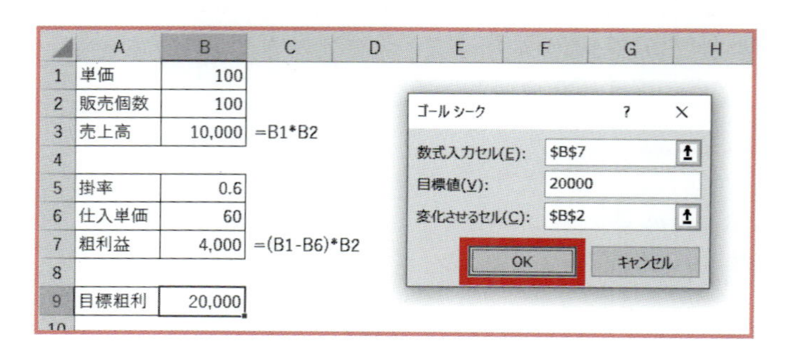

❸「OK」ボタンをクリックすると、結果が求まった場合は次のように「解答が見つかりました。」と表示され、「目標値」に対して「現在値」に解が表示されます。

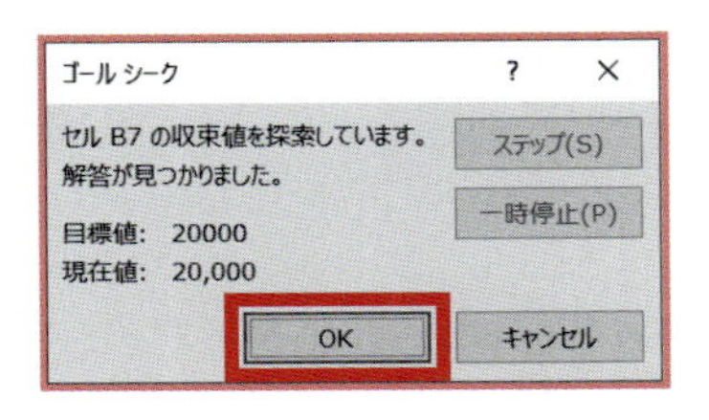

❹「OK」ボタンをクリックします。これで、粗利益が20,000円のときの販売個数は5,000個と求めることができました。
販売単価が100円、仕入単価が60円の場合、粗利益の単価は40円なので、目標粗利を20,000円とするとき、20,000円÷40円＝5,000個と求めることができます。

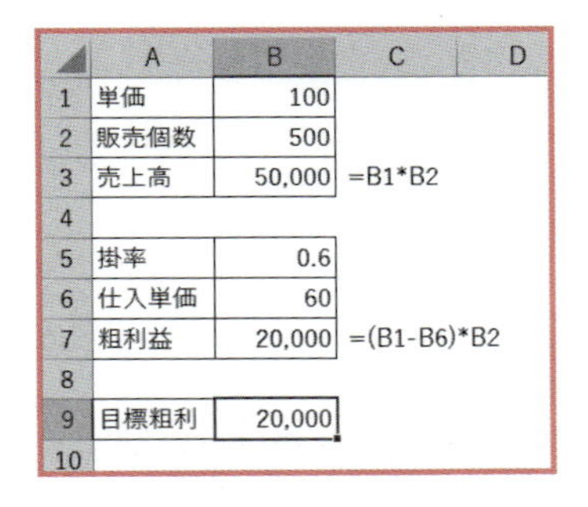

	A	B	C	D
1	単価	100		
2	販売個数	500		
3	売上高	50,000	=B1*B2	
4				
5	掛率	0.6		
6	仕入単価	60		
7	粗利益	20,000	=(B1-B6)*B2	
8				
9	目標粗利	20,000		
10				

❺なお、「数式が入力されているセルを指定してください。」というエラーメッセージが表示されている場合は、ゴールシークの設定画面の「数式入力セル(E)」に、数式で入力されているセル1か所が正しく指定できているかを確認しましょう。

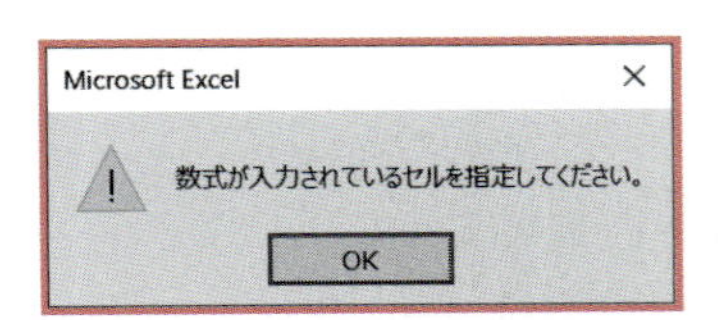

ソルバー機能の場合

同じ事例についてソルバー機能で求める場合は、次のように設定します。

❶「データ」タブの「分析」グループから、「ソルバー」を選択します。

❷ 表示された「ソルバーのパラメーター」の設定画面では、次のように設定します。

- 目的セルの設定（T）：ここでは粗利益を 20,000 円にするという目的なので、粗利益を求める数式が入力されているセル 1 つを指定します。この「目的セル」には、数式が入力されている必要があります。ここでは B7 セルを指定しています。
- 目標値：粗利益は 20,000 円なので、「指定値（V）」を指定し、「20000」と半角数字で入力します。
- 変数セルの変更（B）：販売個数を求めたいので、販売個数のセルを指定します。ここでは B2 セルを指定しています。
- 制約のない変数を非負数にする（K）：これは「変数セルの変更」で指定する部分で 0 または、0 よりも大きな値になることを指定するので、チェックを入れます。「非負数にする」というのは、「すべて 0 またはプラスの値にする」という意味です。

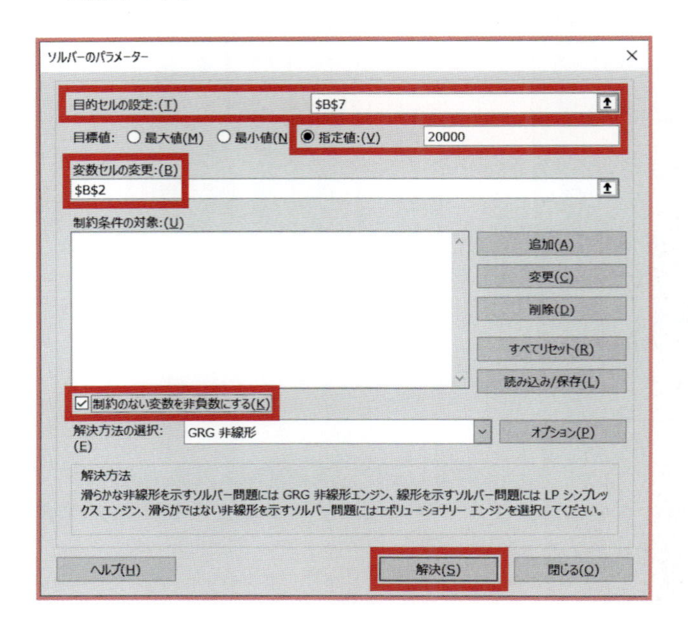

第7日

❸「解決(S)」ボタンをクリックすると、次のように「ソルバーの結果」が表示されます。「ソルバーによって解が見つかりました。すべての制約条件と最適化条件を満たしています。」と表示されています。これで正常な結果が得られています。

「ソルバーの解の保持」が選択されていることを確認して「OK」ボタンをクリックします。

ワークシートには次のように販売個数は500個と正しく求めることができています。

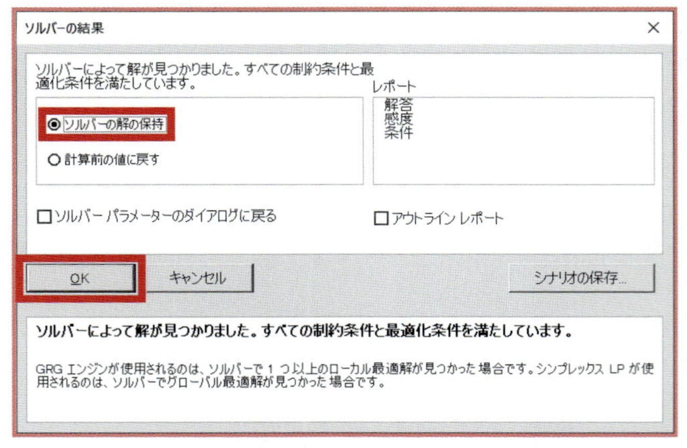

	A	B	C	D	E
1	単価	100			
2	販売個数	500			
3	売上高	50,000	=B1*B2		
4					
5	掛率	0.6			
6	仕入単価	60			
7	粗利益	20,000	=(B1-B6)*B2		
8					
9	目標粗利	20,000			

ソルバー機能は本来、さらに条件を指定しつつ、最適な解を求めるものですが、ここでは説明を省略します。このほかのソルバー機能の役立つ事例は、本書サポートページを参照してください。

7.3 二項ロジスティック回帰分析

7.3.1 二項ロジスティック回帰分析の流れ

ロジスティック回帰分析とは

ロジスティック回帰分析は、目的変数の推定値が0～1に収まることから、比較的よく使われます。

線形判別分析は、回帰係数が線形を表します[4]。ロジスティック回帰分析では**成長曲線**（せいちょうきょくせん）（Growth Curve）を当てはめ、0～1のうち目的変数の推定値を求めることで、目的変数の0か1の2値のデータを基に、1になる確率を求めます。第3日で説明した、直線を当てはめる回帰分析のことを線形回帰分析と呼ぶのに対して、後述の成長曲線に当てはめる回帰分析のことをロジスティック回帰分析と呼びます。

成長曲線とは

成長曲線とは、時系列データの場合では一般に、①始めのうちは緩やかに増加する、②徐々に増加量は大きくなる、③再び緩やかな増加傾向を示す、④最終的には一定の量に収束する、という傾向を示すものを指します。

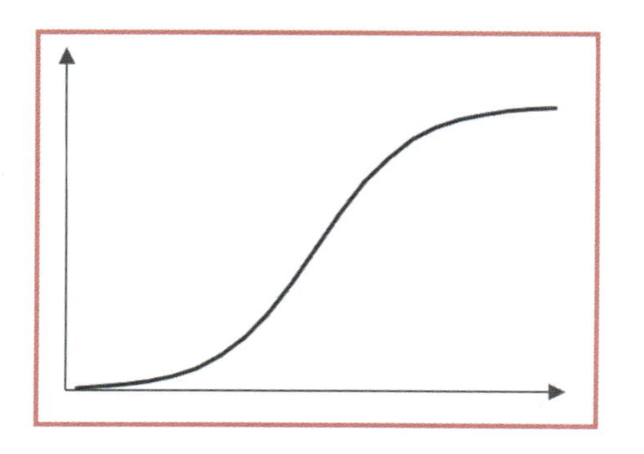

4 線形：線形回帰分析の回帰係数は、直線の傾き度合いを表し、説明変数の量が1増加するごとに目的変数の増加量を表します（第3日を参照）。

ロジスティック回帰分析で使う曲線は、目的変数（縦軸）が0から1の範囲に収まります。Excelで目的変数が2値のときのロジスティック回帰分析を行う場合は、ソルバー機能を使います。

ロジスティック回帰分析の手順 ～2値でソルバーを使う方法

ソルバー機能で結果を求めることができるように、重回帰分析とは異なる準備をしましょう。

❶ 何を知りたいのかを明確にします。
❷ 0か1の2値からできている目的変数を決めます。
❸ 目的変数の値（0か1か）を左右する要因にあたる説明変数を決めます。
❹ 説明変数同士で相関関係の強すぎる関係を解消しておきます。
❺ ソルバー機能を使って、係数を求めるための数式を入力します。
❻ ソルバー機能を設定して係数を求めます。
❼ ソルバー機能で求めた係数から推定値（判定値）を求めます。
❽ 判定値と実際の目的変数の値とを比べて、正しく判定できているかを確認します（判定精度を確認する）。
❾ **調整オッズ比**を求めます（詳細は後述します）。

7.3.2 実行用データを準備する

ロジスティック回帰分析の目的変数と説明変数を決める

ここでは法人の得意先のうち、成約したかどうかを目的変数とします。成約できた得意先は1、成約できなかった場合は0とします。

成約できるかどうかの要因を、得意先の情報と、自社の営業日報などを基にした営業活動という切り口で、「年商（単位：億円）」と「提案回数」を説明変数としました。

このデータから、ロジスティック回帰分析を使って、得意先の「年商」が13億円、「提案回数」が28回の場合、成約できる確率を予測する方法を説明します。

	A	B	C	D
1	得意先No.	年商	提案回数	成約
2	1	10	22	1
3	2	20	18	0
4	3	15	32	1
5	4	12	20	1
6	5	25	25	1
7	6	18	32	1
8	7	12	11	1
9	8	36	16	0
10	9	44	11	0
11	10	30	14	0
12	11	15	33	1
13	12	14	19	1
14	13	20	7	0
15	14	15	29	0
16	15	30	18	0
17	16	18	23	1
18	18	20	15	1
19	19	19	19	1
20	20	11	17	0

ソルバー機能で分析できるようにフォーマットを作る

ソルバー機能で分析できるようにフォーマットを作ります。

	A	B	C	D	E	F	G	H	I	J	K
1	得意先No.	年商	提案回数	成約	回帰式	Exp（回帰式）	確率	1－確率	L	LogL	判別結果
2	1	10	22	1	0	1	0.5	0.5	0.5	-0.69315	
3	2	20	18	0	0	1	0.5	0.5	0.5	-0.69315	
4	3	15	32	1	0	1	0.5	0.5	0.5	-0.69315	
5	4	12	20	1	0	1	0.5	0.5	0.5	-0.69315	
6	5	25	25	1	0	1	0.5	0.5	0.5	-0.69315	
7	6	18	32	1	0	1	0.5	0.5	0.5	-0.69315	
8	7	12	11	1	0	1	0.5	0.5	0.5	-0.69315	
9	8	36	16	0	0	1	0.5	0.5	0.5	-0.69315	
10	9	44	11	0	0	1	0.5	0.5	0.5	-0.69315	
11	10	30	14	0	0	1	0.5	0.5	0.5	-0.69315	
12	11	15	33	1	0	1	0.5	0.5	0.5	-0.69315	
13	12	14	19	1	0	1	0.5	0.5	0.5	-0.69315	
14	13	20	7	0	0	1	0.5	0.5	0.5	-0.69315	
15	14	15	29	0	0	1	0.5	0.5	0.5	-0.69315	
16	15	30	18	0	0	1	0.5	0.5	0.5	-0.69315	
17	16	18	23	1	0	1	0.5	0.5	0.5	-0.69315	
18	18	20	15	1	0	1	0.5	0.5	0.5	-0.69315	
19	19	19	19	1	0	1	0.5	0.5	0.5	-0.69315	
20	20	11	17	0	0	1	0.5	0.5	0.5	-0.69315	
21										合計	
22				切片						-13.1698	
23	係数	0	0	0							
24											
25	オッズ比	1	1								

❶ 重回帰分析の推定値を求める要領で、数式を入力します。
❷ 回帰式で得られた値をEXP関数で変換します。
❸ ❷で得た値から**オッズ比**を求めます（回帰式を基に成約した確率を推定します）。
❹ 1からオッズの値を引き算した値を求めます（成約しなかった確率を推定します）。
❺ 基の目的変数「成約」（ここではD列）が1の場合は「確率」（ここではG列）を、0の場合は「1－確率（ここではH列）」を表示させるように、（ここではI列に）IF関数で数式を入力します。
❻ 目的変数である「成約」が1（成約したこと）を表している場合、成約した確率、0（成約しなかったこと）を表している場合、成約しなかった確率（H列）が反映されるように、（I列に）IF関数で数式を入力します。
❼ 確率（I列に反映させたIF関数の結果）の自然対数を、LN関数を使って求めます。
❽ ❼で求めた確率の自然対数の合計を求めます。このことを**対数尤度**（たいすうゆうど）と呼んでいます。

0・1のダミー変数を入力した目的変数の列の隣に回帰式を入力し、推定値を求めます。ここではB列・C列が説明変数、D列が目的変数です。その隣のE列に回帰式を入力します。

また、そのためには切片と回帰係数を入力するスペースが必要です。ここでは「年商」の回帰係数をB23セル、「提案回数」の回帰係数をC23セル、切片をD23セルに入力するスペースを設けました。初期値は0と入力しています。

回帰式は重回帰式と同じものを入力します。次項で説明する要領で、計算式をE列「回帰式」のNo.1～No.20の行に入力しましょう。

◉ 回帰式を入力して推定値を求める

まずNo.1の行（E2セル）では、次の要領で入力します。

「1個目の説明変数の値」×「1個目の説明変数の回帰係数」と「2個目の説明変数の値」×「2個目の説明変数の回帰係数」とを計算し、「切片」と共にすべて足し算します[5]。

5 切片（D23セル）や回帰係数のセル（B23セル、C23セル）は、セルの列や行の番号の前に絶対参照を表す**「$」マーク**がついています。「$」マークは、［F4］キーを押してもつけられます。

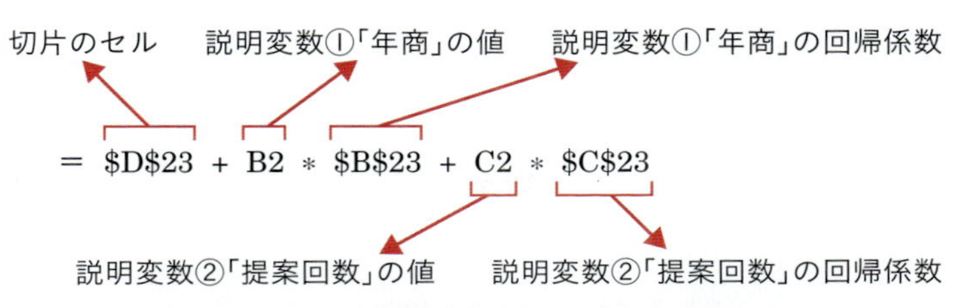

E2 =$D$23+B2*$B$23+C2*$C$23 ← 入力する式

	A	B	C	D	E	F
1	得意先No.	年商	提案回数	成約	回帰式	Exp（回帰式）
2	1	10	22	1	0	1
3	2	20	18	0	0	1
4	3	15	32	1	0	1
5	4	12	20	1	0	1
6	5	25	25	1	0	1
7	6	18	32	1	0	1
8	7	12	11	1	0	1
9	8	36	16	0	0	1
10	9	44	11	0	0	1
11	10	30	14	0	0	1
12	11	15	33	1	0	1
13	12	14	19	1	0	1
14	13	20	7	0	0	1
15	14	15	29	0	0	1
16	15	30	18	0	0	1
17	16	18	23	1	0	1
18	18	20	15	1	0	1
19	19	19	19	1	0	1
20	20	11	17	0	0	1
21						
22				切片		
23	係数	0	0	0		

式を入力（E2）

推定値を真数に変換する

ロジスティック回帰分析では、次の関係があります。

$$\log_e \frac{\text{成約する確率}}{1-\text{成約する確率}} = \text{切片} + \text{「年商」の回帰係数} \times \text{「年商」の値} + \text{「提案回数」の回帰係数} \times \text{「提案回数」の値}$$

左辺の

$$\log_e \frac{\text{成約する確率}}{1-\text{成約する確率}}$$

この部分は、この式のうち次の部分を、e を底とした自然対数になっています。

$$\frac{\text{成約する確率}}{1-\text{成約する確率}}$$

この式

$$\log_e \frac{\text{成約する確率}}{1-\text{成約する確率}} = \text{切片} + \text{「年商」の回帰係数} \times \text{「年商」の値} + \text{「提案回数」の回帰係数} \times \text{「提案回数」の値}$$

の $\log_e$ の部分を左辺、右辺から取り除くためには、e を底とした自然対数の値を、真数に変換する必要があります。

Excel では EXP 関数を利用します。すると、次のようになります。

$$\frac{\text{成約する確率}}{1+\text{成約する確率}} = \text{EXP}(\text{切片} + \text{「年商」の回帰係数} \times \text{「年商」の値} + \text{「提案回数」の回帰係数} \times \text{「提案回数」の値})$$

この右辺の部分が、F 列の推定値を EXP 関数で変換したものにあたります。

EXP 関数を使って回帰式で求めた推定値を変換します。ここでは推定値を E 列に求めたので、F 列に次のように数式を入力します。

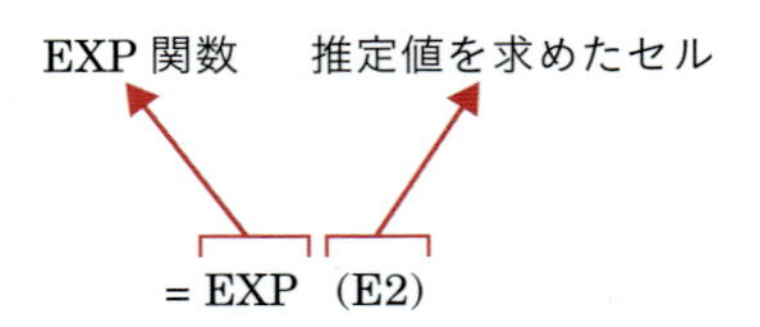

F2 =EXP(E2) ← 入力する式

	A	B	C	D	E	F
1	得意先No.	年商	提案回数	成約	回帰式	Exp（回帰式）
2	1	10	22	1		1
3	2	20	18	0	0	1
4	3	15	32	1	0	1
5	4	12	20	1	0	1
6	5	25	25	1	0	1
7	6	18	32	1	0	1
8	7	12	11	1	0	1
9	8	36	16	0	0	1
10	9	44	11	0	0	1
11	10	30	14	0	0	1
12	11	15	33	1	0	1
13	12	14	19	1	0	1
14	13	20	7	0	0	1
15	14	15	29	0	0	1
16	15	30	18	0	0	1
17	16	18	23	1	0	1
18	18	20	15	1	0	1
19	19	19	19	1	0	1
20	20	11	17	0	0	1

式を入力（F2）

◉ オッズ比（成約する確率を解いたもの）を求める

次に、オッズ比を求めます。

$$\frac{\text{成約する確率}}{1+\text{成約する確率}} = \mathrm{EXP}(\text{切片} + \text{「年商」の回帰係数} \times \text{「年商」の値} + \text{「提案回数」の回帰係数} \times \text{「提案回数」の値})$$

この式の左辺の部分を反映させます。

F2 セルに EXP 関数で変換した回帰式を入力してあるので、

$$\frac{\mathrm{EXP}(回帰式)}{1+\mathrm{EXP}(回帰式)}$$

これを G2 セルに反映させましょう。

=F2 / (1 + F2)

「1 + F2」は分母なので、必ずカッコをつけましょう。

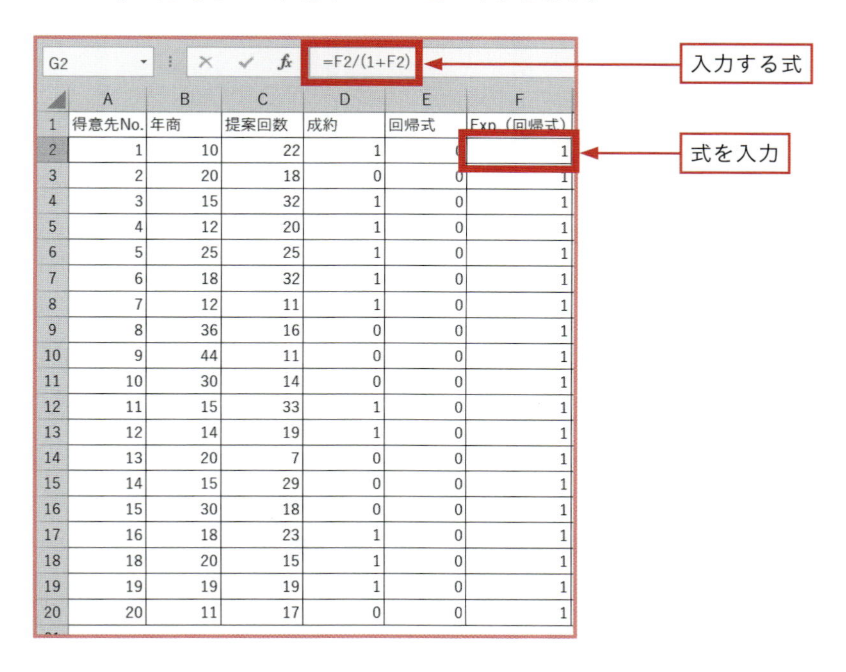

	A	B	C	D	E	F
1	得意先No.	年商	提案回数	成約	回帰式	Exp（回帰式）
2	1	10	22	1	0	1
3	2	20	18	0	0	1
4	3	15	32	1	0	1
5	4	12	20	1	0	1
6	5	25	25	1	0	1
7	6	18	32	1	0	1
8	7	12	11	1	0	1
9	8	36	16	0	0	1
10	9	44	11	0	0	1
11	10	30	14	0	0	1
12	11	15	33	1	0	1
13	12	14	19	1	0	1
14	13	20	7	0	0	1
15	14	15	29	0	0	1
16	15	30	18	0	0	1
17	16	18	23	1	0	1
18	18	20	15	1	0	1
19	19	19	19	1	0	1
20	20	11	17	0	0	1

成約しなかった確率を求める

H 列には、成約しなかった確率を求めます。

G2 セルが成約した確率なので、成約しなかった確率は、1 から成約した確率を引き算した値になります。

ここではH2セルに「＝1－G2」と入力します。

入力する式

H2 =1-G2

式を入力

	A	B	C	D	E	F	G	H
1	得意先No.	年商	提案回数	成約	回帰式	Exp（回帰式）	確率	1－確率
2	1	10	22	1	0	1	0.5	0.5
3	2	20	18	0	0	1	0.5	0.5
4	3	15	32	1	0	1	0.5	0.5
5	4	12	20	1	0	1	0.5	0.5
6	5	25	25	1	0	1	0.5	0.5
7	6	18	32	1	0	1	0.5	0.5
8	7	12	11	1	0	1	0.5	0.5
9	8	36	16	0	0	1	0.5	0.5
10	9	44	11	0	0	1	0.5	0.5
11	10	30	14	0	0	1	0.5	0.5
12	11	15	33	1	0	1	0.5	0.5
13	12	14	19	1	0	1	0.5	0.5
14	13	20	7	0	0	1	0.5	0.5
15	14	15	29	0	0	1	0.5	0.5
16	15	30	18	0	0	1	0.5	0.5
17	16	18	23	1	0	1	0.5	0.5
18	18	20	15	1	0	1	0.5	0.5
19	19	19	19	1	0	1	0.5	0.5
20	20	11	17	0	0	1	0.5	0.5

目的変数に応じた成約した確率・成約しなかった確率を当てはめる

I列には、D列の1（成約した）か0（成約しなかった）に応じて、G列の成約した確率、もしくはH列の成約しなかった確率を当てはめます。

D列が1（成約した）だったら、G列の成約した確率を当てはめます。D列が0（成約しなかった）だったら、H列の成約しなかった確率を当てはめます。

IF関数を使って、これをI列に次のように反映させます。

第7日

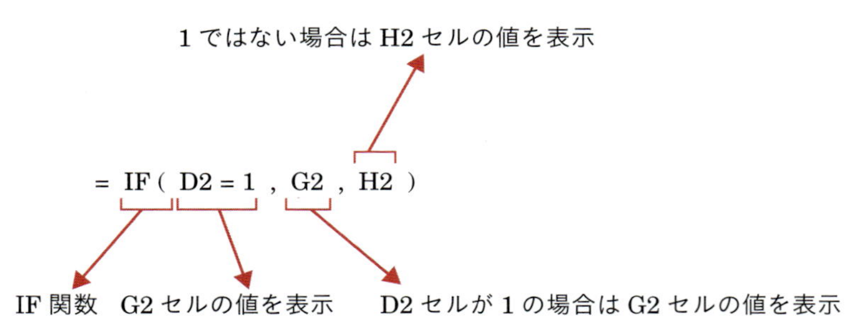

入力する式　　式を入力

I2　=IF(D2=1,G2,H2)

	A	B	C	D	E	F	G	H	I
1	得意先No.	年商	提案回数	成約	回帰式	Exp（回帰式）	確率	1－確率	
2	1	10	22	1	0	1	0.5	0.5	0.5
3	2	20	18	0	0	1	0.5	0.5	0.5
4	3	15	32	1	0	1	0.5	0.5	0.5
5	4	12	20	1	0	1	0.5	0.5	0.5
6	5	25	25	1	0	1	0.5	0.5	0.5
7	6	18	32	1	0	1	0.5	0.5	0.5
8	7	12	11	1	0	1	0.5	0.5	0.5
9	8	36	16	0	0	1	0.5	0.5	0.5
10	9	44	11	0	0	1	0.5	0.5	0.5
11	10	30	14	0	0	1	0.5	0.5	0.5
12	11	15	33	1	0	1	0.5	0.5	0.5
13	12	14	19	1	0	1	0.5	0.5	0.5
14	13	20	7	0	0	1	0.5	0.5	0.5
15	14	15	29	0	0	1	0.5	0.5	0.5
16	15	30	18	0	0	1	0.5	0.5	0.5
17	16	18	23	1	0	1	0.5	0.5	0.5
18	18	20	15	1	0	1	0.5	0.5	0.5
19	19	19	19	1	0	1	0.5	0.5	0.5
20	20	11	17	0	0	1	0.5	0.5	0.5

確率を対数に変換する

*e*を底とした対数に変換します。ここではJ2セルに「=LN(I2)」と入力します。

成約の有無をすべて掛け算したものを**尤度**（ゆうど）（Likelihood）と呼びます（Likelihoodの「L」です）。この尤度が最大となる（重回帰分析でいうところの）切片や回帰係数にあたる値を求めるのが**最尤法**（さいゆうほう）です。

J2 =LN(I2)

	A	B	C	D	E	F	G	H	I	J
1	得意先No.	年商	提案回数	成約	回帰式	Exp（回帰式）	確率	1－確率	L	LogL
2	1	10	22	1	0	1	0.5	0.5	0.5	-0.69315
3	2	20	18	0	0	1	0.5	0.5	0.5	-0.69315
4	3	15	32	1	0	1	0.5	0.5	0.5	-0.69315
5	4	12	20	1	0	1	0.5	0.5	0.5	-0.69315
6	5	25	25	1	0	1	0.5	0.5	0.5	-0.69315
7	6	18	32	1	0	1	0.5	0.5	0.5	-0.69315
8	7	12	11	1	0	1	0.5	0.5	0.5	-0.69315
9	8	36	16	0	0	1	0.5	0.5	0.5	-0.69315
10	9	44	11	0	0	1	0.5	0.5	0.5	-0.69315
11	10	30	14	0	0	1	0.5	0.5	0.5	-0.69315
12	11	15	33	1	0	1	0.5	0.5	0.5	-0.69315
13	12	14	19	1	0	1	0.5	0.5	0.5	-0.69315
14	13	20	7	0	0	1	0.5	0.5	0.5	-0.69315
15	14	15	29	0	0	1	0.5	0.5	0.5	-0.69315
16	15	30	18	0	0	1	0.5	0.5	0.5	-0.69315
17	16	18	23	1	0	1	0.5	0.5	0.5	-0.69315
18	18	20	15	1	0	1	0.5	0.5	0.5	-0.69315
19	19	19	19	1	0	1	0.5	0.5	0.5	-0.69315
20	20	11	17	0	0	1	0.5	0.5	0.5	-0.69315

下側、この **Excel** のシートでは、**J22** セルに、**SUM** 関数で合計を求めます。

J22 =SUM(J2:J20)

	A	B	C	D	E	F	G	H	I	J
1	得意先No.	年商	提案回数	成約	回帰式	Exp（回帰式）	確率	1－確率	L	LogL
2	1	10	22	1	0	1	0.5	0.5	0.5	-0.69315
3	2	20	18	0	0	1	0.5	0.5	0.5	-0.69315
4	3	15	32	1	0	1	0.5	0.5	0.5	-0.69315
5	4	12	20	1	0	1	0.5	0.5	0.5	-0.69315
6	5	25	25	1	0	1	0.5	0.5	0.5	-0.69315
7	6	18	32	1	0	1	0.5	0.5	0.5	-0.69315
8	7	12	11	1	0	1	0.5	0.5	0.5	-0.69315
9	8	36	16	0	0	1	0.5	0.5	0.5	-0.69315
10	9	44	11	0	0	1	0.5	0.5	0.5	-0.69315
11	10	30	14	0	0	1	0.5	0.5	0.5	-0.69315
12	11	15	33	1	0	1	0.5	0.5	0.5	-0.69315
13	12	14	19	1	0	1	0.5	0.5	0.5	-0.69315
14	13	20	7	0	0	1	0.5	0.5	0.5	-0.69315
15	14	15	29	0	0	1	0.5	0.5	0.5	-0.69315
16	15	30	18	0	0	1	0.5	0.5	0.5	-0.69315
17	16	18	23	1	0	1	0.5	0.5	0.5	-0.69315
18	18	20	15	1	0	1	0.5	0.5	0.5	-0.69315
19	19	19	19	1	0	1	0.5	0.5	0.5	-0.69315
20	20	11	17	0	0	1	0.5	0.5	0.5	-0.69315
21										合計
22				切片						-13.1698

7.3.3 ソルバーで値を求める

次に、ソルバーで値を求めます。

$$\frac{\text{成約する確率}}{1-\text{成約する確率}} = \mathrm{EXP}(\underline{\text{切片}} + \underline{\text{「年商」の回帰係数}} \times \text{「年商」の値} + \underline{\text{「提案回数」の回帰係数}} \times \text{「提案回数」の値})$$

Excelで二項ロジスティック回帰分析を行うのに、ソルバーでは上の数式にある「切片」「回帰係数」にあたる値を求めます[6]。

ここでは、23行目に初期値として0を配置しています。

B列が「年商」、C列が「提案回数」なので、B列の係数（B23セル）は「年商」の係数、C列の係数（C23セル）は「提案回数」の係数を入力するための係数、そしてD23セルには回帰式でいうところの切片が入ります。

	A	B	C	D	E	F	G	H	I	J	K
1	得意先No.	年商	提案回数	成約	回帰式	Exp（回帰式）	確率	1－確率	L	LogL	判別結果
2	1	10	22	1	0	1	0.5	0.5	0.5	-0.69315	
3	2	20	18	0	0	1	0.5	0.5	0.5	-0.69315	
4	3	15	32	1	0	1	0.5	0.5	0.5	-0.69315	
5	4	12	20	1	0	1	0.5	0.5	0.5	-0.69315	
6	5	25	25	1	0	1	0.5	0.5	0.5	-0.69315	
7	6	18	32	1	0	1	0.5	0.5	0.5	-0.69315	
8	7	12	11	1	0	1	0.5	0.5	0.5	-0.69315	
9	8	36	16	0	0	1	0.5	0.5	0.5	-0.69315	
10	9	44	11	0	0	1	0.5	0.5	0.5	-0.69315	
11	10	30	14	0	0	1	0.5	0.5	0.5	-0.69315	
12	11	15	33	1	0	1	0.5	0.5	0.5	-0.69315	
13	12	14	19	1	0	1	0.5	0.5	0.5	-0.69315	
14	13	20	7	0	0	1	0.5	0.5	0.5	-0.69315	
15	14	15	29	0	0	1	0.5	0.5	0.5	-0.69315	
16	15	30	18	0	0	1	0.5	0.5	0.5	-0.69315	
17	16	18	23	1	0	1	0.5	0.5	0.5	-0.69315	
18	18	20	15	1	0	1	0.5	0.5	0.5	-0.69315	
19	19	19	19	1	0	1	0.5	0.5	0.5	-0.69315	
20	20	11	17	0	0	1	0.5	0.5	0.5	-0.69315	
21										合計	
22				切片						-13.1698	
23	係数	0	0	0							

6 本書では重回帰分析の表現に合わせて、切片や回帰係数と表現していますが、実際には「パラメーター」と表現します。

7.3.4 ソルバー機能を操作する

ソルバー機能を次のように設定します。

❶「データ」タブの「分析」グループから「ソルバー」を選択します。

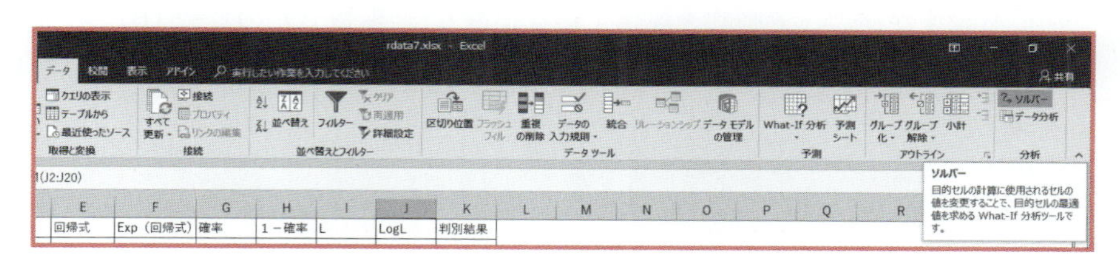

❷「ソルバーのパラメーター」画面が表示されます。
ロジスティック回帰分析を Excel のソルバー機能で解くのに、次のストーリーを反映させます。

- 対数尤度を最大にする……J 列の合計（J22 セル）を最大にする
- 係数と切片にあたる値を内部で計算して求める……B23 ～ D23 セルを変化させる

	A	B	C	D	E	F	G	H	I	J
1	得意先No.	年商	提案回数	成約	回帰式	Exp（回帰式）	確率	1－確率	L	LogL
2	1	10	22	1	0	1	0.5	0.5	0.5	-0.69315
3	2	20	18	0	0	1	0.5	0.5	0.5	-0.69315
4	3	15	32	1	0	1	0.5	0.5	0.5	-0.69315
5	4	12	20	1	0	1	0.5	0.5	0.5	-0.69315
6	5	25	25	1	0	1	0.5	0.5	0.5	-0.69315
7	6	18	32	1	0	1	0.5	0.5	0.5	-0.69315
8	7	12	11	1	0	1	0.5	0.5	0.5	-0.69315
9	8	36	16	0	0	1	0.5	0.5	0.5	-0.69315
10	9	44	11	0	0	1	0.5	0.5	0.5	-0.69315
11	10	30	14	0	0	1	0.5	0.5	0.5	-0.69315
12	11	15	33	1	0	1	0.5	0.5	0.5	-0.69315
13	12	14	19	1	0	1	0.5	0.5	0.5	-0.69315
14	13	20	7	0	0	1	0.5	0.5	0.5	-0.69315
15	14	15	29	0	0	1	0.5	0.5	0.5	-0.69315
16	15	30	18	0	0	1	0.5	0.5	0.5	-0.69315
17	16	18	23	1	0	1	0.5	0.5	0.5	-0.69315
18	18	20	15	1	0	1	0.5	0.5	0.5	-0.69315
19	19	19	19	1	0	1	0.5	0.5	0.5	-0.69315
20	20	11	17	0	0	1	0.5	0.5	0.5	-0.69315
21										合計
22				切片						-13.1698
23	係数	0	0	0						

57_シグモイト曲線 | 58_データ | 59_データ・2 | 60_ゴールシーク | 61_ソルバー

そこで「ソルバーのパラメーター」画面では、次の点に注目して設定します。

- 目的セルの設定（T）：対数尤度の合計（J22 セル）を指定します。
- 目標値：「最大値（M）」を選択します。
- 変数セルの変更（B）：何を変更したいのかを指定します。ここでは B23 ～ D23 セル（B23・C23・D23 セルの 3 つ）を範囲選択します。
- 制約のない変数を非負数にする（K）：ここでは「制約条件の対象（U）」は空欄にしますが、ここで制約を設けていない限り、「変数セルの変更（B）」の部分が負の値にならないようにしたい場合は、ここにチェックを入れます。しかし重回帰分析と同様、係数や切片にあたる値は正の値にも負の値にもなり得るので、チェックを外しておきましょう。

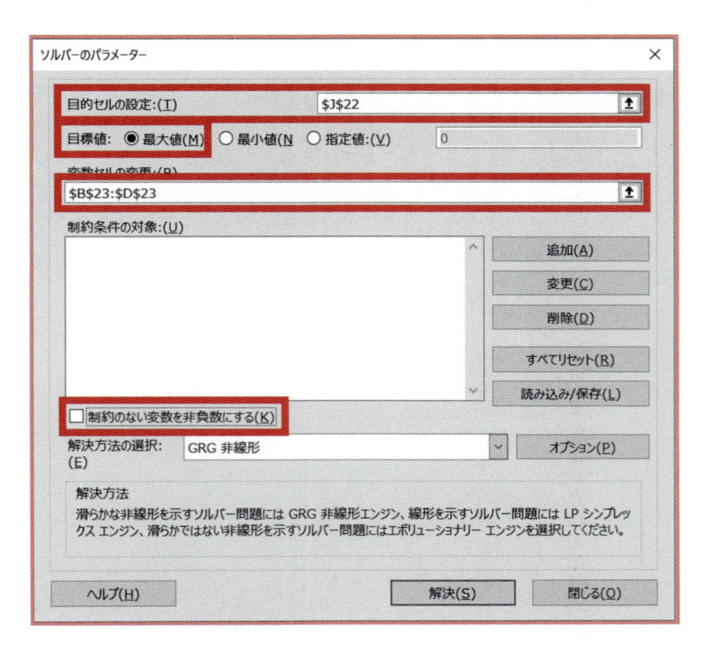

❸ 設定し終わったら、「解決 (S)」ボタンをクリックします。次のように、「ソルバーの結果」が表示され、「ソルバーによって解が見つかりました。すべての制約条件と最適化条件を満たしています。」と上側に表示されればよいです[7]。「ソルバーの解の保持」が選択されていて、「ソルバーパラメーターのダイアログに戻る」のチェックが外れていることを確認します。

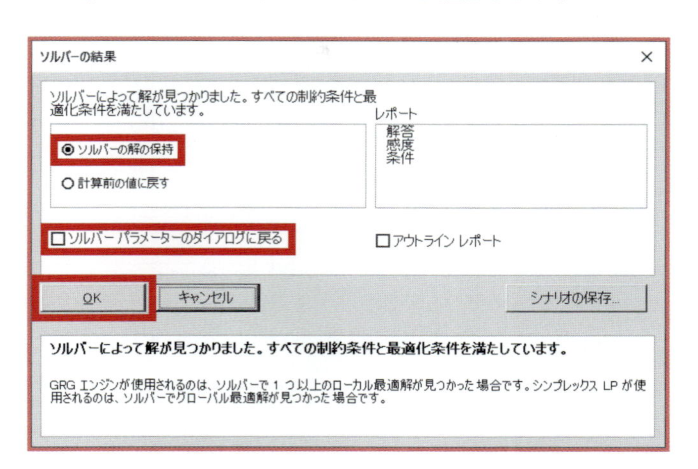

❹「OK」ボタンをクリックすると、次のように表示されます。

7 「ソルバーで反復計算を●回実行しましたが、目的セルが有意に移動しませんでした。収束の設定を小さくするか、開始点を変更してください。」と表示された場合は、次の方法で解決できる可能性があります。
- 「ソルバーパラメーターのダイアログに戻る」にチェックを入れて「OK」ボタンをクリックし、そのまま何度かソルバーを実行する
- 「ソルバーパラメーター」の設定画面で「オプション (P)」ボタンをクリックし、一番上の「すべての方法」で、「成約制限の精度」をさらに細かい任意の値にしてみましょう。なお、この精度の値について統一のルールや目安があるわけではなく、あくまでも任意の値を入力して試行しましょう。パソコンのスペックによっては、あまり細かすぎる値にすると、パソコンの内部で計算する回数が増え、処理に時間がかかる場合があります。

	A	B	C	D	E	F	G	H	I	J	K
1	得意先No.	年商	提案回数	成約	回帰式	Exp（回帰式）	確率	1－確率	L	LogL	判別結果
2	1	10	22	1	2.059749	7.844004132	0.886929	0.113071	0.886929	-0.11999	
3	2	20	18	0	0.109919	1.116187896	0.527452	0.472548	0.472548	-0.74962	
4	3	15	32	1	2.454431	11.63980683	0.920885	0.079115	0.920885	-0.08242	
5	4	12	20	1	1.532824	4.631235777	0.822419	0.177581	0.822419	-0.19551	
6	5	25	25	1	0.162201	1.176097197	0.540462	0.459538	0.540462	-0.61533	
7	6	18	32	1	2.006441	7.436805835	0.881472	0.118528	0.881472	-0.12616	
8	7	12	11	1	0.505626	1.658023694	0.623781	0.376219	0.623781	-0.47196	
9	8	36	16	0	-2.50762	0.081461583	0.075325	0.924675	0.924675	-0.07831	
10	9	44	11	0	-4.27293	0.013940913	0.013749	0.986251	0.986251	-0.01384	
11	10	30	14	0	-1.83991	0.158831561	0.137062	0.862938	0.862938	-0.14741	
12	11	15	33	1	2.568564	13.04707396	0.928811	0.071189	0.928811	-0.07385	
13	12	14	19	1	1.120031	3.06494948	0.753994	0.246006	0.753994	-0.28237	
14	13	20	7	0	-1.14554	0.318050767	0.241304	0.758696	0.758696	-0.27615	
15	14	15	29	0	2.112032	8.265016409	0.892067	0.107933	0.107933	-2.22625	
16	15	30	18	0	-1.38338	0.250729946	0.200467	0.799533	0.799533	-0.22373	
17	16	18	23	1	0.979244	2.662442786	0.726958	0.273042	0.726958	-0.31889	
18	18	20	15	1	-0.23248	0.792565668	0.44214	0.55786	0.44214	-0.81613	
19	19	19	19	1	0.373382	1.452639234	0.592276	0.407724	0.592276	-0.52378	
20	20	11	17	0	1.339754	3.818105713	0.79245	0.20755	0.20755	-1.57238	
21										合計	
22				切片						-8.91408	
23	係数	-0.14933	0.114133	1.042121							
24											
25	オッズ比	0.86129	1.120901								

7.3.5 ソルバーの解からわかること

ソルバーの機能によって、値が求められました。このことから、得意先の「年商」が13億円、「提案回数」が28回の得意先の場合、成約できる確率を予測することもできます。

この結果から、次のように式を作って、成約する確率を求めましょう。

回帰式は、24行目の値を使って、

切片 ＋ 年商の値 × 年商の係数 ＋ 提案回数の値 × 提案回数の係数

から、

$$1.042 - 0.1493 \times 13 + 0.1141 \times 28$$

を計算すると、2.297と求まりました。

ここからEXP関数で変換をすると9.9399になりました。

	A	B	C	D	E	F	G	H	I	J
1	得意先No.	年商	提案回数	成約	回帰式	Exp（回帰式）	確率	1－確率	L	LogL
2	1	10	22	1	2.059749	7.844004132	0.886929	0.113071	0.886929	-0.11999
3	2	20	18	0	0.109919	1.116187896	0.527452	0.472548	0.472548	-0.74962
4	3	15	32	1	2.454431	11.63980683	0.920885	0.079115	0.920885	-0.08242
5	4	12	20	1	1.532824	4.631235777	0.822419	0.177581	0.822419	-0.19551
6	5	25	25	1	0.162201	1.176097197	0.540462	0.459538	0.540462	-0.61533
7	6	18	32	1	2.006441	7.436805835	0.881472	0.118528	0.881472	-0.12616
8	7	12	11	1	0.505626	1.658023694	0.623781	0.376219	0.623781	-0.47196
9	8	36	16	0	-2.50762	0.081461583	0.075325	0.924675	0.924675	-0.07831
10	9	44	11	0	-4.27293	0.013940913	0.013749	0.986251	0.986251	-0.01384
11	10	30	14	0	-1.83991	0.158831561	0.137062	0.862938	0.862938	-0.14741
12	11	15	33	1	2.568564	13.04707396	0.928811	0.071189	0.928811	-0.07385
13	12	14	19	1	1.120031	3.06494948	0.753994	0.246006	0.753994	-0.28237
14	13	20	7	0	-1.14554	0.318050767	0.241304	0.758696	0.758696	-0.27615
15	14	15	29	0	2.112032	8.265016409	0.892067	0.107933	0.107933	-2.22625
16	15	30	18	0	-1.38338	0.250729946	0.200467	0.799533	0.799533	-0.22373
17	16	18	23	1	0.979244	2.662442786	0.726958	0.273042	0.726958	-0.31889
18	18	20	15	1	-0.23248	0.792565668	0.44214	0.55786	0.44214	-0.81613
19	19	19	19	1	0.373382	1.452639234	0.592276	0.407724	0.592276	-0.52378
20	20	11	17	0	1.339754	3.818105713	0.79245	0.20755	0.20755	-1.57238
21	予測	13	28		2.296558	9.939913142	0.908592	0.091408		
22										合計
23				切片						-8.91408
24	係数	-0.14933	0.114133	1.042121						
25										
26	オッズ比	0.86129	1.120901							

この値から成約する確率は、=「EXP回帰式/(1＋EXP回帰式)」を計算するので、0.90859と求めることができました。この0.90859が、成約する確率です。

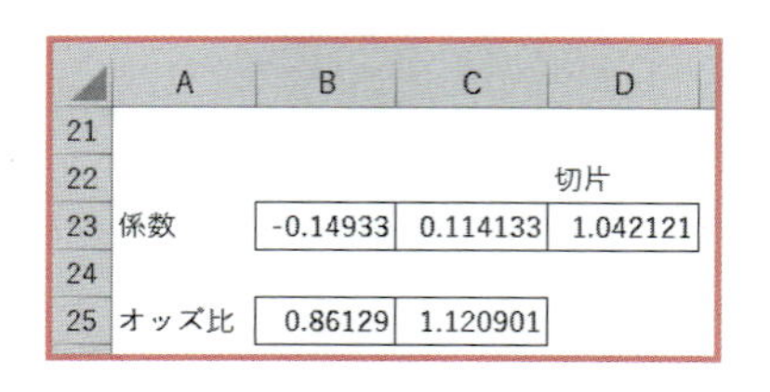

	A	B	C	D
21				
22				切片
23	係数	-0.14933	0.114133	1.042121
24				
25	オッズ比	0.86129	1.120901	

係数にEXP関数で変換すると、調整オッズ比を求めることができます。

「年商」に注目すると、年商の単位は1億円です。

「年商」の調整オッズ比とは、「提案回数」の条件が変わらない場合、オッズ比が0.86倍になることを意味します[8]。

8 説明変数が1増えるごとに購入する確率がどれだけ上がるのかを探るものではありません。

	A	B	C	D	E	F	G	H	I	J	K
1	得意先No.	年商	提案回数	成約	回帰式	Exp（回帰式）	確率	1－確率	L	LogL	判別結果
19	19	19	19	1	0.373382	1.452639234	0.592276	0.407724	0.592276	-0.52378	
20	20	11	17	0	1.339754	3.818105713	0.79245	0.20755	0.20755	-1.57238	
21	予測	13	28		2.296558	9.939913142	0.908592	0.091408			
22	参考A	13	29		2.410691	11.141661	0.917639	0.082361		1.120901	=F22/F21
23	参考B	14	28		2.147228	8.561098212	0.89541	0.10459		0.861285	=F23/F21
24										合計	
25				切片						-8.91408	
26	係数	-0.14933	0.114133	1.042121							
27											
28	オッズ比	0.86129	1.120901								

この図は、調整オッズ比（28 行目）の確認のために示しました。

22 行目の参考 A の行は、予測のデータよりも、「提案回数」を 1 だけ増やしています。23 行目の参考 B の行は、予測のデータよりも、「年商」を 1 だけ増やしています。

22 行目の参考 A のデータの「回帰式」の列について「参考 A」÷「予測」の値を求めると、1.120901 で、「提案回数」の調整オッズ比と一致しています。23 行目の参考 B のデータの「回帰式」の列について、「参考 B」÷「予測」の値を求めると、0.86129 で、「年商」の調整オッズ比と一致しています。

◉ 説明変数が 2 値だけの場合のみ、影響度を探ることができる

重回帰分析や線形判別分析（第 4 日～第 6 日）では、説明変数が 0・1 データのダミー変数だけの場合、カテゴリーごとの回帰係数のレンジによって、目的変数の影響度として扱うことができます。

ロジスティック回帰分析でも、説明変数が 0・1 データのダミー変数だけの場合は、回帰係数にあたる値を目的変数への影響度として扱うことができます。

Column

実務では統計解析ソフトウェアの利用が現実的

実務では Excel で計算シートを作ってソルバー機能で分析をするよりも、統計解析ソフトウェアや Excel のアドインプログラムなどを利用するほうが現実的です。

下図は、統計解析ソフトウェア「R」でこのデータを分析した例です。分析用データを「R」に読み込ませ、「logist」という名前をつけたデータセットについて、ロジスティック回帰分析と調整ロジット比を求めた例です。

```
> GLM.1 <- glm(成約 ~ 年商 +提案回数, family=binomial(logit), data=logist)
> summary(GLM.1)

Call:
glm(formula = 成約 ~ 年商 + 提案回数, family = binomial(logit),
    data = logist)

Deviance Residuals:
    Min       1Q   Median       3Q      Max
-2.1101  -0.6059   0.4060   0.7751   1.2776

Coefficients:
            Estimate Std. Error z value Pr(>|z|)
(Intercept)  1.04209    2.66405   0.391    0.696
年商        -0.14933    0.09246  -1.615    0.106
提案回数     0.11413    0.09300   1.227    0.220

(Dispersion parameter for binomial family taken to be 1)

    Null deviance: 25.864  on 18  degrees of freedom
Residual deviance: 17.828  on 16  degrees of freedom
AIC: 23.828

Number of Fisher Scoring iterations: 5

> exp(coef(GLM.1))  # Exponentiated coefficients ("odds ratios")
(Intercept)        年商      提案回数
  2.8351459   0.8612855   1.1209021
```

「R」で分析した結果、説明変数の P 値が 0.106 や 0.220 と表示されています。統計学の教科書的には、一般に有意水準を 5%や 10%とした場合は有意ではないため、説明変数の見直しやサンプルサイズを増やすことが求められます。しかしここでは手順・操作の説明のため、このまま採用します。なお、第 2 日の無相関の検定と同様にサンプルサイズが増えれば増えるほど、個々の説明変数は有意になりやすいという特徴があります。

Coefficients（係数）の「Estimate」の部分が回帰式の切片と回帰係数です。「z value」の部分は影響度です。また、一番下側では調整オッズ比を求めています[9]。

第7日

9 #記号以下は、記述がなくても動作します。ソースを読んだ人が内容の把握やキーワードの検索などに利用するためのもので、コメントアウトされています。

7.3.6 分析の精度を確認する

実際の成約の有無と、ロジスティック回帰分析による精度を確認してみましょう。

実際の成約の有無はD列に入力してあります。1が成約したこと、0が成約しなかったことを意味しています。

G列に入力されている、ロジスティック回帰分析で求めた「成約する確率（推定値）」に基づいて、0.5を上回ったものはK列に1を表示させ、0.5以下のものはK列に0を表示させることにします。

そのため、K列にはIF関数で次のように入力して求めます。

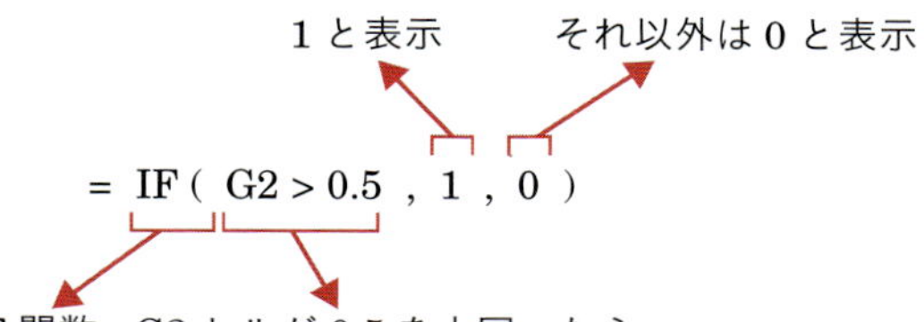

	A	D	E	F	G	H	I	J	K
1	得意先No.	成約	回帰式	Exp（回帰式）	確率	1－確率	L	LogL	判別結果
2	1	1	2.059749	7.844004132	0.886929	0.113071	0.886929	-0.11999	1
3	2	0	0.109919	1.116187896	0.527452	0.472548	0.472548	-0.74962	1
4	3	1	2.454431	11.63980683	0.920885	0.079115	0.920885	-0.08242	1
5	4	1	1.532824	4.631235777	0.822419	0.177581	0.822419	-0.19551	1
6	5	1	0.162201	1.176097197	0.540462	0.459538	0.540462	-0.61533	1
7	6	1	2.006441	7.436805835	0.881472	0.118528	0.881472	-0.12616	1
8	7	1	0.505626	1.658023694	0.623781	0.376219	0.623781	-0.47196	1
9	8	0	-2.50762	0.081461583	0.075325	0.924675	0.924675	-0.07831	0
10	9	0	-4.27293	0.013940913	0.013749	0.986251	0.986251	-0.01384	0
11	10	0	-1.83991	0.158831561	0.137062	0.862938	0.862938	-0.14741	0
12	11	1	2.568564	13.04707396	0.928811	0.071189	0.928811	-0.07385	1
13	12	1	1.120031	3.06494948	0.753994	0.246006	0.753994	-0.28237	1
14	13	0	-1.14554	0.318050767	0.241304	0.758696	0.758696	-0.27615	0
15	14	0	2.112032	8.265016409	0.892067	0.107933	0.107933	-2.22625	1
16	15	0	-1.38338	0.250729946	0.200467	0.799533	0.799533	-0.22373	0
17	16	1	0.979244	2.662442786	0.726958	0.273042	0.726958	-0.31889	1
18	17	1	-0.23248	0.792565668	0.44214	0.55786	0.44214	-0.81613	0
19	18	1	0.373382	1.452639234	0.592276	0.407724	0.592276	-0.52378	1
20	19	0	1.339754	3.818105713	0.79245	0.20755	0.20755	-1.57238	1

K列に1が表示されているのは、実際に成約したかどうかと比べて、正しく判別できているからだと考えてよいでしょう。

得意先19軒のうち15軒、0.79%が正しく判別できていると判断できます。

判別精度について統一の目安はない

第6日の線形判別分析と同様に、必要な判別精度について統一の目安はありません。

そもそも予測手法に限らず、手元のデータで必要とされる予測精度についても、統一の目安はありません。

また、統一の目安が必要という考え方はよろしくありません。あくまでも自社で調節できる人員・資金繰りなどの状態に応じて、どの程度対応可能なのかを判断材料にしましょう。

「全体の8割以上の判定・予測精度が必要」などということを筆者が示したところで、個別の業務や企業に当てはめようとしても、まず役に立たないからです。

Column

成長曲線の式

単回帰分析で直線の式は、

目的変数の値（予測）＝切片 ＋ 説明変数の回帰係数 × 説明変数の値

で表します。統計学では一般に次の書き方で表します。

$$y = a + bx$$

重回帰分析の回帰式は、一般に次の書き方で表します。aは切片、bは回帰係数、xは説明変数の値を表します。b_1は1番目の回帰係数を指し、b_kは最後の回帰係数のことを指します。統計学でこのように表すのは、「説明変数はk個ある」という表現をする慣例から来ています。

$$a + b_1x_1 + b_2x_2 + \cdots + b_kx_k$$

ここで成長曲線は、次の式で表します。

$$y=\frac{1}{1+e^{-(a+b_1x_1+b_2x_2+\cdots+b_kx_k)}}$$

べき乗の部分にある

$$a+b_1x_1+b_2x_2+\cdots+b_kx_k$$

この部分は、重回帰分析の回帰式と同じ形になっています[10]。本書ではロジスティック回帰分析の部分でも、便宜的にaを切片、bを回帰係数と呼ぶことにします。

ロジスティック回帰分析では目的変数は確率なので、yの代わりに確率（Probability）のpに置き換えて考えてみます。

$$p=\frac{1}{1+e^{-(a+b_1x_1+b_2x_2+\cdots+b_kx_k)}}$$

そして、回帰式$a+b_1x_1+b_2x_2+\cdots+b_kx_k$の部分は長いので、●に置き換えてみます。

$$p=\frac{1}{1+e^{-●}}$$

次に、分母のマイナス乗を消すために、分母と分子にそれぞれ$e^{●}$を掛け算してみます。

$$p=\frac{1\times e^{●}}{1+e^{-●}\times e^{●}}$$

すると、次の式になります。

$$p=\frac{e^{●}}{1+e^{●}}$$

10「B　回帰分析について」（p.245）を参照してください。

なおオッズ比は、

$$\frac{p}{1-p}$$

で表すことができるので、p を

$$p=\frac{e^{(●)}}{1+e^{(●)}}$$

●印を $a+b_1x_1+b_2x_2+\cdots+b_kx_k$ に置き換えると、次の式になります。

$$p=\frac{e^{(a+b_1x_1+b_2x_2+\cdots+b_kx_k)}}{1+e^{(a+b_1x_1+b_2x_2+\cdots+b_kx_k)}}$$

また、

$$p=\frac{e^{(●)}}{1+e^{(●)}}$$

に置き換えると、

分母の 1 を $\left(1+e^{●}\right)$ に置き換える

$$\frac{\frac{e^{●}}{1+e^{●}}}{1-\frac{e^{●}}{1+e^{●}}}=\frac{\frac{e^{●}}{1+e^{●}}}{\frac{\left(1+e^{●}\right)-e^{●}}{1+e^{●}}}=\frac{e^{●}}{\left(1+e^{●}\right)-e^{●}}=\frac{e^{●}}{1}=e^{●}$$

分母と分子に $1+e^{●}$ を掛け算する

そして

$$\frac{p}{1+p}$$

これに対数をとると

$$\log\frac{p}{1+p}=●$$

つまり

$$\log\frac{p}{1+p}=a+b_1x_1+b_2x_2+\cdots+b_kx_k$$

この関係になることがわかります。

ここから説明する事例では、説明変数にあたる変数が2個だけの場合を採り上げます。よってこの関係は、次のように表すことができます。

$$\log\frac{p}{1+p}=a+b_1x_1+b_2x_2$$

第 7 日 まとめ

- 説明変数は極力、相関関係の高い組み合わせを解消しておく。
- 目的変数にあたる値を 0 と 1 に分けるとき、説明変数の組み合わせが完全に分かれているとロジスティック回帰分析ではうまく求めることはできない。たとえば……
  説明変数 A が 1 ～ 10、説明変数 B が 10 ～ 17 のときは目的変数が 1
  説明変数 A が 11 ～ 21、説明変数 B が 18 ～ 25 のときは目的変数が 0
  という具合に、説明変数と目的変数が完全に分かれてしまっている場合
- おおよその概念をつかめたら、実際には「R」をはじめとする統計解析ソフトウェアを利用するほうがよい。

回帰分析の補足資料

A　累乗・$\sqrt{\ }$・log の解説
B　回帰分析について
C　アドインプログラムの利用

A 累乗・√ ・log の解説

A.1 2の3乗！？～累乗の説明

ある数を何回か掛け算することを**累乗**（るいじょう）と呼びます。**べき乗**とも呼びます。

書き方	読み方	小数の場合	意味	Excel の入力
2^3	2の3乗（じょう）	8	2を3回掛け算する 2×2×2 ① ② ③	=2^3 または =POWER(2, 3)
10^{-2}	10の マイナス2乗（じょう）	0.01	1/10を2回掛け算する 1/10×1/10 ① ② 10のマイナス2乗とは、逆数つまり $\frac{1}{10の2乗}$、すなわち $\frac{1}{100}$	=10^-2 または =POWER(10, -2)

A.2 平方根

平方根（へいほうこん）とは、2乗すると√（ルート）記号の内側に書かれた数になる数です。また、4乗や5乗のように累乗すると√記号の内側に書かれた数になる数を総称して**累乗根**（るいじょうこん）と呼び、3乗すると√記号の内側に書かれた数になる数を**立方根**（りっぽうこん）と呼びます。

書き方	読み方	小数の場合	意味	Excel の入力
$\sqrt{3}$	ルート3 または 3の平方根	1.73205…	2乗すると3になる数 3の $\frac{1}{2}$ 乗と同じ	=SQRT(3) =POWER(3,1/2) または =2^(1/2)
$\sqrt[3]{2}$	2の3乗根	1.2599…	3乗すると2になる数 2の $\frac{1}{3}$ 乗と同じ	=2^(1/3)

A.3 log（ログ）

初めて対数や log（ログ）の記号に触れる方、また忘れてしまった方は、ここで概念を理解しておきましょう。

対数では、次のような表記があります。

$$\log_2 8$$

これを翻訳すると、「2 を何乗すると 8 になるか？」ということです。8 は 2 の 3 乗なので、$\log_2 8$ は 3 を表します。Excel では **LOG 関数**を使って、「=LOG(8, 2)」と入力します。また、ここで 2 にあたる値のことを底（てい）、8 にあたる値のことを**真数**（しんすう）と呼びます。そして底が 10 の対数のことを**常用対数**（じょうようたいすう）と呼びます。また、常用対数では通例、底の 10 は省略され、log 100 は Excel では **LOG10 関数**を使って「=LOG10(100)」と入力するか、LOG 関数で底を省略し、「=LOG(100)」と入力すると 2 と表示されます。log 1000 は 3 となります。常用対数では、3 は 2 の 10 倍という関係があります。

また、底が e のときの対数のことを**自然対数**（しぜんたいすう）と呼びます。

π が円周率（直径に対する円周の比率）を表し、小数では約 3.1415 と定義されているように、自然対数の底 e はネイピア数とも呼ばれ、約 2.718 と定義されています。

次の表は、我々が通常使っている数（表では「真数」としています）と、e を底とした自然対数との関係を表しています。

このとき、通常の数で 2 と 4、4 と 8、また 6 と 12、8 と 16、10 と 20 という 2 倍の関係にある数に注目しましょう。この関係について e を底とした自然対数も見てみましょう。

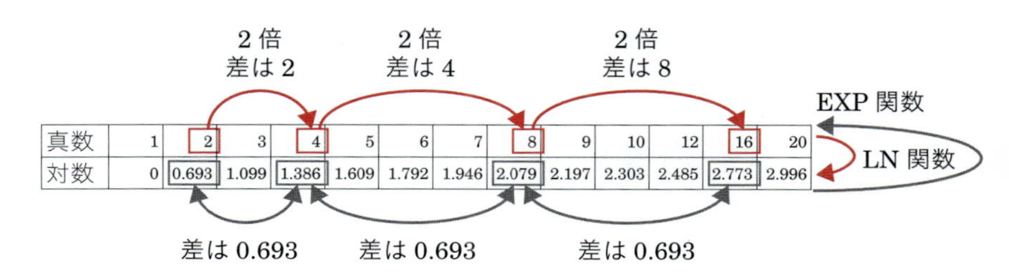

真数	1	2	3	4	5	6	7	8	9	10	12	16	20
対数	0	0.693	1.099	1.386	1.609	1.792	1.946	2.079	2.197	2.303	2.485	2.773	2.996

e を底とした自然対数では、真数で 2 倍の関係にある値の差は、どれも一定になる関係があると理解しましょう。なお、真数から e を底とした自然対数に変換するには、Excel では **LN 関数**を使います。e を底とした自然対数から真数に変換するには、Excel では **EXP 関数**を使います。LN 関数は EXP 関数の逆関数という関係があります。

ちなみに、底が 10 のときに log、底が e のときに ln と書くことがあります。

- 常用対数　$\log_{10}1000$ → $\log 1000$
- 自然対数　$\log_e x$ → $\ln x$

B 回帰分析について

B.1 Excel 回帰分析とは

単回帰分析

単回帰分析とは、説明変数が1つのときの回帰分析を指します。統計学では、**単回帰式**を次のように一般化して表します。また、この直線の式はxとyの単純平均値の点を必ず通過します。

$$y = a + bx$$

y：目的変数　a：切片　x：説明変数　b：目的変数

重回帰分析

重回帰分析とは、説明変数が2つ以上のときの回帰分析を指します。統計学では、**重回帰式**を次のように一般化して表します。

$$y = a + b_1x_1 + b_2x_2 + \cdots + b_kx_k$$

y　：目的変数　　a　：切片
b_1：1番目の説明変数の回帰係数　　x_1：1番目の説明変数の値
b_2：2番目の説明変数の回帰係数　　x_2：2番目の説明変数の値
⋮　　⋮
b_k：最後の説明変数の回帰係数　　x_k：最後の説明変数の値

データ分析ツール「回帰分析」の実行結果の説明

本書では、統計学の内容からビジネスで比較的よく使われる回帰分析について説明しました。そこで、本書の第5日目で使用した事例を使って、回帰分析の出力結果のうち、意思決定により役立つ点を抜き出して説明します。

概要

回帰統計	
重相関 R	① 0.800819234
重決定 R2	② 0.641311445
補正 R2	③ 0.569573734
標準誤差	④ 24817.93445
観測数	⑤ 19

分散分析表

	自由度	変動	分散	測された分散比	有意 F
回帰	⑥ 3	⑨ 16518628907	⑫ 5506209636	⑭ 8.939669762	⑮ 0.001225681
残差	⑦ 15	⑩ 9238948053	⑬ 615929870.2		
合計	⑧ 18	⑪ 25757576960			

		係数	⑱ 標準誤差	⑲ t	⑳ P-値	㉑ 下限 95%	上限 95%	下限 95.0%	上限 95.0%
切片	⑯	43427.4484	25469.09556	1.705103674	0.108791777	-10858.64375	97713.54055	-10858.64	97713.541
売場面積（m 2）	⑰	32.96113012	8.578357536	3.842359097	0.001598677	14.67679385	51.24546639	14.676794	51.245466
所要時間（分）	⑰	-1852.121013	1341.392019	-1.380745514	0.187585052	-4711.230424	1006.988397	-4711.23	1006.9884
駐車場台数	⑰	192.8284606	499.0377664	0.386400536	0.704625961	-870.8453598	1256.502281	-870.8454	1256.5023

残差出力

㉒ 観測値	㉓ 予測値：売上高（千円）	㉔ 残差
1	107250.4802	40009.51976
2	142047.7308	-12656.73076

用語	説明
① 重相関 R	・正しくは「重相関係数」と呼ぶ ・基データの目的変数と推定値との相関係数の絶対値である ・常に 0 と 1 の間の値になる ・単回帰分析では、相関係数の絶対値を示す ・説明変数を増やせば増やすほど、1 に近づく傾向にある ・「⑤データ行数 ＝ ⑥説明変数の列の数 ＋ 1 行」の関係になる場合は、常に 1 になる ・英語では、Multiple Correlation Coefficient という ・相関係数は、Excel では CORREL 関数で求めることができる
② 重決定 R2	・正しくは「決定係数」と呼ぶ $R^2 = 1 - \frac{⑩残差の変動}{⑪全体の変動}$ ・常に 0 と 1 の間になる ・「①重相関係数」を 2 乗した値と一致する ・回帰式によって、すべてのデータの何％を説明できているのかを表し、統計学では説明力を示す指標ということで一般に「寄与率（きよりつ）」ともいう ・説明変数を増やせば増やすほど、この値も 1 に近づく傾向にある ・英語では、Multiple R-Squared という ・単回帰分析に限り、Excel では RSQ 関数で求めることができる ・RSQ 関数では、「＝ RSQ（y の範囲 , x の範囲）」と指定して求める

③ 補正 R2	・正しくは「自由度調整済決定係数」と呼ぶ ・変数選択の指標の1つで、この値が最大となる式が、統計的に最適な回帰式と判断できる $1-(1-②決定係数)\times\frac{⑤データ行数-1}{⑤データ行数-⑥説明変数の個数-1}$ ・一定以上の説明力（決定係数）が必要という考え方から、正の値であることを確認すること ・特にデータ行数が少ない場合、最適な回帰式において、説明変数の個数を多めに取り込む傾向にある ・英語では、Adjusted R-Squared という
④ 標準誤差	・残差の標準誤差のことで、「⑬残差の分散」の平方根の値を示す ・分散とは、平均値からどれだけデータがばらついているかを示した基本統計量の1つ ・単回帰分析に限り、Excel では STEYX 関数で求めることができる ・STEYX 関数は、「＝ STEYX（y の範囲 , x の範囲）」と指定して求める
⑤ 観測数	・分析に採り入れたデータの行数のこと
⑥ 回帰の自由度	・「入力 X 範囲」に指定した列の数のことを表す ・説明変数が数値データのみの場合、説明変数の個数のこと ・自由度は、英語では Degrees of Freedom という
⑦ 残差の自由度	・「⑧全体の自由度 － ⑥回帰の自由度」を求めた値
⑧ 全体の自由度	「データ行数 － 1」を求めた値
⑨ 回帰の変動	「目的変数の単純平均値 － 回帰式による推定値」を2乗した値
⑩ 残差の変動	・「㉔残差」を2乗した「残差平方和」のこと ・「⑧全体の変動 － ⑨回帰の変動」を求めた値と一致する（残差出力から残差を2乗して求めたときとは、小数点以下数桁のわずかな違いによって、完全には一致しない場合がある）
⑪ 全体の変動	・（目的変数）全体の変動 ・偏差平方和ともいい、「目的変数の値 － 目的変数の単純平均値」（＝偏差）を2乗して（＝偏差平方）すべて合計した値 ・Excel では DEVSQ 関数で求めることができる ・DEVSQ 関数は、「＝ DEVSQ（データの範囲）」と指定して求める ・変動は、英語では Variation という
⑫ 回帰の分散	・「⑨回帰の変動 ÷ ⑥回帰の自由度（説明変数の列の数）」を求めた値 ・統計学で分散（Variance）とは、偏差平方和（変動）をデータ行数や自由度で割り算した値のこと
⑬ 残差の分散	・「⑩回帰の変動 ÷ ⑦残差の自由度」を求めた値
⑭ 観測された分散比	・「⑫回帰の分散 ÷ ⑬残差の分散」を求めた値 ・回帰の分散が残差に対してどれくらい大きいのかを統計的に探るために求める ・実際のデータと推定値との間に差が少ない、つまり回帰式が基データに当てはまり具合がよいほど、残差の分散は少なくなる。よって、基データに当てはまり具合がよい回帰式の場合は、この値はより大きくなる ・1を中心とする F 分布上の位置を示している

⑮ 有意 F	・「⑫回帰の分散」が「⑬残差の分散」に対してどれくらい大きいのかを示している ・この値が小さいほど、回帰の分散が残差の分散に対して大きい、つまり回帰式の意味が大きいと解釈する ・「R」や「SPSS」では（回帰式の）*P* 値と表す ・単回帰分析の場合、無相関の検定の *P* 値と一致する ・*F* 分布上の右側確率を求める F.DIST.RT 関数で求めることもできる ・F.DIST.RT 関数は、「= F.DIST.RT（⑭分散比，⑫回帰の分散，⑬残差の分散）」と指定する
⑯ 切片	・最小自乗法で決定された、説明変数の値が 0 のときの目的変数の値を表す ・英語では、Intercept という ・単回帰分析の場合に限り、Excel では INTERCEPT 関数で求めることができる
⑰ 回帰係数	・最小自乗法で決定された、傾き度合いのことを表す ・英語では、Regression Coefficient という ・単回帰分析の場合に限り、Excel では SLOPE 関数で求めることができる
⑱ 標準誤差	・回帰係数や切片のばらつき具合を表す
⑲ *t* 値	・「⑰回帰係数 ÷ ⑱標準誤差」で求めた値 ・目的変数に対する影響度の大きさを表す ・回帰分析では、影響度を求める指標に偏相関係数という指標があるものの、Excel ではサポートしておらず、また *t* 値・*P* 値のほうが精度はよいとされている（本書では偏相関係数について触れていない） ・英語では「t value」という
⑳ *P* 値	・説明変数を回帰式に採り入れたときの危険率を表す ・P は、「provability（確率）」の頭文字 ・回帰係数を 0 としたときの帰無仮説を基に、0 を中心とした *t* 分布上の両側確率を求めたもの ・統計学の先人の慣例から、有意水準は 5%（0.05）とすることが多く、*P* 値があらかじめ定めた有意水準の確率よりも小さければ、説明変数は有意であると判断する ・説明変数の採用にあたっては、第 4 日で説明した変数選択を推奨 ・説明変数の *P* 値の大小は、*t* 値の大小と裏返しの関係があり、*P* 値が小さいほど、*t* 値はより大きくなる ・Excel では、*t* 値を基に T.DIST.2T 関数で求めることができる

㉑ 下限 95%・上限 95%	・「下限 95%」、「上限 95%」（右から 3 列目と 4 列目）は、「⑯切片」や「⑰回帰係数」のばらつく範囲について、95%の信頼区間の範囲の下限と上限を示している ・標本（回帰分析実行用データ）を基に、母集団の範囲は統計学的に 95%の確率でこの範囲に収まると判断する ・右 2 列は、回帰分析の設定画面にある「有意水準（O）」で指定した確率の下限と上限を表す。なおここで指定する値は、正しくは有意水準ではなく、「信頼区間」のことを指す ・チェックを入れない状態で実行すると、ここは 95%として回帰分析を実行する ・信頼区間を変更したい場合は、「有意水準（O）」にチェックを入れて、確率を半角数字で入力して指定する ・統計学的に母集団が収まる確率を表すので、信頼区間を小さくすると、ここの範囲も小さくなる **【注意】** この下限・上限の値を、幅を持たせた予測を目的として利用することは、筆者はお勧めしません。 その理由は主に 2 つあります。まず 1 つは標本（回帰分析実行用データ）に対する母集団は何を指すのかが明確に説明できることが求められるためです。もう 1 つは回帰係数に幅があることから、予測値の幅はそれに応じて大きくなります。すると実務の予測には幅が広すぎて役に立たないたないと筆者は考えています。 また統計学的に得られた情報を実務の意思決定に活かそうとするあまり、「予測値は、95%の確率で●●から▲▲の間に収まります」と表現することは、統計学に関する理解が異なる間での説明では、「そんなに当たるのか」という誤解を与えかねません。
㉒ 観測値	データ番号のことを表し、常に上から 1、2、3……と配置される
㉓ 予測値	回帰式に説明変数を当てはめて求めた推定値
㉔ 残差	「目的変数 － ㉓推定値」を求めた値

B.2 データ分析ツール「回帰分析」のエラーメッセージ

特に本書で注意喚起している点を中心に、エラーメッセージについて説明します。

「入力 X 範囲」に指定できるのは 16 列まで

「入力 X 範囲」に 17 列以上を指定すると表示されるエラーメッセージです。

エラーメッセージでは「16 以上の変数」となっていますが、このデータ分析ツールを使って回帰分析を行う場合、入力 X 範囲に指定する列の数は 16 列以内に収めましょう。16 列の指定は可能です。

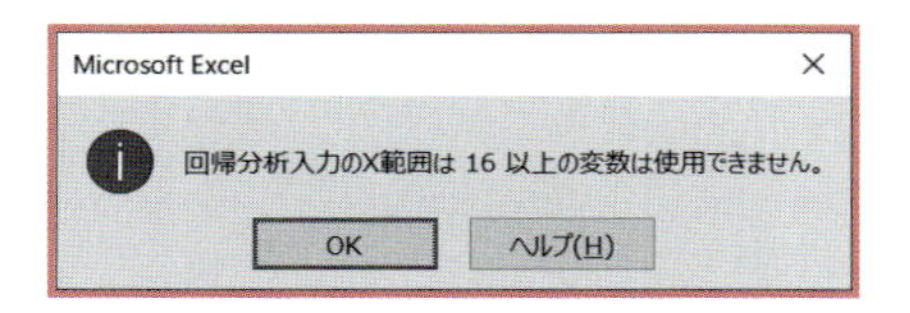

入力 X 範囲では離れた列を指定することはできません

Excel では通常、[Ctrl] キーを押しながら離れた列やセルを指定することができますが、データ分析ツール「回帰分析」で「入力 X 範囲」を指定する場合は、この方法ではできません。

離れた列を指定したい場合は、連続した範囲を指定できるよう、表を作り変える必要があります。

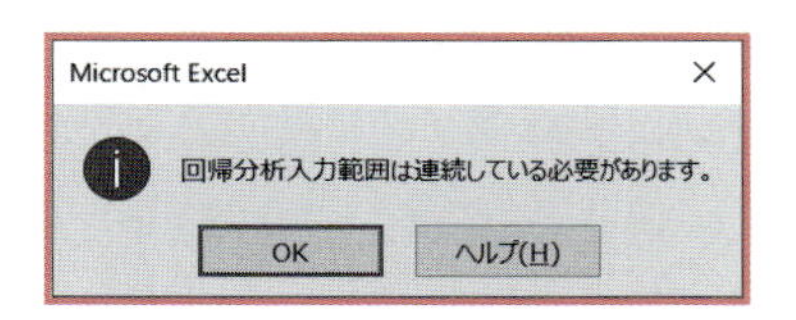

データ行数は入力 X 範囲に指定する列の数よりも多くすること

これは重回帰分析の一般的なルールですが、説明変数の個数（入力 X 範囲に指定する列の数）よりもデータ行数が多くなければなりません。また、第 4 日の冒頭でも触れたように、回帰分析を行うことができるためには、説明変数の個数＋2 行以上のデータ行数が必要だということを忘れないようにしましょう。

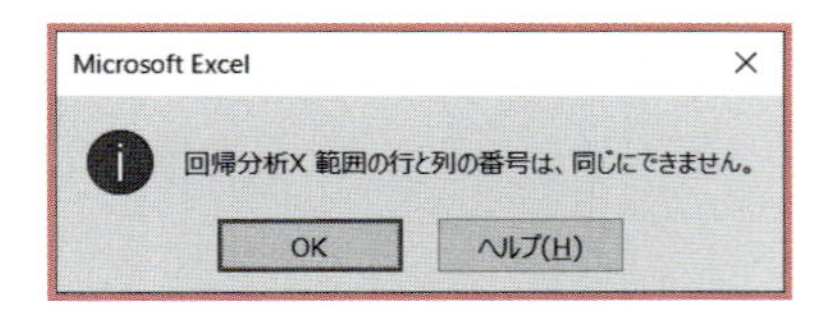

空白セルのない状態で実行すること

選択する範囲のセルにはすべて数値を入力し、空白のセルをなくした状態で回帰分析を実行しましょう。なお、LINEST とは Excel で重回帰分析を行うための LINEST 関数を表しています。

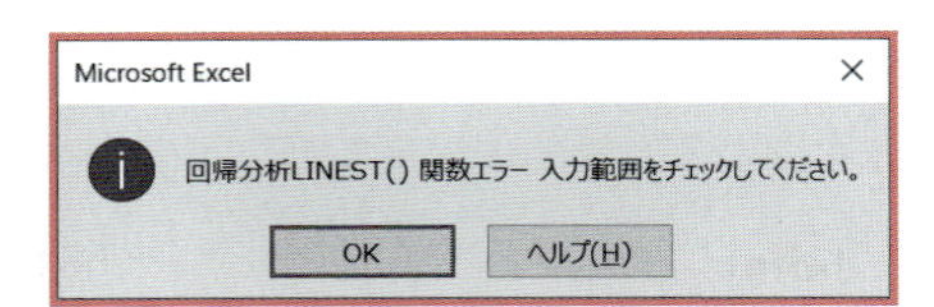

回帰分析実行用データの先頭行にはデータラベルを必ず配置し、「ラベル」にチェックを入れること

回帰分析実行用データの先頭行には、必ずデータラベルを配置しましょう。説明変数のデータラベルは、回帰分析実行結果に反映されます。

そして、データラベルを含めて範囲選択をした場合は、回帰分析の設定画面では、「ラベル（L）」にチェックを入れましょう。

「入力 Y 範囲」や「入力 X 範囲」に入力するのは、データラベル以外は数字だけにしましょう。このとき、データに文字列データラベルを含めて範囲選択をしたのに、「ラベル（L）」にチェックを入れ忘れてしまうと、このエラーメッセージが表示されます。

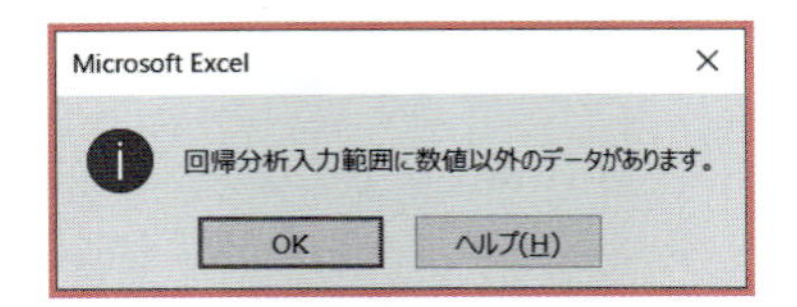

目的変数と説明変数とを正しく範囲選択すること

回帰分析設定画面の「入力 Y 範囲（Y）」と「入力 X 範囲（X）」とで、同じ行数を選択しなかった場合に表示されます。

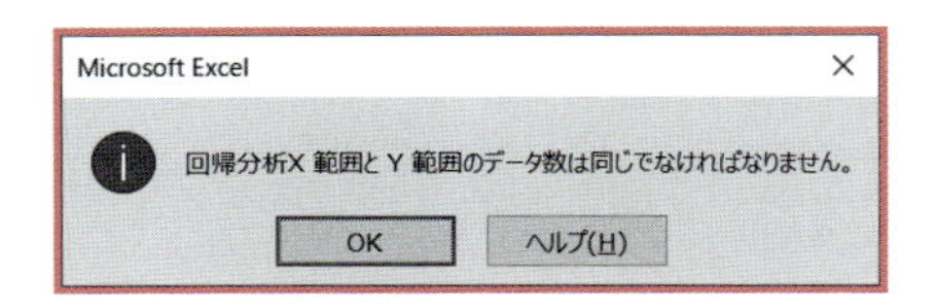

エラーメッセージが表示されなくても無効な例

次の場合は、エラーメッセージが表示されなくても無効になります。

- 説明変数にカテゴリーデータを含む場合、カテゴリーごとに1列ずつ取り除かずに実行してしまった場合
- 説明変数の列の数よりもデータ行数のほうが少ない場合

次の表は上記1番目の例で、第5日のデータです。説明変数のうちカテゴリーごとに1列ずつ取り除かなかった場合でも、このようにエラーメッセージは表示されず、回帰分析を実行してしまいます。しかし、内部では正しく計算できていないのです。

t値やP値が正しく表示されていない箇所から、正しく計算できていないことを判断しましょう。

概要

回帰統計	
重相関 R	0.96761
重決定 R2	0.93627
補正 R2	0.59982
標準誤差	15.2007
観測数	23

分散分析表

	自由度	変動	分散	観測された分散比	有意 F
回帰	14	37341.8	2667.27	14.69184813	0.00034
残差	11	2541.67	231.061		
合計	25	39883.5			

	係数	標準誤差	t	P-値	下限 95%
切片	22.1684	34.2476	0.6473	0.530715601	-53.2101
最高気温	9.86712	0.97494	10.1207	6.55681E-07	7.72128
風速	3.34288	6.23412	0.53622	0.602478835	-10.3783
月	17.841	12.6282	1.41279	0.185380361	-9.95339
火	36.3535	17.8177	2.0403	0.06607001	-2.86306
水	0	0	65535	#NUM!	0
木	13.272	14.3345	0.92588	#NUM!	-18.2779
金	-7.6182	13.8406	-0.55042	0.59302991	-38.0811
土	11.4681	12.2142	0.93891	0.367934514	-15.4152
日	0.16727	12.0839	0.01384	0.989203723	-26.4292
晴	37.7845	20.3349	1.85811	0.090100145	-6.97231
曇	36.7779	20.8589	1.76318	0.105591109	-9.13218
雨	0	0	65535	#NUM!	0
有	39.3046	13.0645	3.0085	#NUM!	10.5498
無	0	0	65535	#NUM!	0

また、回帰分析設定画面の「入力X範囲(X)」で指定する列の数よりもデータ行

数のほうが少ない場合でも、エラーメッセージが表示されずに、回帰分析実行結果のような表が表示されることがあります。しかし、内部では正しく計算できていないのです。

				曜日						天候		広告の有無	
2	No.	最高気温	風速	月	火	水	木	土	日	晴	曇	有	販売個数
3	1	27	1.6	0	0	0	0	1	0	1	0	0	340
4	2	22	1.4	0	0	0	0	0	1	1	0	0	304
5	3	26	1.2	1	0	0	0	0	0	1	0	0	321
6	4	24	1.8	0	1	0	0	0	0	0	0	0	302
7	5	31	1.6	0	0	1	0	0	0	1	0	0	396
8	6	27	1.9	0	0	0	1	0	0	0	1	0	350
9	7	30	2.3	0	0	0	0	0	0	1	0	0	360
10	8	31	1.6	0	0	0	0	1	0	1	0	0	374
11	9	33	3.2	0	0	0	0	0	1	1	0	0	386

概要

回帰統計	
重相関 R	1
重決定 R2	1
補正 R2	65535
標準誤差	0
観測数	9

分散分析表

	自由度	変動	分散	された分	有意 F
回帰	11	9416.889	856.0808	#NUM!	#NUM!
残差	0	0	65535		
合計	11	9416.889			

	係数	標準誤差	t	P-値	下限 95%
切片	132.6389	0	65535	#NUM!	132.6389
最高気温	8.5	0	65535	#NUM!	8.5
風速	-6.38889	0	65535	#NUM!	-6.38889
月	-12.0278	0	65535	#NUM!	-12.0278
火	-23.1389	0	65535	#NUM!	-23.1389
水	23.02778	0	65535	#NUM!	23.02778
木	0	0	65535	#NUM!	0
土	1.027778	0	65535	#NUM!	1.027778
日	6.25	0	65535	#NUM!	6.25
晴	-12.9444	0	65535	#NUM!	-12.9444
曇	0	0	65535	#NUM!	0
有	0	0	65535	#NUM!	0

B.3 説明変数選択規準

本書では、自由度調整済決定係数、Excel の回帰分析実行結果では「補正 R2」という欄に表示される値を使って、最適な回帰モデルの判断材料にしました。

このほかにも最適な回帰モデルを判断する指標があります。中でも **AIC** は有名です。

AIC（Akaike Information Criterion：赤池情報量規準）

重回帰分析の説明変数選択規準で使われる AIC は、次の式で求めます。

$$AIC = \text{データ行数} \times \left\{ \log_e \left(2\pi \times \frac{\text{残差の平方和}}{\text{データ行数}} \right) + 1 \right\} + 2 \times (\text{説明変数の個数} + 2)$$

AIC が最小のモデルが最適と判断します[1]。

Ru：上田の説明変数選択規準

$$R_u = 1 - (1 - \text{決定係数}) \times \frac{\text{データ行数} + \text{説明変数の列数} + 1}{\text{データ行数} - \text{説明変数の列数} - 1}$$

Ru が最大のモデルが最適と判断します。

Excel の回帰分析実行結果からは、次のように *AIC* や *Ru* を求めます。下図は第 4 日のデータで、「売場面積」「所要時間」「駐車場台数」の 3 つを説明変数としたときの回帰分析実行結果です。*AIC* は K8 セルに、*Ru* は K9 セルに求めました。

なお、e を底とする自然対数は **LN 関数**で、π は **PI 関数**、残差平方和は「残差の変動」を参照しています。

回帰統計				
重相関 R	0.800819234			
重決定 R2	0.641311445			
補正 R2	0.569573734			
標準誤差	24817.93445	AIC=	443.9625072	=H9*(LN(2*PI()*I14/H9)+1)+2*(H13+2)
観測数	19	Ru=	0.450010883	=1-(1-H6)*(H9+H13+1)/(H9-H13-1)

分散分析表

	自由度	変動	分散	観測された分散比	有意 F
回帰	3	16518628907	5506209636	8.939669762	0.001225681
残差	15	9238948053	615929870.2		
合計	18	25757576960			

	係数	標準誤差	t	P-値	下限 95%	上限 95%	下限 95.0%	上限 95.0%
切片	43427.4484	25469.09556	1.705103674	0.108791777	-10858.64375	97713.54055	-10858.6	97713.54
売場面積（m 2）	32.96113012	8.578357536	3.842359097	0.001598677	14.67679385	51.24546639	14.67679	51.24547
所要時間（分）	-1852.121013	1341.392019	-1.380745514	0.187585052	-4711.230424	1006.988397	-4711.23	1006.988
駐車場台数	192.8284606	499.0377664	0.386400536	0.704625961	-870.8453598	1256.502281	-870.845	1256.502

この 3 変数の出力結果と、2 変数（「売場面積」と「所要時間」）の場合と、1 変数（「売場面積」のみ）の場合とで、*Ru* と *AIC* を比較したのが次の表です。

1　重回帰分析の AIC はほかにも、「= データの行数 × $\log_e$ (1- 決定係数) + 2 × 説明変数の個数」で求める方法があります。後述のアドインプログラム「ビジネス統計」の変数選択の機能では、この計算を採用しています。

	売場面積	最寄駅からの所要時間	駐車場台数	自由度調整済決定係数	AIC	Ru
① 3 変数	○	○	○	0.570	443.96	0.450
② 2 変数	○	○	—	0.592	442.15	0.502
③ 1 変数	○	—	—	0.552	443.11	0.477

このように自由度調整済決定係数や *Ru* はもっとも大きく、*AIC* はもっとも小さい「売場面積」と「最寄駅からの所要時間」の 2 つを説明変数としたときが、統計的に最適なモデルとして、同様に判断することができています。

なお、第 5 日で説明した自由度調整済決定係数は、回帰分析を実行するデータ行数が 20 ～ 30 行程度と比較的少ない場合、最適な回帰モデルに多めの説明変数を採用することがあります。

B.4 回帰分析が利用できるその他の事例

本書では第 4 日以降、回帰分析を利用した分析の方法を採り上げました。ほかにも回帰分析を利用できる例を、データの型という切り口で挙げます。

説明変数がカテゴリーデータの場合も回帰分析ができる

回帰分析の主な目的は、数値予測と要因分析です。

説明変数がカテゴリーデータのみの回帰分析を、数量化理論Ⅰ類とも呼びます。説明変数に数値データとカテゴリーデータが混在していても扱うことができます。

説明変数に数値データとカテゴリーデータが混在するときの回帰分析で数値予測の式の作り方や影響度の求め方は、第 5 日のカテゴリーデータを含む重回帰分析を参考にしてください。

数値予測以外の使い方 ～ コンジョイント分析

ユーザーや顧客のニーズをくみ取ることができる商品やサービスの仕様（内容）を探る方法として、コンジョイント分析という調査・分析方法があります。

Excel の回帰分析を利用して、簡易的にコンジョイント分析を実践できる方法があります。

次の例は、コンビニエンスストアなどで販売される弁当のメニューについて、どのような内容が好まれるのかを探るため、アンケート調査を行うものです。

弁当を食べてみたいかどうかに影響しそうな要因として、「ご飯の種類」「主なおかず」「その他のおかず」「主な野菜」「野菜の量」「漬物」「ご飯の量」「価格」を挙げています。そして、これらの要因の内容をそれぞれ変えて18通りの組み合わせを作り、すべてのメニューについて食べてみたいかどうかを訊きます。

この場合、回帰分析の目的変数にあたるのは「評価」で、「食べてみたい」を10点、「食べてみたくない」を0点、「どちらともいえない」を5点として数値化し、すべての回答の平均値を求めています。

No	ご飯の種類	主なおかず	その他のおかず	主な野菜	野菜の量	漬物	ご飯の量	価格	評価
1	白米	ハンバーグ	卵焼き	キャベツの千切り	多め	桜漬け大根	少なめ	390円	7.4706
2	白米	ハンバーグ	しゅうまい	温野菜	普通	たくあん	普通	470円	6.2353
3	白米	ハンバーグ	ウィンナーソーセージ	ポテトサラダ	少なめ	きゅうりの古漬け	多め	520円	3.1176
4	白米	焼鮭の切り身	卵焼き	キャベツの千切り	普通	たくあん	多め	520円	3.4118
5	白米	焼鮭の切り身	しゅうまい	温野菜	少なめ	きゅうりの古漬け	少なめ	390円	6
6	白米	焼鮭の切り身	ウィンナーソーセージ	ポテトサラダ	多め	桜漬け大根	普通	470円	5.4118
7	白米	から揚げ	卵焼き	温野菜	多め	きゅうりの古漬け	普通	520円	5.0588
8	白米	から揚げ	しゅうまい	ポテトサラダ	普通	桜漬け大根	多め	390円	6.7059
9	白米	から揚げ	ウィンナーソーセージ	キャベツの千切り	少なめ	たくあん	少なめ	470円	3.5294
10	玄米	ハンバーグ	卵焼き	ポテトサラダ	少なめ	たくあん	普通	390円	6.5294
11	玄米	ハンバーグ	しゅうまい	キャベツの千切り	多め	きゅうりの古漬け	多め	470円	5.4118
12	玄米	ハンバーグ	ウィンナーソーセージ	温野菜	普通	桜漬け大根	少なめ	520円	3.8235
13	玄米	焼鮭の切り身	卵焼き	温野菜	少なめ	桜漬け大根	多め	470円	5.1176
14	玄米	焼鮭の切り身	しゅうまい	ポテトサラダ	多め	たくあん	少なめ	520円	3.6471
15	玄米	焼鮭の切り身	ウィンナーソーセージ	キャベツの千切り	普通	きゅうりの古漬け	普通	390円	6.3529
16	玄米	から揚げ	卵焼き	ポテトサラダ	普通	きゅうりの古漬け	少なめ	470円	4.9412
17	玄米	から揚げ	しゅうまい	キャベツの千切り	少なめ	桜漬け大根	普通	520円	3.2353
18	玄米	から揚げ	ウィンナーソーセージ	温野菜	多め	たくあん	多め	390円	6.5294

「ご飯の種類」から「価格」までを回帰分析の説明変数として扱い、回帰分析を実行して、それぞれの回帰係数を基に、もっとも好まれる（評価が高くなると推定できる）組み合わせを考えます（予測）。そして、どの要因が評価の良し悪しにより影響しているのか（要因分析）を探るのが、コンジョイント分析です[2]。

2 Excelで簡易的にコンジョイント分析を行う方法は、『EXCELマーケティングリサーチ&データ分析［ビジテク］2013/2010/2007対応』（共著、翔泳社・刊）で詳しく説明しています。

アドインプログラムの利用

本書の読者のみなさんに、Excel で使うことができるプログラムを紹介します[3]。まず本書でしっかりと内容を理解してから、利用することをお勧めします。

なお、Excel 用アドインプログラム、多変量解析 Excel アドインツール「ビジネス統計」には、次の機能があります。

分類	ツールの名前	機能の内容
グラフ	カラーラベル付き散布図	マーカーに自動的にラベルをつける
	顔グラフ	クロス集計表データから、チャーノフの顔グラフで視覚的に表す
基本統計量	外れ値検出	複数外れ値の簡易検出を行う
相関	相関判定	相関係数行列を求め、このプログラムの基準によって相関の有無を判定する
多変量解析	変数選択モデル	重回帰分析の変数選択を変数減少法で行う
	主成分分析	多くの変数からデータの要約を行う
	双対尺度法	クロス集計表から、性質が似ているものをより近くに配置する
	クラスター分析	数学的な距離を利用して変数やサンプルの分類を行う
統計的仮説検定	独立性の判定	クロス集計表の行と列の関連を探る
アンケート	コンジョイント分析	要因と水準を L_4 直交表（2 水準 ×3）・L_8 直交表（2 水準 ×7）・L_{12} 直交表（2 水準 ×11）・L_{18} 直交表（2 水準 ×1、3 水準 ×7）に当てはめたアンケート調査の設問作りと分析を行う
数学付録	固有値	固有値と固有値ベクトルを求める

上記のうち、特に本書の内容に関連のある「顔グラフ」「カラーラベル付き散布図」「相関判定」「変数選択」の 4 種類を採り上げます。

3 この項目のすべての内容は、本書執筆時点のものです。今後予告なく提供方法や仕様などが変更される場合があります。

C.1 アドインプログラムを入手する

アドインプログラムは、次の Web ページからダウンロードし、入手してください。

●アドインプログラム・ダウンロード先

http://www.media-ch.com/download-01.html

●利用料金・製品価格

無料（インターネット接続料金などは利用者負担となります）

●動作環境

OS：日本語版 Windows（Macintosh は非対応）

Microsoft Excel 2016・2013・2010（64 ビット版・32 ビット版共に対応）

●利用可能期間

無期限（このプログラムによって、利用期間を制限していません）

【注意】

動作検証は十分に行っていますが、アドインプログラムを利用したことによる、パソコンへの直接的、間接的不具合、不便などは保証できかねます。

アドイン接続時やその後のトラブル、動作方法等のサポートは行っていません。

筆者や出版社は、アドインプログラムを提供する会社とは無関係です。

C.2 アドインプログラム入手後の手順

ダウンロードした zip 形式のファイルをダブルクリックすると、その下のフォルダに展開されます[4]。

4 表示順序はフォルダの並べ替えなどによって異なります。なお、Windows OS の初期設定では、xla や pdf などの拡張子は表示されないようになっています。

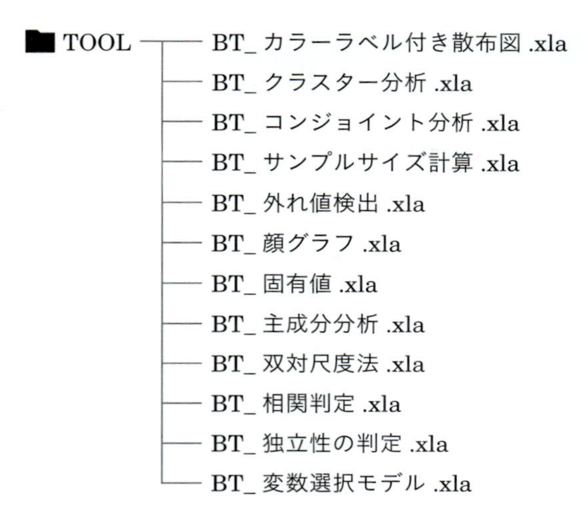

Config.ini
インストールマニュアル _1710.pdf
ビジネス統計 .xla

このアドインプログラムを正常に動作するために、次の点に注意してください。

- ファイル名・フォルダ名は変更しないでください
- ファイルやフォルダの場所・階層を変更しないでください

C.3 Excel にアドイン接続する

Excel で当アドインプログラムを使えるようにする方法については、本書の読者用ダウンロードデータに含まれている「分析ツール・ソルバー機能・ビジネス統計アドインを使えるようにする手順 .pdf」で説明しています。

なお、アドイン接続をするのは「ビジネス統計 .xla」だけです。その下の階層のアドイン形式のファイルを 1 つずつアドイン接続する必要はありません。

❶ アドイン接続が完了したら、「アドイン」タブの「ビジネス統計」をクリックして、表示されたサブメニューから「起動」をクリックします。

❷「起動完了」が表示されたら、「OK」ボタンをクリックします。これで、このプログラムを使うことができるようになります。

C.4 顔グラフ

顔グラフはチャーノフ（Herman Chernoff）によって考案され、複数の変数を顔の輪郭、眉毛、口などの形に対応させて、顔の形によって視覚化をするものです。

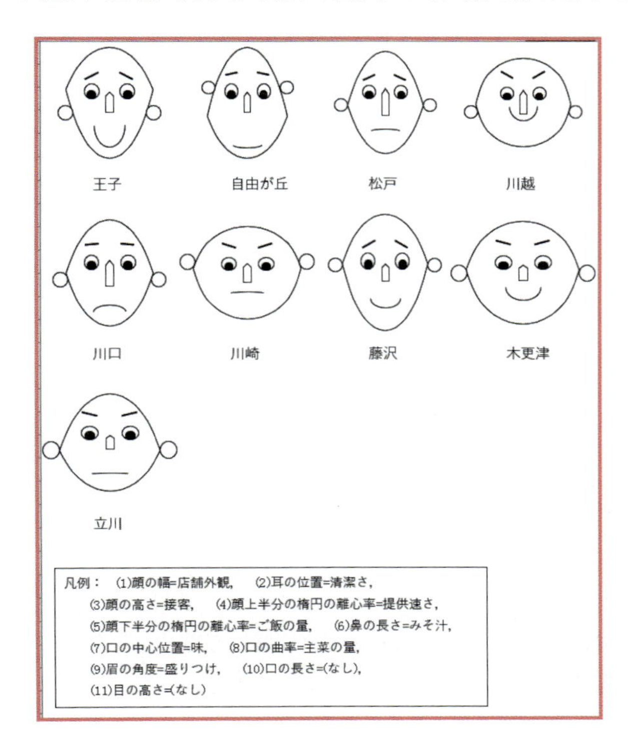

クロス集計表を作成する

まず、次のような生データがあるとします。すでにクロス集計表がある場合は、この手順を飛ばしてかまいません。次のデータは、飲食店の顧客アンケートの結果を表にまとめたものです（ダミーデータ）。

	A	B	C	D	E	F	G	H	I	J	K
1	ID	利用店	店舗外観	清潔さ	接客	提供速さ	ご飯の量	みそ汁	味	主菜の量	盛りつけ
2	1	自由が丘	5	5	3	5	4	4	3	3	5
3	2	藤沢	2	5	5	4	5	4	5	5	2
4	3	木更津	4	5	3	4	5	5	4	2	5
5	4	立川	5	5	2	5	3	5	2	2	2
6	5	川越	3	5	2	5	4	5	4	3	4
7	6	川越	4	4	2	3	2	5	2	3	5
8	7	川口	4	4	5	4	4	5	5	2	4
9	8	川崎	4	4	4	3	4	5	3	3	3
10	9	川口	4	3	4	3	4	3	3	3	3
11	10	川崎	4	4	2	5	3	4	4	4	4
12	11	木更津	5	3	2	5	4	3	5	4	3
13	12	自由が丘	2	4	5	5	5	4	5	5	4
14	13	王子	3	5	5	3	2	4	5	5	5
15	14	川崎	4	4	3	3	2	3	3	4	3
16	15	立川	3	3	5	4	2	4	3	3	3
17	16	木更津	3	4	4	3	4	3	3	4	3
18	17	自由が丘	4	5	3	5	4	5	5	5	3
19	18	川口	4	3	5	5	3	4	5	5	4
20	19	川崎	4	4	4	5	2	5	4	5	4
21	20	自由が丘	3	5	5	4	4	5	3	2	3
22	21	松戸	2	4	3	4	4	5	4	4	3
23	22	王子	5	4	5	4	2	4	3	5	3
24	23	木更津	4	5	4	3	4	5	2	2	4
25	24	王子	5	3	4	3	4	3	3	5	3
26	25	立川	5	3	4	4	5	5	2	2	2
27	26	松戸	3	5	4	3	2	5	5	3	5

顔グラフを作るには、上の基データ（生データ＝ **Raw Data**）から、次のようにクロス集計表を準備しましょう。今回はピボットテーブルを作成しました。このとき、データを分断するような空白行や、セルあるいは表の周辺にデータラベルとは無関係の情報がない状態にしましょう。

付録

❶「挿入」タブの「テーブル」グループから、「ピボットテーブル」を選択します[5]。

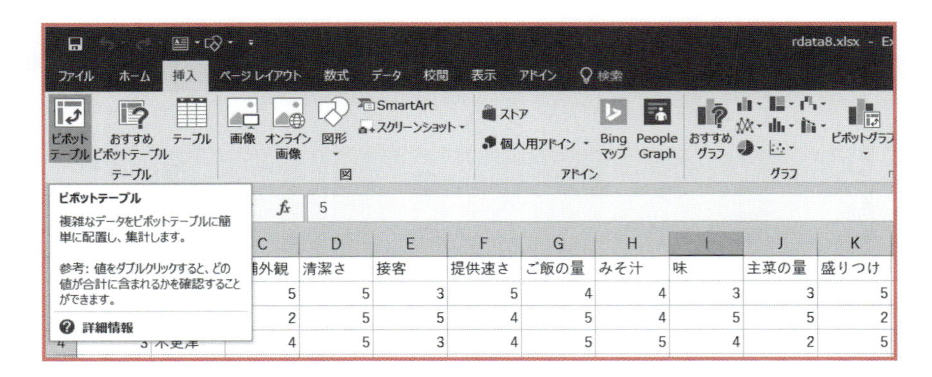

C	D	E	F	G	H	I	J	K
店舗外観	清潔さ	接客	提供速さ	ご飯の量	みそ汁	味	主菜の量	盛りつけ
5	5	3	5	4	4	3	3	5
2	5	5	4	5	4	5	5	2
4	5	3	4	5	5	4	2	5

❷ 表示された「ピボットテーブルの作成」ダイアログボックスの「テーブルまたは範囲の選択(S)」で、表の範囲が正しく選択されていることを確認しましょう。「ピボットテーブルを配置する場所を指定してください。」では、既定値の「新規ワークシート(N)」が選択されていることを確認し、「OK」ボタンをクリックします。

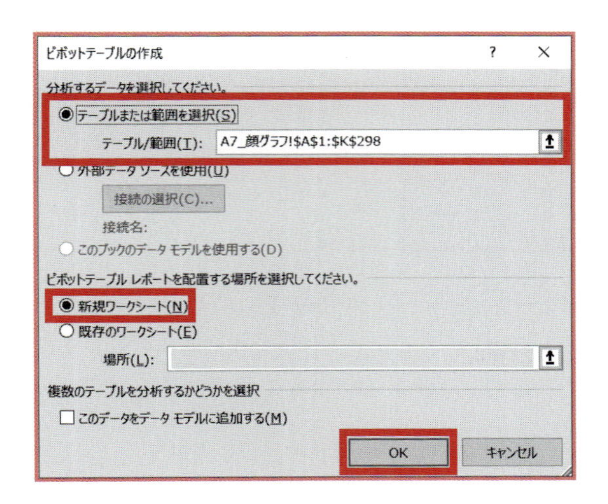

5　Excel のバージョンによってメニュー表示が若干異なりますが、基本的な操作は同じです。

❸ 自動的に新しいワークシートが追加されて、次のように表示されました。

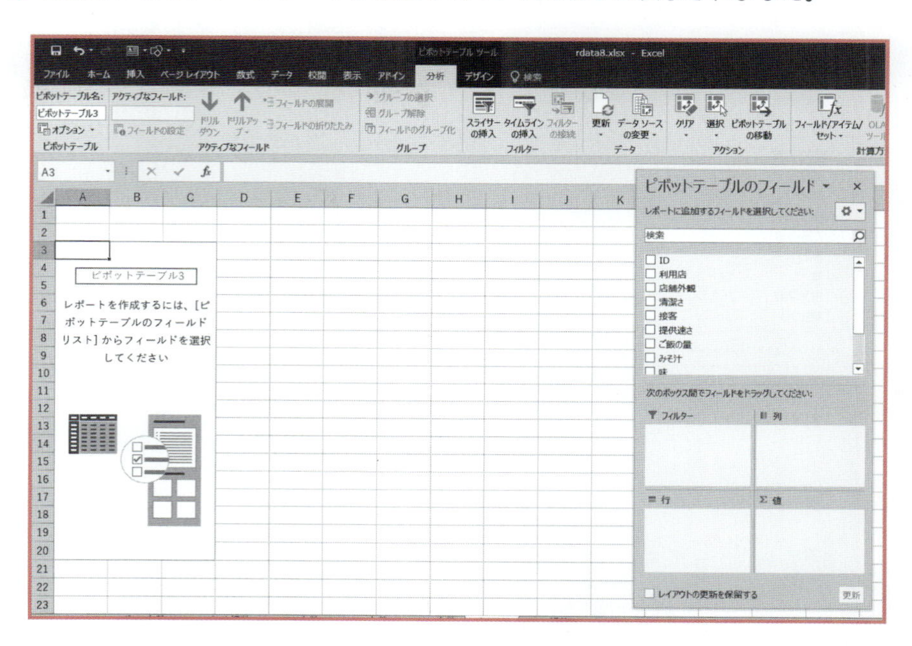

❹「ピボットテーブルのフィールド」で表示されている部分には、次のように指定します。

- 行：「利用店」
- Σ値：「店舗外観」「清潔さ」「接客」「提供速さ」「ご飯の量」「みそ汁」「味」「主菜の量」「盛りつけ」

「Σ値」に上記のように指定すると、列のフィールドには「Σ値」が表示されます。しかし、これは**Excel**の仕様なので、そのままの状態にしておきましょう。

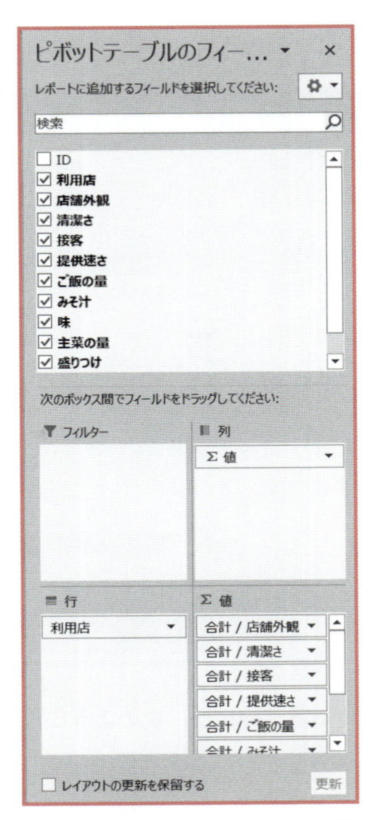

	A	B	C	D	E	F	G	H	I	J
1										
2										
3	行ラベル	合計 / 店舗外観	合計 / 清潔さ	合計 / 接客	合計 / 提供速さ	合計 / ご飯の量	合計 / みそ汁	合計 / 味	合計 / 主菜の量	合計 / 盛りつけ
4	王子	119	131	121	133	104	131	126	128	113
5	自由が丘	112	143	121	129	120	131	128	114	117
6	松戸	110	134	117	130	114	140	116	111	114
7	川越	111	130	108	136	129	140	112	124	128
8	川口	120	133	119	131	113	136	118	106	118
9	川崎	122	141	112	136	123	133	110	111	123
10	藤沢	116	138	126	133	112	127	118	117	113
11	木更津	129	135	117	135	122	128	116	120	122
12	立川	134	132	115	130	118	126	119	112	122
13	**総計**	**1073**	**1217**	**1056**	**1193**	**1055**	**1192**	**1063**	**1043**	**1070**

顔グラフを求めるためのクロス集計表は、表頭項目（「店舗外観」「清潔さ」……など）は顔のパーツに反映され、表側項目（「王子」「自由が丘」……など）は顔の種類に反映されます。つまり、この集計表では店舗の数（行数）は 9 行なので 9 個の顔が並び、顔のパーツは、顔の幅や眉の角度など 9 個のパーツに反映されます。

顔グラフのパーツの説明

顔グラフでは、顔のうち11個のパーツで表すことができます。それぞれ値が大きいほど、次のように顔グラフに反映されます。

顔のパーツ	値が大きいほど……
(1) 顔の幅	顔の幅が大きくなる
(2) 耳の位置	耳の位置が上に配置される
(3) 顔の高さ	顔が縦に長くなる
(4) 顔上半分の楕円の離心率	上半分がふくらむ
(5) 顔下半分の楕円の離心率	下半分が膨らむ
(6) 鼻の長さ	鼻が長くなる
(7) 口の中心の位置	口の中心が下側に配置される
(8) 口の曲率	口の形がよりU字になる
(9) 眉の角度	眉がつり上がる
(10) 口の長さ	口の長さが長くなる
(11) 目の高さ	目の位置が高くなる

顔グラフの制約

作成できる顔の個数は30個まで、つまりこのクロス集計表では、表側項目の店舗の数は30個（30行）まで配置できます。

顔のパーツは11個まで反映させることができます。つまりこのクロス集計表では、表頭項目の評価項目は11項目まで顔のパーツに反映させることができます。

顔グラフを作成する

ピボットテーブルによるクロス集計表、または次のように作り直したクロス集計表から、顔グラフを作成することができます。

❶「アドイン」タブをクリックして、「ビジネス統計」をクリックして表示されたサブメニューから、「グラフ」を選択し、「顔グラフ」をクリックします。

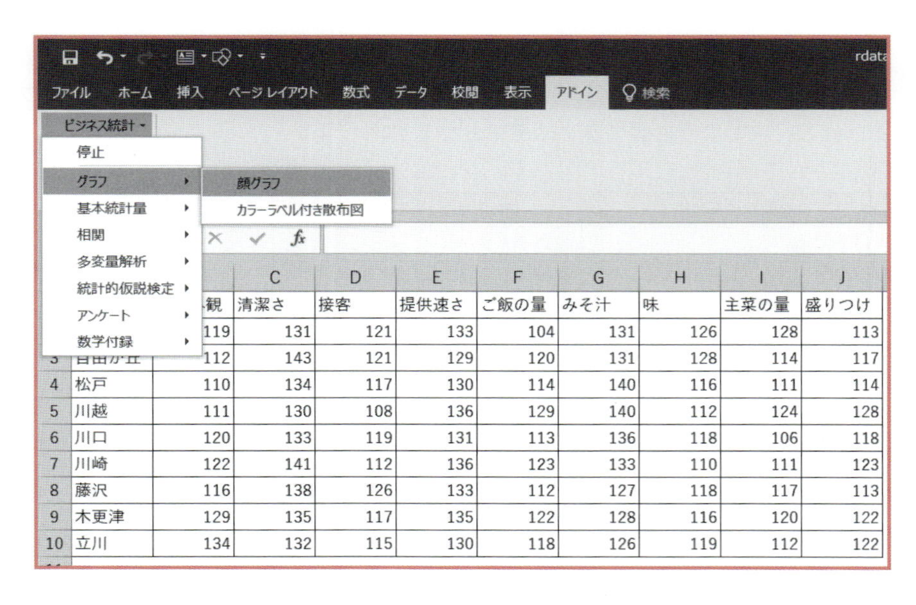

❷ 表示された「顔グラフウィザード 1/2」では、顔グラフを表示させたいデータの範囲を指定して、「OK」ボタンをクリックします。
なお、ピボットテーブルのクロス集計表から範囲選択をする場合は、合計の行を含めないようにしましょう。

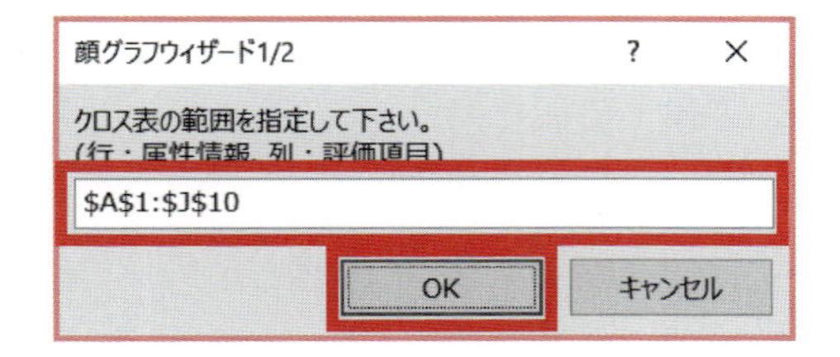

❸「顔グラフウィザード 2/2」では、顔のどのパーツにどの評価項目を当てはめるかを設定します。顔のパーツは最大 11 個まで指定することができます。指定が済んだら「OK」ボタンをクリックすることで、顔グラフを表示させることができます。

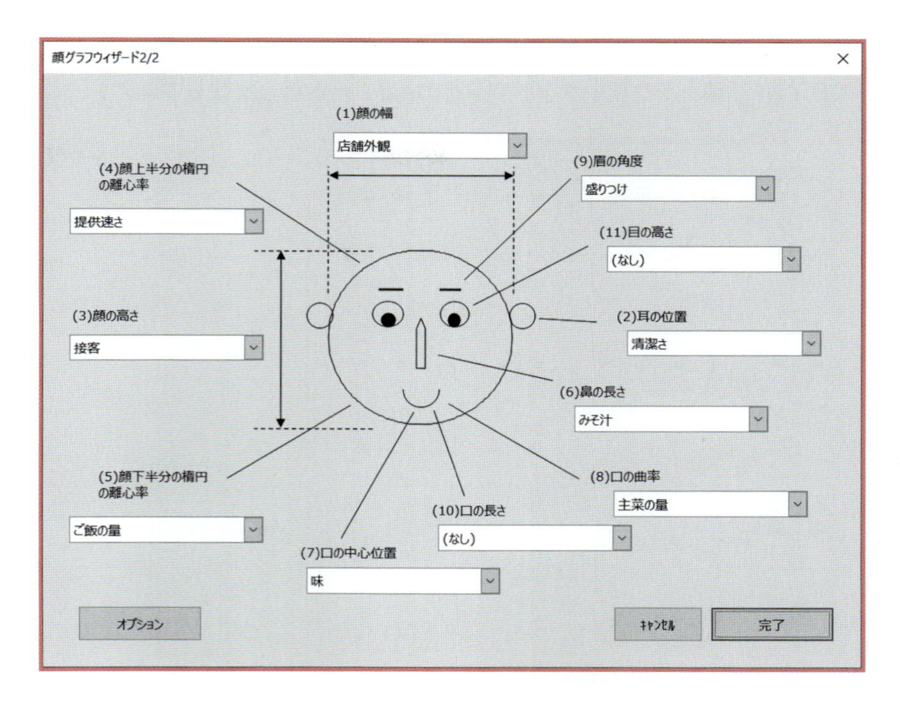

❹「顔グラフウィザード 2/2」の左下にある「オプション」ボタンをクリックすると、顔の幅や 1 列に何個の顔を配置するかなどを指定することができます。

パラメータ設定

顔の幅 80

顔の高さ 80

OK

キャンセル

描画開始位置

◉ 自動

○ 固定

横の描画数

◉ 自動

○ 固定

❺ 顔グラフは、次のように表示されました。
「凡例」は、「顔グラフウィザード 2/2」で指定した内容を反映しています。

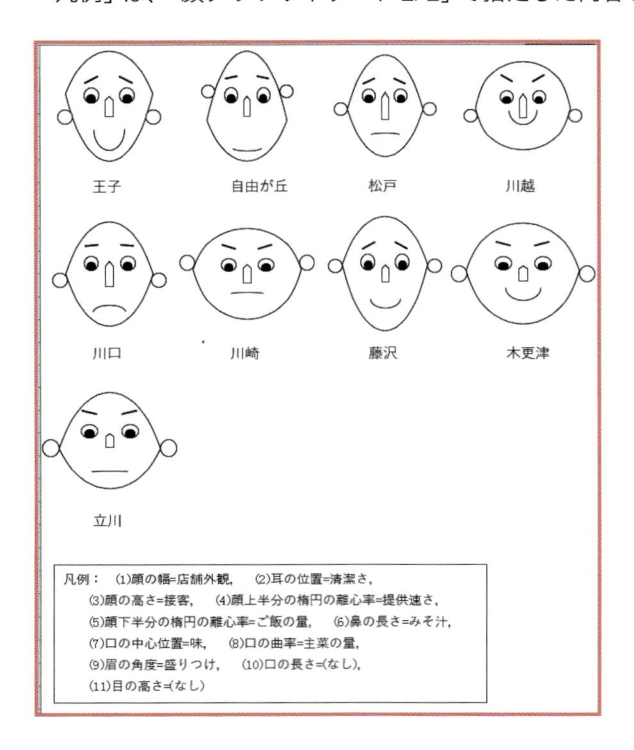

【顔グラフで表現するコツ】

- 評価項目の大きさを顔のパーツで表すとき、顔の幅や顔の高さ、眉の角度、口の長さなど、比較的目立つパーツを優先的に当てはめるとよい
- クロス集計表の値が大きいほど、よくない項目が混在する場合は、大小関係を逆転させるような工夫をする

C.5 カラーラベル付き散布図

マーカーと項目名が一緒に表示される便利な機能です。
散布図に表示させたい名前を、グラフ作成用データにあらかじめ配置しておきます。なお、項目名の文字に色をつけておくと、その色が散布図のマーカーとラベルにそのまま反映されます。

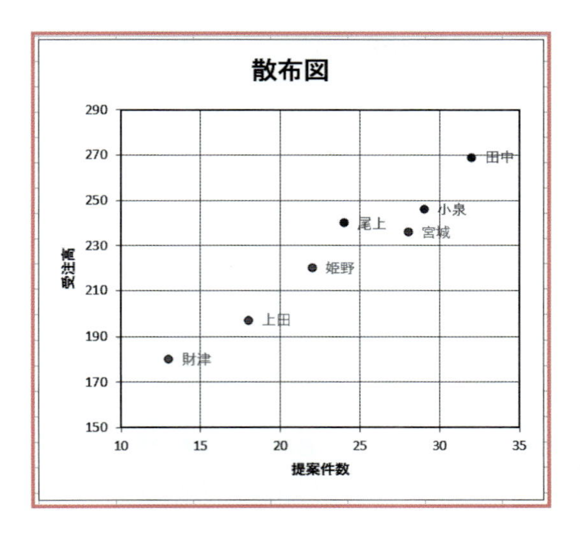

本書は色数に制限があるためカラーラベルを実物どおりに表現することができませんが、実際にはマーカーとラベルに色がついた状態で表示されます。

散布図からデータラベルを追加する方法

Excel のグラフ機能で、散布図にデータラベルを追加する方法を説明します。

❶ 散布図を作成するには、散布図の横軸に配置する値の範囲と、縦軸に配置する値の範囲（合計 2 列）を指定した散布図を作ります。

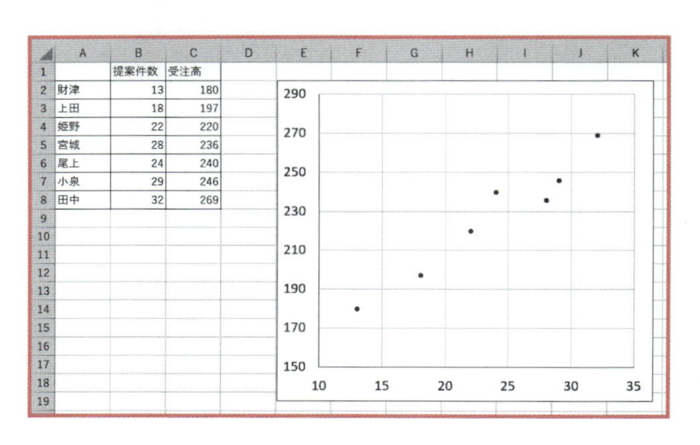

	A	B	C
1		提案件数	受注高
2	財津	13	180
3	上田	18	197
4	姫野	22	220
5	宮城	28	236
6	尾上	24	240
7	小泉	29	246
8	田中	32	269

❷ 散布図を選択すると表示される右上の「+」マークをクリックします。

	A	B	C
1		提案件数	受注高
2	財津	13	180
3	上田	18	197
4	姫野	22	220
5	宮城	28	236
6	尾上	24	240
7	小泉	29	246
8	田中	32	269

グラフ要素
タイトル、凡例、グリッド線、データラベルなどのグラフ要素を追加、削除、または変更します。

❸「データラベル」にマウスを合わせると表示される右向きの三角形をクリックします。そこで表示されている「その他のオプション ...」をクリックします。

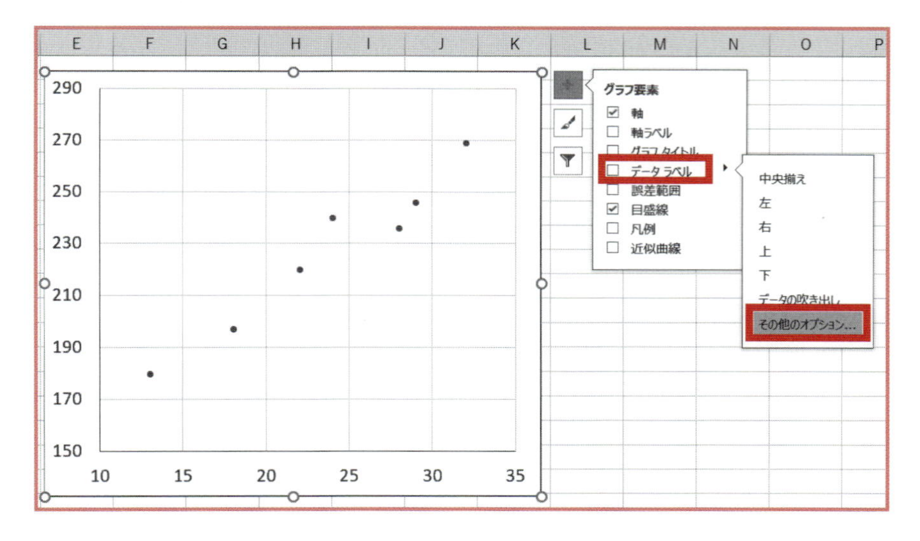

❹ 表示された「データラベルの書式設定」の「ラベルオプション」で、「セルの値(F)」にチェックを入れます。表示された「データラベルの範囲」で、ラベルとして表示させたい A 列の範囲を指定し、「OK」ボタンをクリックします。

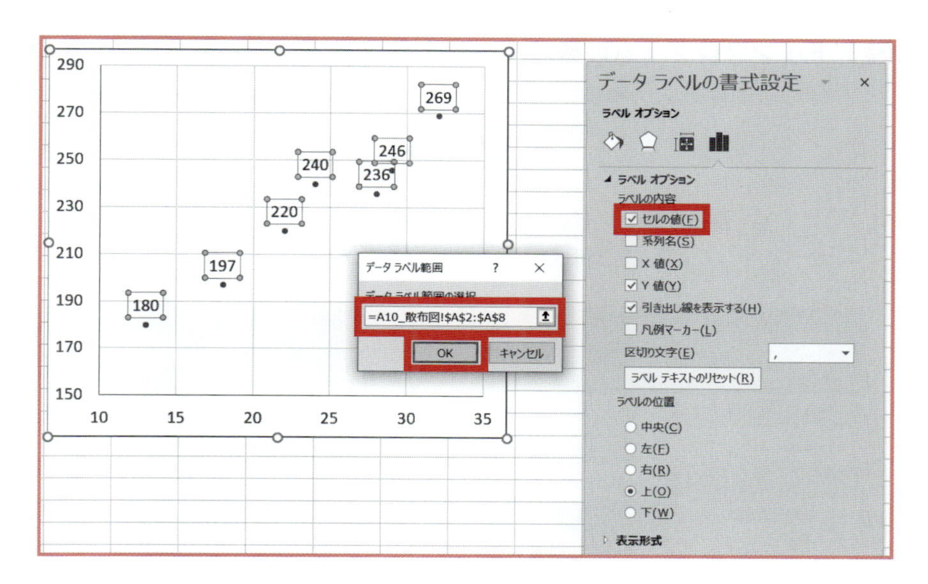

❺ ここまでで、縦軸の「受注高」の値が散布図に表示されているのが余分なので、「Y 値 (Y)」のチェックを外しましょう。

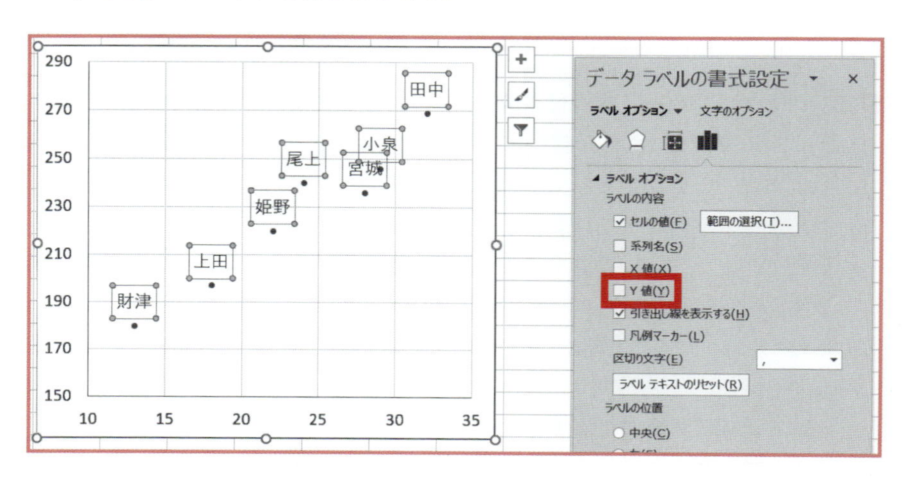

これでデータラベルも表示された散布図が完成しました。ここまでの手順がより簡単になるのが、次のアドインプログラムです。

付録

アドインプログラムの機能で作成する

アドインプログラムの機能でカラーラベル付き散布図を作成する方法を説明します。

❶「アドイン」タブをクリック、「ビジネス統計」をクリックして表示されたサブメニューから「グラフ」を選択し、「カラーラベル付き散布図」をクリックします。

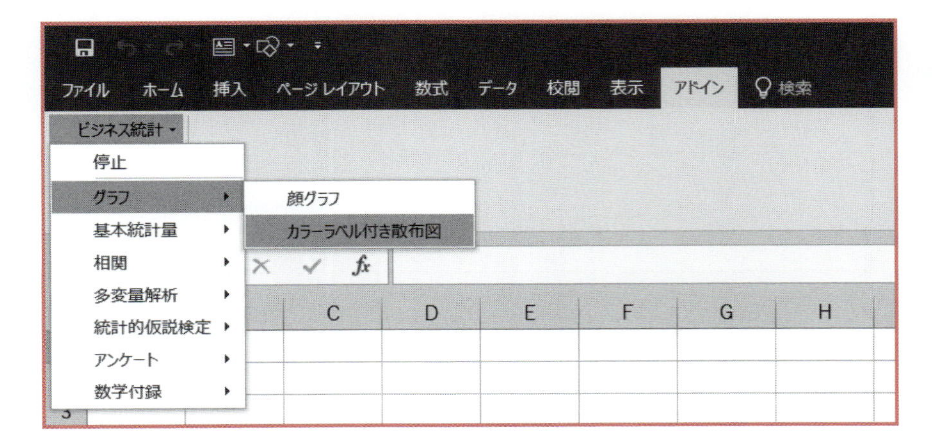

❷ 表示された「カラーラベル付き散布図」の設定画面で、次のように指定します。

- ラベルのデータ（見出し含む）：表示させたいデータラベルの列の範囲を指定します。ここでフォント（文字）に色をつけておくと、その色が散布図のマーカーとラベルに反映されます。
- 縦軸（Y 軸）データ（見出し含む）：縦軸に反映させたいデータの範囲を指定します。
- 横軸（X 軸）データ（見出し含む）：横軸に反映させたいデータの範囲を指定します。
- データ方向：行か列のどちらかを選択します。このデータでは「行」を指定します（「行」は上から下方向、「列」は左から右方向）。

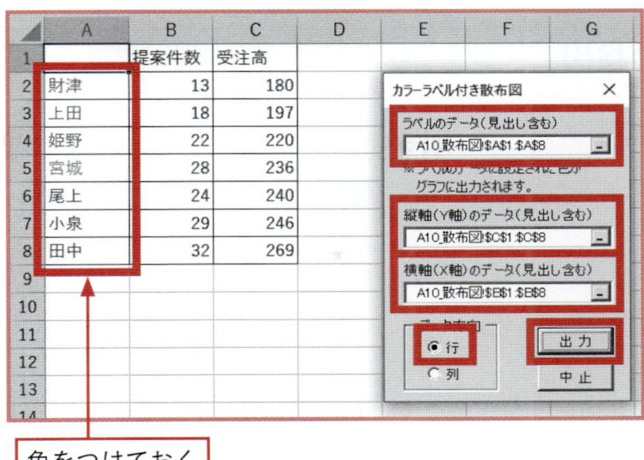

❸ 設定し終わったら、「出力」ボタンをクリックします。

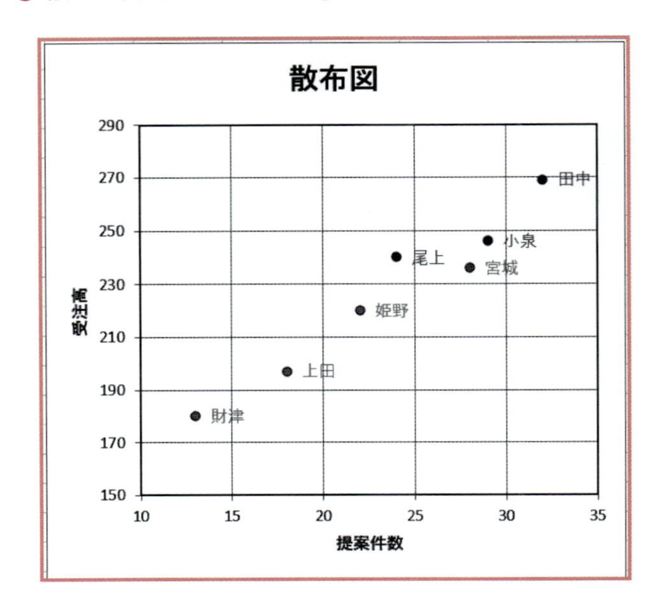

グラフを作るときの心構えをあらためて

マーカーやラベルの色分けに限りませんが、1つのグラフで伝えたいものを決めましょう。また、その伝えたいものはなるべくシンプルなものにしましょう。

C.6 外れ値の検出

データのうち極端に大きい、または小さい値のことを外れ値と呼びます。当アドインプログラムの「ビジネス統計」には、外れ値を判定するためのプログラムが含まれています[6]。

まず操作方法を説明し、次にこのプログラムで外れ値を求める方法を説明します。

操作方法

アドインプログラムの操作方法を説明します。

❶「アドイン」タブをクリックし、「ビジネス統計」をクリックして表示されたサブメニューから、「基本統計量」→「外れ値検出」を選択してクリックします。

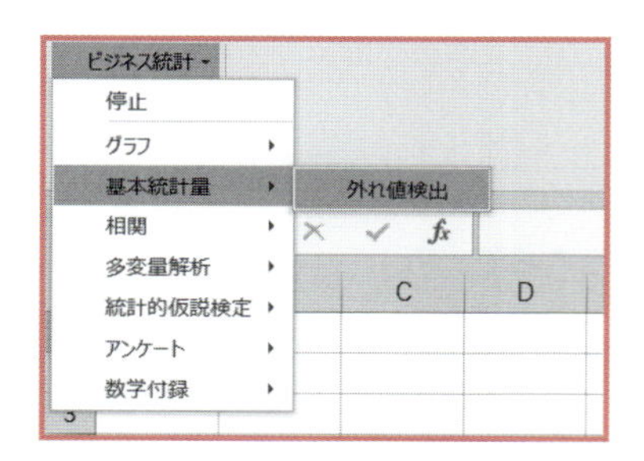

❷「外れ値検出」ダイアログボックスで、外れ値があるかどうかを探るデータの範囲を指定します。ここではまず x の列（B 列）の値を範囲指定します。

	A	B	C
1	No.	x	y
2		9	4
3		12	44
4		24	26
5		33	41
6		29	4
7		39	31
8		48	44
9		44	9
10		51	3
11	1	73	136

外れ値の検出 ? ×

値の範囲を指定して下さい。

`$B$1:$B$11`

OK キャンセル

❷ 範囲指定し終わったら、「OK」ボタンをクリックします。自動的に新しいワークシートが追加され、結果と計算過程が表示されます。このデータからは、73 が外れ値だと判定されました。

	原データ	基準化データ
	9	-1.4167
	12	-1.26045
	24	-0.63543
	29	-0.37501
	33	-0.16667
	39	0.145837
	44	0.40626
	48	0.614598
	51	0.770852
	73	1.916713
平均	36.2	-4E-08
標準偏差	19.19954	1

外れ値検出の過程

データを基準化します。標準化とも呼び、単純平均値を 0、標準偏差を 1 となるようにデータを変換します。

基準化は次のように行います。

$$\text{データの基準化} = \frac{\text{データの値} - \text{単純平均値}}{\text{標準偏差}}$$

No.1 のデータは 9 で、単純平均値は 36.2、標準偏差は 19.19954 なので、No.1 のデータを基準化すると、

$$\frac{9 - 36.2}{19.19954} = 1.4167$$

と求めることができます。

この基準化したデータについて、単純平均値を求めます。このプログラムでは、

6　このプログラムで採用している外れ値検出法については、上田太一郎「複数外れ値の簡易検出法」（応用統計学会、Vol.25 No.1、1996 年）を参照してください。

小数点以下の丸めの事情から、データの基準化をしたものについて単純平均値を求めても0と表示されませんが、－4.8E－08でおおよそ0と表しています。

このとき、データを大きい順、また小さい順に優先して2つずつ挙げ、これらのデータを取り除いたときの単純平均値や標準偏差を求めています[7]。

平均

外すデータ		大きい順		
		なし	73	51, 73
小さい順	なし	-4.8E-08	-0.21297	-0.33595
	9	0.157411	-0.0625	-0.18155
	9, 12	0.334643	0.108634	-0.00174

標準偏差

外すデータ		大きい順		
		なし	73	51, 73
小さい順	なし	0.948683	0.73922	0.691838
	9	0.867305	0.641085	0.596924
	9, 12	0.750695	0.485186	0.435165

このプログラムで外れ値を検出するのに使用している計算式は次のとおりです[8]。

$$U_t = \frac{1}{2}AIC = n\ln(\text{外れ値を除いた標本標準偏差}) + \sqrt{2} \times \text{外れ値候補の個数} \times \frac{\ln n!}{\text{データ行数}}$$

外れ値検定統計量(U t)

外すデータ		大きい順		
		なし	73	51, 73
小さい順	なし	-0.5268	-0.70783	0.802071
	9	0.730327	0.192546	1.555273
	9, 12	1.455245	0.10446	1.210801

7 このプログラムでは、小数点以下の小さな値について丸めた上で計算しているため、セルを使って個別に計算をした結果とは異なる場合がありますが、この結果のシートにあるすべてのケースで同じ条件で計算をしているので安心して利用することができます。

8 $n!$ はn（データ行数）の階乗（かいじょう）を表します。階乗を求める整数から1まで連続して1ずつ減らし、すべての整数を掛け算した値を求めます。4の階乗の場合は4！と表し、4×3×2×1＝24と求めます。Excelでは、FACT関数で求めることができます。

この「外れ値検定統計量（Ut）」のうち、もっとも小さいところに表示されている組み合わせを外れ値と判断します。このデータからは、小さな値の外れ値はなく、大きな値の外れ値は73のみと判定します。

このとき、もし「大きい順」の「なし」と「小さい順」の「なし」の交わった統計量がもっとも小さい値になったときは、「外れ値はなし」と判定します。

y のデータについても同様に求めたら、136が外れ値だと判定できました。

	A	B	C	D	E	F	G	H	I
1		原データ	基準化データ		平均				
2		3	-0.78793		外すデータ		大きい順		
3		4	-0.76268				なし	136	44, 136
4		4	-0.76268		小さい順	なし	0	-0.28565	-0.3523
5		9	-0.63641			3	0.087548	-0.22287	-0.29006
6		26	-0.20708			3, 4	0.193826	-0.14575	-0.21129
7		31	-0.08081						
8		41	0.171728						
9		44	0.247491						
10		44	0.247491		標準偏差				
11		136	2.570875		外すデータ		大きい順		
12	平均	34.2	-1.9E-08				なし	136	44, 136
13	標準偏差	39.59742	1		小さい順	なし	0.948683	0.428981	0.408726
14						3	0.960913	0.414187	0.399922
15						3, 4	0.968049	0.385336	0.378368
16									
17									
18									
19					外れ値検定統計量（U t）				
20					外すデータ		大きい順		
21							なし	136	44, 136
22					小さい順	なし	-0.5268	-5.60546	-3.40839
23						3	1.65277	-3.30221	-1.24837
24						3, 4	3.489509	-1.50845	0.37165

外れ値は、やみくもに取り除いてよいデータではない

「外れ値とは、データのうち極端に大きな値や小さな値のことを指す」と先述しました。しかし、「極端に大きな値だから取り除いてしまいましょう！」とやみくもに取り除くと、情報を見逃してしまうことがあるかもしれません。

転記ミスやデータの編集（成形）ミスなどが原因で外れ値が起こる場合もありますが、もちろんそうではない場合もあります。「なぜその外れ値が生まれているのか」を考えることを忘れずにいると、外れ値に潜む情報を見逃さずに済む場合があ

るのです。

重回帰分析の場合、第 **4** 日の事例のように外れ値に「郊外店舗」のようなフラグを立てて、説明変数に加えることができる可能性もあるのです。

C.7 変数選択

第 **4** 日などで採り上げている重回帰分析の変数減少法による変数選択を簡単に行うことができる便利な機能です。

この機能について

このプログラムは **Excel** のデータ分析ツール「回帰分析」を利用しているので、説明変数は **16** までにしましょう。

操作方法

ここでは、第 **4** 日のチェーン店のデータを用いてこの機能を使ってみましょう。

❶「アドイン」タブをクリックして、「ビジネス統計」をクリックして表示されたサブメニューから、「多変量解析」→「変数選択モデル」をクリックします。

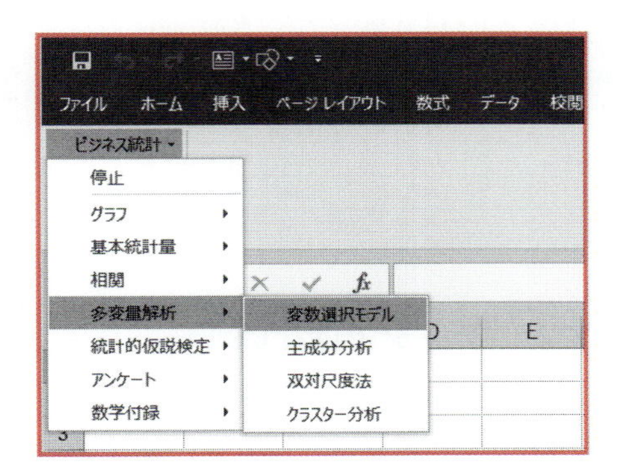

❷ 表示された「範囲指定」の設定画面では、次のように指定します。

- 被説明変数（**Y**）の設定：目的変数のデータを、ラベルを含めて範囲選択します。
- 説明変数（**X**）の設定：説明変数のデータを、ラベルを含めて範囲選択します。

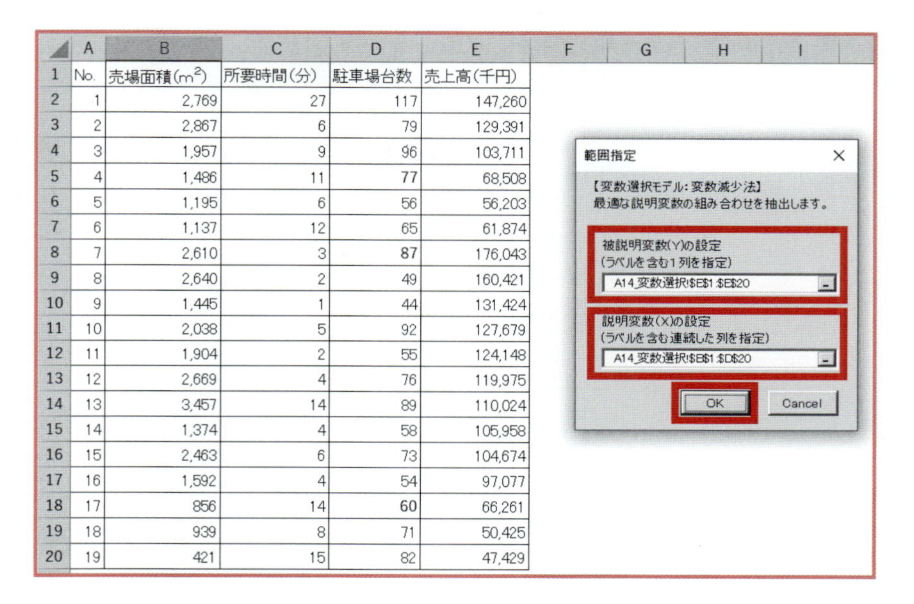

	A	B	C	D	E
1	No.	売場面積(m²)	所要時間(分)	駐車場台数	売上高(千円)
2	1	2,769	27	117	147,260
3	2	2,867	6	79	129,391
4	3	1,957	9	96	103,711
5	4	1,486	11	77	68,508
6	5	1,195	6	56	56,203
7	6	1,137	12	65	61,874
8	7	2,610	3	87	176,043
9	8	2,640	2	49	160,421
10	9	1,445	1	44	131,424
11	10	2,038	5	92	127,679
12	11	1,904	2	55	124,148
13	12	2,669	4	76	119,975
14	13	3,457	14	89	110,024
15	14	1,374	4	58	105,958
16	15	2,463	6	73	104,674
17	16	1,592	4	54	97,077
18	17	856	14	60	66,261
19	18	939	8	71	50,425
20	19	421	15	82	47,429

❸ 範囲指定し終わったら、「OK」ボタンをクリックします。自動的に新しいファイルができ、「Sheet1」から順に基データ（この場合は 3 変数の場合から）がコピーされます。Excel のデータ分析ツールの回帰分析の機能を自動的に実行し、変数選択を行っています。変数選択の結果、最適な回帰式は、「売場面積」と「所要時間」の 2 つを説明変数に採り入れたときのモデルだと求めています。このプログラムでの判断基準は、Ru（上田の説明変数選択規準）です。

概要						
回帰統計						
重相関 R	0.798587			データの数	19	
重決定 R2	0.637741			説明変数の数	2	
補正 R2	0.592459					
標準誤差	24149.16			Ru	0.501894	
観測数	19			AIC	-15.2925	
分散分析表						
	自由度	変動	分散	観測された分散比	有意 F	
回帰	2	1.64E+10	8.21E+09	14.0836577	0.000297	
残差	16	9.33E+09	5.83E+08			
合計	18	2.58E+10				
	係数	標準誤差	t	P-値	下限 95%	上限 95%
切片	50929.12	16040.97	3.17494	0.005879208	16923.78	84934.46
売場面積	34.80476	6.93692	5.017322	0.000126377	20.09915	49.51037
所要時間	-1476.08	898.2839	-1.64322	0.119841004	-3380.36	428.1986

付録

❹ 自動的に生成された「AIC」シート、「Ru」シート、「影響度」シートは、それぞれ AIC の比較、Ru の比較、影響度（ここでは t 値の実数）を表しています。

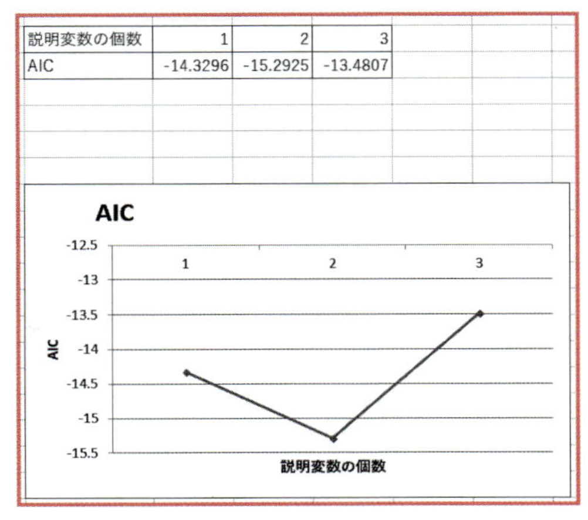

説明変数の個数	1	2	3
AIC	-14.3296	-15.2925	-13.4807

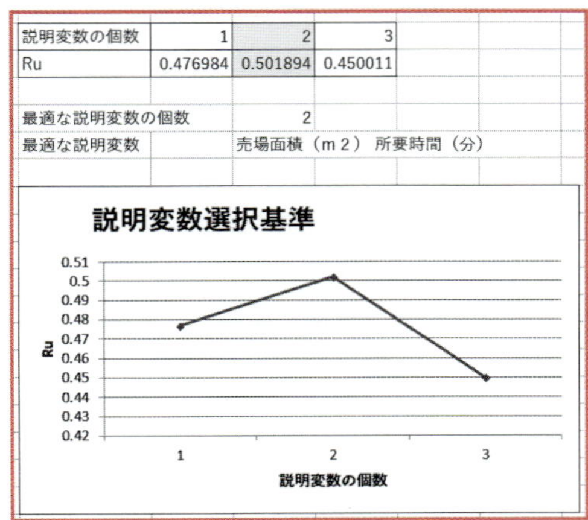

説明変数の個数	1	2	3
Ru	0.476984	0.501894	0.450011
最適な説明変数の個数		2	
最適な説明変数		売場面積（m 2）	所要時間（分）

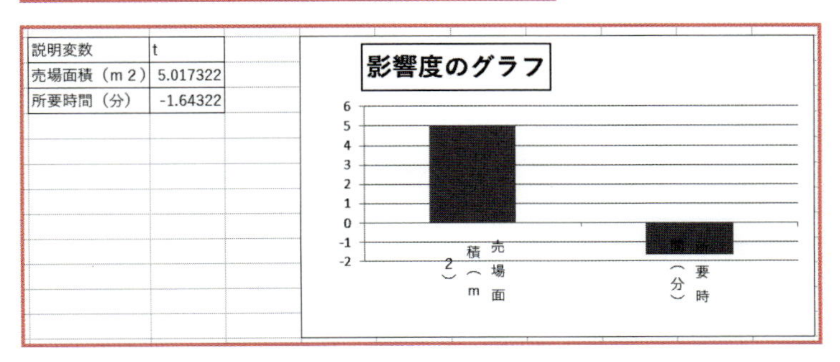

説明変数	t
売場面積（m 2）	5.017322
所要時間（分）	-1.64322

Index 索引

E

F

G

H

I

L

M

N

O

い

う

え

お

か

き

く

け

そ

た

ち

つ

て

へ

ほ

ま

み

む

め

も

や

ゆ

よ

り

る

れ

ろ

わ

Excel 関数

＊ 以下の Excel 関数索引は、特に表記がない場合、Excel 2016 対応の関数です。
＊ (～ 2013) と表記されているものは、Excel 2013 以前の関数です。

〈著者略歴〉

米谷　学（よねや　まなぶ）

神奈川県横浜市出身。
海運業、国際複合輸送業などの勤務を経て、統計の大家である故 上田太一郎氏に師事し、Web・公開セミナー・企業向け研修などを通じて、ビジネスにおけるデータ活用や統計解析の普及に務める。数学や統計になじみのない方にも無理なく理解できるような説明を心がけている。

■ 主な共著書
・Excelで学ぶデータマイニング入門（オーム社）
・Excelでできるデータ解析入門 ―すぐに応用できる13事例（同友館）
・Excelでできる統計的品質管理入門（同友館）
・実践ワークショップ Excel徹底活用多変量解析（秀和システム）
・Excelマーケティングリサーチ&データ分析［ビジテク］2013/2010/2007対応（翔泳社）
・7日間集中講義！　Excel統計学入門（単著・オーム社）
・ビジネスマンのためのデータ分析＆活用術（単著・フォレスト出版）

■ 主な担当講座
・日経オンライン講座　「Excelで始める統計学」
・技術情報協会　「Excelでできる統計・データ分析講座」
　　　　　　　　「EXCELを用いたマーケティングリサーチ、データ分析」

■ 雑誌連載
・日経パソコン　「未来を予測するExcel分析術」

7日間集中講義！　Excel回帰分析入門
ツールで拡がるデータ解析&要因分析

平成30年10月25日　　第1版第1刷発行

著　者　米谷　学
発行者　村上和夫
発行所　株式会社 オーム社
　　　　郵便番号　101-8460
　　　　東京都千代田区神田錦町3-1
　　　　電 話　03(3233)0641(代表)
　　　　URL　https://www.ohmsha.co.jp/

組版　トップスタジオ　　印刷・製本　三美印刷
ISBN978-4-274-22276-4　Printed in Japan